Zusammenstellung wichtiger Abkürzungen. Die verschiedenen Altersangaben erklären sich zum Teil aus der Verwendung unterschiedlicher Datierungsmethoden. Außerdem wurde in älteren, umgezeichneten Abbildungen die Altersangabe der jeweiligen Originalvorlage beibehalten.

Abkürzung	Erklärung
a	Annum (Jahr, Zeiteinheit), 10 a = 10 Jahre
AD	Anno Domini (n. Chr.; lat. im Jahre des Herrn)
BC	Before Christ (v. Chr.)
BP	Before Present (vor heute); Bezugsjahr 1950. Angabe für konventionelle, unkalibrierte ^{14}C-Daten (z. B. 1278 +/−68 BP)
cal (= kal)	kalibriert, mit Hilfe von Eichkurven in Kalenderjahre umgerechnete ^{14}C-Daten (z. B. 756 cal AD, s. Exkurs 31)
C_{org}	Gehalt an organischem Kohlenstoff
^{14}C	Radioaktives Kohlenstoff-Isotop (s. Exkurs 31)
J. v. h.	Jahre vor heute
kal	s. cal
ka v. h.	Kilo-Jahre vor heute, 1 ka = 1000 Jahre v. der Gegenwart
Ma	Millionen Jahre (Mega-Jahr)
m ü. M	Meter über dem Meeresspiegel (früher m ü. NN)
m ü. NN (= m NN)	Meter über Normalnull (alte deutsche Bezugsfläche für Höhen über dem Meeresspiegel)
Mio. J. v. h.	Millionen Jahre vor heute
MIS	Marines Isotopenstadium (s. Exkurs 6)
TL-Alter	Thermolumineszenz-Alter (s. Exkurs 46)
Tsd. J. v. h	Tausend Jahre vor heute

*Es gibt keine Gegenwart oder Zukunft,
nur die Vergangenheit,
die wieder und wieder geschieht – jetzt.*
(Eugene O'Neill)

Joachim Eberle, Bernhard Eitel, Wolf Dieter Blümel, Peter Wittmann

Deutschlands Süden vom Erdmittelalter zur Gegenwart

Mit Blockbildern von Bettina Allgaier

Dr. **Joachim Eberle**, Institut für Geographie, Universität Stuttgart, Azenbergstraße 12, 70174 Stuttgart
Professor Dr. **Bernhard Eitel**, Geographisches Institut, Universität Heidelberg, Im Neuenheimer Feld 348, 69120 Heidelberg
Professor Dr. **Wolf Dieter Blümel**, Institut für Geographie, Universität Stuttgart, Azenbergstraße 12, 70174 Stuttgart
Dr. **Peter Wittmann**, Leibniz-Institut für Länderkunde, Schongauerstraße 9, 04329 Leipzig

Bibliografische Information Der Deutschen Bibliothek
Die Deutsche Nationalbibliothek verzeichnet diese Publikation in der Deutschen Nationalbibliografie; detaillierte bibliografische Daten sind im Internet über http://dnb.d-nb.de abrufbar.

Springer ist ein Unternehmen von Springer Science+Business Media
springer.de

© Springer-Verlag Berlin Heidelberg 2007
Spektrum Akademischer Verlag ist ein Imprint von Springer

07 08 09 10 11   5 4 3 2 1

Das Werk einschließlich aller seiner Teile ist urheberrechtlich geschützt. Jede Verwertung außerhalb der engen Grenzen des Urheberrechtsgesetzes ist ohne Zustimmung des Verlages unzulässig und strafbar. Das gilt insbesondere für Vervielfältigungen, Übersetzungen, Mikroverfilmungen und die Einspeicherung und Verarbeitung in elektronischen Systemen.

Planung und Lektorat: Merlet Behncke-Braunbeck, Dr. Christoph Iven
Herstellung: Detlef Mädje
Umschlaggestaltung: wsp design Werbeagentur GmbH, Heidelberg
Grafiken: Bettina Allgaier (Blockbilder); Stefanie Probst; Volker Schniepp; sonstige Abbildungen: s. Abbildungsunterschriften
Layout und Satz: klartext, Heidelberg
Druck und Bindung: Firmengruppe APPL, aprinta druck, Wemding

Printed in Germany

ISBN 978-3-8274-1506-6

Inhaltsverzeichnis

1 Einleitung ... 1
- 1.1 Wozu dieses Buch? ... 1
- 1.2 Räumliche Abgrenzung ... 2
- 1.3 Archive der Landschaftsgeschichte ... 3

2 Land und Meer im Wandel – die Grundlagen der süddeutschen Landschaft ... 5
- 2.1 Die Situation an der Wende zum Mesozoikum (etwa 250 Mio. J. v. h.) ... 8
- 2.2 Die Entstehung der Tethys und der Aufbau des Deckgebirges in Süddeutschland ... 8

3 Die Kreidezeit – eine Spurensuche ... 15
- 3.1 Globale Übersicht ... 15
- 3.2 Spuren der Landformung im Kristallin der Rheinisch-Böhmischen Masse ... 17
- 3.3 Thesen zur kreidezeitlichen Landformung im Deckgebirge Süddeutschlands ... 17

4 Das Alttertiär – Landformung unter tropischen Bedingungen ... 25
- 4.1 Erdklima und globale Tektonik ... 25
- 4.2 Paleozän bis Unteroligozän (65–30 Mio. J. v. h.) – neue tektonische Strukturen und Landformung in Süddeutschland ... 26
- 4.3 Oligozän bis Untermiozän (30–16 Mio. J. v. h.) – erste Täler, Schichtstufen und neue Flächenstockwerke ... 37

5 Die Formung der Landschaft im Jungtertiär ... 45
- 5.1 Paläogeographie und Klima im Jungtertiär ... 45
- 5.2 Landschaftsentwicklung im Mittelmiozän ... 46
- 5.3 Obermiozän und Pliozän – die Grobformung Süddeutschlands ... 59
- 5.4 Obermiozän und Pliozän – Gewässernetz und Karstentwicklung ... 67

6 Von der Waldsteppe zur ersten Kaltzeit – die Landformung im frühen Pleistozän 79

- 6.1 Das Pleistozän – Überblick und Gliederung 79
- 6.2 Das Unterpleistozän – eine Hochphase der fluvialen Landformung 86

7 Landformung während der großen Kaltzeiten – das Mittel- und Oberpleistozän 97

- 7.1 Maximalvereisung und Talentwicklung während des Mittelpleistozäns 97
- 7.2 Das Eem – die Warmzeit zwischen Riß- und Würm-Komplex 108
- 7.3 Die Würm-Kaltzeit – der letzte Schliff für Süddeutschland .. 110
- 7.4 Erste Spuren des Menschen 127

8 Vom Ende der letzten Kaltzeit bis zu den ersten Bauern 131

- 8.1 Geoarchive des Spätglazials und frühen Holozäns 131
- 8.2 Von der Kräutersteppe zur Waldlandschaft – Landformung im Spätglazial zwischen 17 000 und 13 000 J. v. h. 131
- 8.3 Die Jüngere Tundrenzeit – ein Kälterückschlag vor dem Holozän 142
- 8.4 Das frühe Holozän (11 600–7500 J. v. h.) – die letzte Phase natürlicher Formung in Süddeutschland 145

9 Die letzten 7500 Jahre – der Mensch formt die Landschaft 149

- 9.1 Archive der mittel- und jungholozänen Landschaftsveränderung 150
- 9.2 Oberflächenveränderung durch landwirtschaftliche Nutzung 153
- 9.3 Eingriffe in Flusslandschaften 161
- 9.4 Eingriffe in Moor- und Seelandschaften 165
- 9.5 Oberflächenveränderungen durch Gewinnung mineralischer Rohstoffe 170
- 9.6 Landschaftsveränderungen der Moderne 173
- 9.7 Gibt es heute noch natürliche Formungsprozesse in Süddeutschland? 175

10 Ausblick 183

Sachwortverzeichnis 185

Vorwort

Die erste Anregung für ein Buch zur Landschaftsgeschichte Süddeutschlands kam von Studierenden der Geographie, die verschiedene Lehrveranstaltungen zu diesem Thema besuchten. In Zusammenarbeit mit dem Spektrum-Verlag in Heidelberg wurde schließlich 2003 ein Konzept entwickelt, das Studierende, Dozenten und Lehrer, aber auch den geographisch interessierten Laien ansprechen soll.

Ziel der Autoren ist es, die komplexe Entstehung der süddeutschen Landschaft in Form einer Zeitreise möglichst anschaulich und allgemeinverständlich darzustellen. Ohne die zeichnerisch sehr aufwändigen Blockbilder der Grafikerin und Diplom-Geographin Bettina Allgaier hätte dieses Ziel nicht erreicht werden können. Fachwissen sowie grafische und künstlerische Fähigkeiten treffen bei ihr in idealer Weise zusammen. Frau Allgaier gilt daher ein besonderer Dank für die kunstvollen und zugleich wissenschaftlich fundierten Darstellungen, mit denen die meisten Hauptkapitel eröffnet werden.

Die wichtigsten Ergebnisse zahlreicher regionaler wie auch thematisch orientierter Veröffentlichungen wurden berücksichtigt. Damit liegt ein aktueller Stand der Forschung vor. Zugehörige Literaturhinweise finden sich stets am jeweiligen Kapitelende: Der Lesefluss sollte nicht durch zu viele Zitate innerhalb des Textes beeinträchtigt werden. Abbildungen aus älteren Publikationen mussten häufig umgezeichnet oder gänzlich neu gestaltet werden. Wir hatten das Glück, mit cand. Dipl.-Geogr. Stefanie Probst eine sehr geschickte und fachkundige Mitarbeiterin gefunden zu haben. Sie hat den größten Teil der Farb-Grafiken sowie die Übersichtsdarstellungen im Einband erstellt. Zusätzlich verdanken wir Herrn Volker Schniepp, Kartograph am Geographischen Institut der Universität Heidelberg, mehrere Reinzeichnungen.

Einige Grafiken und Fotos wurden von Einzelpersonen sowie Institutionen zur Verfügung gestellt. Die Namen sind bei den jeweiligen Abbildungen genannt. Ihnen allen danken wir für die Mitarbeit. Ein besonderer Dank gilt dem Landesamt für Denkmalpflege beim Regierungspräsidium Stuttgart für die Luftbilder von Otto Braasch und dem Leibniz-Institut für Länderkunde in Leipzig für die Bereitstellung einiger Darstellungen aus dem Nationalatlas Bundesrepublik Deutschland. Auch dem Staatlichen Museum für Naturkunde in Stuttgart und dort insbesondere Herrn Dr. Elmar Heizmann sind wir für das überlassene Bildmaterial verbunden. Ebenfalls zu Dank verpflichtet sind wir den Reiss-Engelhorn-Museen in Mannheim, dem Hessischen Landesmuseum Darmstadt sowie dem Rieskrater-Museum in Nördlingen.

Einige Kollegen lieferten Texte zu den Exkursen und stellten Fotos und Grafiken zur Verfügung. Namentlich danken wir sehr herzlich Herrn Prof. Dr. Achim Bräuning (Erlangen), Herrn Prof. Dr. Burkhard Frenzel (Stuttgart), Herrn Dipl.-Geogr. Steffen Häbich (Freiburg), Frau Dipl.-Geogr. Sonja Mailänder (Stuttgart), Frau Dr. Ursula Maier (Hemmenhofen), Herrn Prof. Dr. Karl-Heinz Pfeffer (Tübingen), Herrn PD Dr. Thomas Raab (Regensburg), Herrn Prof. Dr. Winfried Reiff (Stuttgart), Herrn Prof. Dr. Erwin Rutte (Würzburg), Herrn Dr. Hermann Schmidt-Kaler (Erlangen), Herrn Dr. Thomas Schneider (Augsburg) und Herrn Dipl.-Geogr. Richard Vogt (Hemmenhofen).

Dem Spektrum-Verlag in Heidelberg fühlen wir uns für das entgegengebrachte Vertrauen und die Möglichkeit, dieses Buch nach unseren Vorstellungen gestalten zu können, verbunden.

Möge der Blick in die vielfältige und spannende Vergangenheit Süddeutschlands auch dazu führen, bei den Lesern das Bewusstsein für die Einmaligkeit und Faszination dieser Landschaft zu schärfen.

Joachim Eberle, Bernhard Eitel, Wolf Dieter Blümel, Peter Wittmann

Stuttgart, Heidelberg, Leipzig im Januar 2007

1 Einleitung

Mit der Arbeit von Georg Wagner „Einführung zur Erd- und Landschaftsgeschichte unter besonderer Berücksichtigung Süddeutschlands" aus dem Jahr 1930 wurde erstmals ganz Süddeutschland unter geologisch-geomorphologischen Gesichtspunkten beschrieben. Das geowissenschaftliche Lehrbuch mit starken regionalen Bezügen fand fächerübergreifend große Anerkennung und wurde, auch wegen seiner für damalige Verhältnisse aufwändigen grafischen Gestaltung, von Dozenten und Studenten sehr geschätzt. Die dritte und letzte Auflage dieses Buches ist 1960 erschienen. Seit dieser Zeit sind zahlreiche Forschungsarbeiten zu Teillandschaften oder Einzelphänomenen Süddeutschlands durchgeführt worden, die ein immer genaueres Bild der Reliefentwicklung und Klimageschichte in diesem Raum entworfen haben. Eine moderne Synthese der Landschaftsgeschichte Süddeutschlands fehlte jedoch bislang.

> „Wie manche große Naturszene könnten wir in unserem deutschen Vaterlande genießen, für die wir oft die entlegensten Länder besuchen".
> ALEXANDER VON HUMBOLDT (1769–1859)

Süddeutschland gehört zu den abwechslungsreichsten Landschaften der Erde. In kaum einer anderen Region findet sich auf so engem Gebiet eine vergleichbare Vielfalt an Naturräumen unterschiedlichster geologisch-tektonischer und geomorphologischer Geschichte. Die modellhafte Ausprägung von Grundgebirgslandschaften, Schichtstufenlandschaften, einer großen Grabenbruchlandschaft sowie einem alpinen Hochgebirge als Südgrenze wird ergänzt durch Becken- und Vulkanlandschaften, Glaziallandschaften sowie zwei markante Meteoritenkrater. Die Verschiedenartigkeit der Landoberfläche auf kleinem Raum lässt sich nicht allein durch die geotektonischen Prozesse im Zuge der Entstehung von Alpen und Oberrheingraben erklären. Die landschaftliche Differenzierung ist auch das Ergebnis sehr unterschiedlicher klimatischer Verhältnisse in den letzten 140 Millionen Jahren. So erlebte Süddeutschland tropische, subtropische, arktische und schließlich gemäßigte Klimaphasen. Lediglich extrem wüstenartige Bedingungen herrschten während dieser Zeit nie.

1.1 Wozu dieses Buch?

Das vorliegende Buch ist als geographische Zeitreise konzipiert, auf der die Entwicklung der süddeutschen Landschaft seit dem möglichen Beginn der festländischen Formung vor etwa 140 Millionen Jahren nachvollzogen wird. Dabei stehen die Veränderungen der Landoberfläche und weniger die geologisch-tektonische Entwicklung Süddeutschlands im Mittelpunkt. Aus diesem Grund folgt die zeitliche Abgrenzung der Hauptkapitel auch nicht immer der üblichen geologisch-paläon-

Abb. 1.1 Wie ist diese Landschaft entstanden? Blick vom Merkur über Baden-Baden und den Fremersberg zum Oberrheingraben. Im Hintergrund rechts ist der Rhein zu erkennen, am Horizont die Vogesen (Foto: J. Eberle).

Abb. 1.2 Georg Wagner (1885–1972)

tologischen Gliederung (Zeittabelle im Vorsatz vorn). Um erklären zu können, wie sich Oberflächenformen und Landschaft entwickelt haben, müssen insbesondere reliefbildende geomorphologische Prozesse berücksichtigt werden, deren Wirksamkeit sehr stark von klimatischen und geotektonischen Parametern gesteuert wird. Man kann sich die Landschaftsentwicklung in großen Teilen Süddeutschlands vereinfacht so vorstellen, dass auf einem regional variierenden geologischen Untergrund (Petrovarianz), zum Beispiel Kalkstein oder Granit, seit über einhundert Millionen Jahren mit unterschiedlich wirksamen „Werkzeugen" (Verwitterung, Abtragung und Sedimentation) unter sich wandelnden Rahmenbedingungen (Klima, Tektonik, Mensch) Reliefbildung stattfindet.

Die heutigen Oberflächenformen Süddeutschlands entstanden vor allem seit der Kreidezeit. Da aus der kreidezeitlichen Formungsphase Süddeutschlands (142–65 Mio. J. v. h.) nur sehr wenige Spuren erhalten sind, bleibt das Bild der damaligen Ur-Landschaft unscharf. Ausgehend von dieser noch wenig differenzierten Rohform erhielt die Oberflächengestalt im Lauf der Jahrmillionen aber zunehmend deutlichere Konturen, die schließlich zum Landschaftsbild der Gegenwart führten. Durch immer vielfältigere und aussagekräftigere „Archive" (Abschn. 1.3) ist auch eine immer bessere Fokussierung auf heute existierende Teillandschaften und ihre Entstehung möglich. Die Entwicklung des Gesamtraumes steht jedoch stets im Vordergrund. Daher ist es in diesem Buch nicht möglich, die Landschaftsentwicklung aller Teilräume Süddeutschlands gleichgewichtig im Detail zu beschreiben. Interessierte Leser finden am Ende der Hauptkapitel weiterführende Literaturhinweise, auch auf einige regionale Forschungsarbeiten.

Die Verfasser haben sich bemüht, die Landschaftsgeschichte Süddeutschlands allgemeinverständlich und für einen breiten Leserkreis darzustellen. Zwischen den einzelnen Hauptkapiteln bzw. Zeitphasen wird in textlicher und grafischer Form versucht, ein virtuelles Bild Süddeutschlands zu entwerfen. Vergleiche mit heute bestehenden außereuropäischen Landschaften ermöglichen es dem Leser überdies, eine bessere Vorstellung des einstigen Erscheinungsbildes von Süddeutschland zu entwickeln. Solche aktualistischen Vergleiche halten einer exakten wissenschaftlichen Überprüfung meist nicht stand, sie sind jedoch unter dem Aspekt der Anschaulichkeit hilfreich. Auf diese Weise fällt es auch leichter, sich vom heutigen Bild der Landschaft zunächst zu lösen und ihrer schrittweisen Entwicklung zu folgen. Eingebunden in die einzelnen Hauptkapitel sind Exkurse, die spezielle regionale Beispiele, Methoden oder auch Begriffe erläutern. Das Buch will zum besseren Verständnis unseres heutigen Lebens- und Wirtschaftsraumes beitragen, denn die ökologischen und ökonomischen Potenziale Süddeutschlands sind ohne eine Berücksichtigung der Landschaftsgeschichte nicht zu erklären.

> **Landschaft**
>
> Unter Landschaft wird stets die Gesamtheit aller biogeoklimatischen Phänomene an der Landoberfläche der Erde verstanden, zunächst ohne, später mit dem Menschen. Landschaften sind von ständig wechselnden Kombinationen gestaltender Faktoren geprägt, seien sie dominant natürlich oder, wie heute vielerorts, vom Menschen beeinflusst oder geschaffen (Stadt- oder Kulturlandschaften).

1.2 Räumliche Abgrenzung

Die Abgrenzung Süddeutschlands folgt außer im Norden den Landesgrenzen, die oft auch naturräumliche Grenzen darstellen (Übersichtskarte im hinteren Einband). Im Westen ist dies der Oberrheingraben mit der Landesgrenze zu Frankreich bzw. der westliche Rahmen des Oberrheingrabens mit dem Pfälzer Wald, Rheinhessischem Hügelland und Saar-Nahegebiet. Im Norden erfolgt die Abgrenzung Süddeutschlands entlang der Mittelgebirgsschwelle über Hunsrück, Taunus und Vogelsberg zur Rhön. Im Osten wird der Raum durch die tschechische Grenze vom Fichtelgebirge über Oberpfälzer Wald und Bayerischen Wald bis Passau begrenzt. Von dort verläuft die Süd(ost)grenze entsprechend den Landesgrenzen zu Österreich und der Schweiz, zunächst entlang des Inns und der Salzach zum Alpenrand und diesem folgend zum Bodenseebecken und Hochrheingebiet bis Basel. Die Alpen und ihre Entstehung werden in diesem Zusammenhang nicht näher betrachtet.

1.3 Archive der Landschaftsgeschichte

Die Rekonstruktion der Landschaftsentwicklung in Süddeutschland gleicht einem komplexen Puzzle, dem jedoch einige Teile fehlen. Insbesondere für die Frühphase der Landformung während der Kreidezeit (142–65 Mio. J. v. h.) ist die Rekonstruktion trotz schlüssiger Argumente schwierig. Für den größten Teil Süddeutschlands bedeutet Reliefbildung vor allem Abtragung. Spuren älterer Formungsphasen sind deshalb vielerorts verschwunden oder nur dort erhalten, wo jüngere Abtragungsprozesse von geringer Wirksamkeit waren. Dazu gehören beispielsweise alte Hochflächenreste in erosionsferner Lage oder Reliefeinheiten, die aufgrund tektonischer Absenkung einer weiteren Abtragung entzogen wurden. Zu ihnen zählen Landschaften, in denen über lange Zeiträume eine Ablagerung von andernorts abgetragenem Material stattfand, wie im Oberrheingraben, im Molassebecken des Alpenvorlandes und in lössbedeckten Beckenlandschaften. Wie die alten Landoberflächen der Mittelgebirge sind diese Gebiete wichtige **Archivlandschaften** Süddeutschlands (Abb. 1.3). Sie spielen für die Rekonstruktion der Landschaftsentwicklung eine zentrale Rolle und werden im Text häufiger besucht als Räume, die nur noch wenige oder keine Spuren früherer Formungsphasen enthalten. Da die tektonischen Aktivitäten des Oberrheingrabens als „Motor" der Reliefbildung ganz wesentlich für die Entwicklung des Gewässernetzes und damit auch der Schichtstufenlandschaft verantwortlich sind, liegt der räumliche Schwerpunkt des vorliegenden Buches in Südwestdeutschland. Die wichtigsten im Text beschriebenen Lokalitäten sind in einer Übersichtskarte auf der hinteren Innenseite des Einbandes verzeichnet.

Als eigentliche Archive dienen Paläoböden und Sedimente, deren Eigenschaften Rückschlüsse auf die Umweltbedingungen zur Zeit ihrer Entstehung zulassen. So

Exkurs 1

Reliefgenerationen als Geoarchive

Das heutige Oberflächenrelief ist das Ergebnis verschieden alter Entwicklungsstadien, die unter Einwirkung unterschiedlicher geomorphologischer Prozesse entstanden sind. Ein durch zeitgleiche Prozesskombination entstandenes Reliefgefüge bildet jeweils eine Reliefgeneration. Die teilweise Erhaltung älterer Reliefgenerationen ist nur möglich, wenn diese nicht durch nachfolgende Abtragungs- oder Formungsprozesse komplett beseitigt wurden. Im Idealfall bleiben Relikte unterschiedlich alter Reliefgenerationen in einer Teillandschaft erhalten und ermöglichen dadurch eine Rekonstruktion der Entstehung dieser Landschaft. Zu den wichtigsten Reliefgenerationen Süddeutschlands gehören mesozoisch-alttertiäre Rumpfflächenlandschaften, jungtertiäre Fußflächen sowie kaltzeitlich entstandene Terrassen-, Löss- und Moränenlandschaften. In einigen Teilräumen Süddeutschlands sind die Spuren unterschiedlicher Reliefgenerationen, wie Landformen, Paläoböden oder typische Sedimente, besonders gut erhalten. Geographen bezeichnen solche Teilräume als Archivlandschaften und benutzen diese für Rückschlüsse auf die Entwicklung des Gesamtraumes.

Abb. 1.3 Karstlandschaften sind besonders wichtige Archivlandschaften. Hier sind Relikte verschiedener Formungsphasen Süddeutschlands erhalten geblieben. Das Bild zeigt den intensiv zerschnittenen Albtrauf und die Hochfläche der Mittleren Schwäbischen Alb (Foto: O. Braasch 1989, Regierungspräsidium Stuttgart, Landesamt für Denkmalpflege).

findet man in Süddeutschland Bodenbildungen, die Merkmale einer intensiven chemischen Verwitterung aufweisen, wie sie unter tropischen, nicht aber unter gemäßigten Klimabedingungen auftreten können. Andere Oberflächenformen und Sedimente belegen Transport oder Umlagerung durch Gletscher oder deren Schmelzwasser. Staubablagerungen wie Löss dokumentieren die einstige Existenz kalt-trockener Klimate mit Tundren- oder Kältesteppenvegetation. Günstige Erhaltungsbedingungen für Relikte der vorzeitlichen Formung bieten so genannte **Sedimentfallen**. Dazu gehören beispielsweise Karstspalten, Dolinen und andere Hohlformen. In ihnen können sehr alte Ablagerungen, im günstigsten Fall sogar Reste von Pflanzen oder Tieren als Fossilien konserviert sein, die naturgemäß besonders weit reichende Aussagen zur Umweltgeschichte erlauben. Je näher man der Gegenwart kommt, desto zahlreicher und vielfältiger werden die Archive. Auch die Möglichkeiten einer genaueren Datierung verbessern sich mit abnehmendem Alter der organischen und anorganischen Bestandteile in Böden und Sedimenten.

Von großer Bedeutung für die Rekonstruktion der Landschaftsgeschichte ist die Tatsache, dass in Teilen Süddeutschlands viele Spuren unterschiedlicher Formungsphasen als **Reliefgenerationen** (Exkurs 1) erhalten geblieben sind. Dazu zählen alte Abtragungsflächen (Rumpfflächen), Karstlandschaften sowie die von Gletschereis (glazial), Schmelzwasser (glazifluvial) und unter eisfreien kaltklimatischen Bedingungen (periglazial) geformten Regionen wie auch Flusslandschaften mit oft treppenartigen Terrassen (alte Talböden). In der jüngsten und gegenwärtig noch anhaltenden Formungsphase darf der Mensch mit seinen oft folgenschweren Eingriffen in die Landschaft nicht vergessen werden. Die Erhaltung von Geoarchiven ist inzwischen auch vom Gesetzgeber als Notwendigkeit erkannt worden. Dem trägt beispielsweise der Paragraph 1 des Bundes-Bodenschutzgesetzes aus dem Jahr 1999 Rechnung (Abschn. „Böden als Archive der Natur- und Kulturgeschichte").

2 Land und Meer im Wandel – die Grundlagen der süddeutschen Landschaft

Im Jahr 1911 formulierte der Meteorologe und Polarforscher Alfred Wegener (1880–1930) erstmals seine Theorie der Kontinentalverschiebung. Seitdem haben sich zahlreiche Geowissenschaftler intensiv darum bemüht, die Bewegung der Kontinente zu rekonstruieren und Modelle zu entwickeln, die die Dynamik der Erdkruste beschreiben und erklären helfen. Dies führte in den 1960er Jahren zu dem Konzept der Plattentektonik, das die Forscher bis heute ständig weiterentwickeln und verfeinern. So hat man inzwischen eine recht präzise Vorstellung von den Ereignissen gegen Ende des Erdaltertums (Paläozoikum, 550–250 Mio. J. v. h.). Vor allem während seiner beiden letzten Perioden, dem Karbon (360–300 Mio. J. v. h.) und dem Perm (300–250 Mio. J. v. h.) hatten die Pflanzen die Erde „erobert". Zur gleichen Zeit wurde im Wortsinn die Grundlage für Süddeutschland geschaffen.

Bis in das mittlere Paläozoikum hatten sich durch globale plattentektonische Prozesse zwei große Landmassen gebildet: ein Südkontinent, (Prä-)Gondwana, und ein Nordkontinent, Laurussia, den man wegen seiner weit verbreiteten rötlichen Sedimentgesteine auch als Old-Red-Kontinent bezeichnet. Der variszische Ozean (Paläotethys) trennte die beiden Großkontinente, die sich seit etwa 400 Millionen Jahren auf Kollisionskurs befanden (Abb. 2.1). Der Zusammenstoß der Landmassen begann am Ende des Devons vor etwa 380 Millionen Jahren. In der „Knautschzone", die sich über viele tausend Kilometer erstreckte, wurden alte Gesteine in die Tiefe gedrückt und unter Hitze und Druck umgewandelt oder geschmolzen. Gleichzeitig stieg an anderen Stellen neues Magma auf, erkaltete und bildete neue Erdkruste. Etwa 90 Millionen Jahre dauerte die Kollision, bis die Bewegung zum Stillstand kam. Jungpaläozoische Vulkangesteine wie an der Nahe, im Odenwald nördlich von Heidelberg oder an verschiedenen Stellen im mittleren und nördlichen Schwarzwald belegen die starke tektonische Aktivität jener Phase. Wie an einer Schweißnaht haben sich in der Kollisionszone die beiden Großkontinente miteinander verbunden. Neue Gesteine waren in die Erdkruste integriert worden, in bergmännischem Sinn war neues „Gebirge" entstanden.

Diese Gesteine der so genannten Variszischen Gebirgsbildung (380–290 Mio. J. v. h.) durchziehen Mitteleuropa in einem Bogen vom Massif Central im Südwesten über den Harz im Nordosten bis in die Sudeten im Südosten. Dort bilden sie das Grundgebirge, die kontinentalen Sockelgesteine. Man unterscheidet drei Faltungszonen, deren Lage und Ausdehnung Abb. 2.2 verdeutlicht: Im Norden erstreckt sich das **Rheno-Hercynikum**, das südlich des Rheinischen Schiefergebirges Südwestdeutschland berührt. An diesen ältesten Gebirgszug der mitteleuropäischen Varisziden schließt sich der **saxothuringischen Faltengürtel** an, der etwa vom Pfälzer Wald über den Odenwald bis nach Halle an der Saale verläuft. Seine Südgrenze liegt im nördlichsten Schwarzwald und reicht nach Nordosten bis zum Egergraben. Die Eger grenzt den Oberpfälzer Wald nach Norden zum Fichtelgebirge ab. Die Basis des größten Teils von Süddeutschland bildet das **Moldanubikum,** dessen Gesteine heute im Schwarzwald sowie im Oberpfälzer und Bayerischen Wald zutage treten (Abb. 2.2). Dazwischen sind sie von mächtigen Sedimentgesteinen und lockerem Abtragungsmaterial bedeckt.

Ob durch die Kollision der Kontinentalplatten ein durchgängiges (Hoch-)Gebirge entstanden war, ist fraglich, denn sobald ein Gebiet tektonisch gehoben wird, setzen die Kräfte der Abtragung ein. Die Tatsache, dass vielerorts Gesteine an die Erdoberfläche gelangten, die mehrere Kilometer tief in der Erdkruste (Lithosphäre) gebildet wurden, belegt die intensive Hebung. Das abgetragene Gesteinsmaterial lagerte sich in ausgedehnten Becken an den Rändern der Kollisionszone ab, unter anderem in den Steinkohlebecken, die von Aachen über das Ruhrgebiet bis nach Oberschlesien dem Rheno-Hercynikum nördlich vorgelagert sind. Aber auch innerhalb des variszischen Gebirgszugs gab es Sedimentationsräume, die vor allem gegen Ende der variszischen Gebirgsbildung ganz oder teilweise verfüllt wurden. Außer dem im Karbon (360–300 Mio. J. v. h.) gebildeten Steinkohlebecken an der Saar sind vor allem die unterpermischen Rotliegend-Senken in Südwestdeutschland hierfür ein gutes Beispiel (Abb. 2.3). Auch westlich des Rheins verhüllen bis zu 2000 Meter mächtige Sedimente der Rotliegend-Zeit den Untergrund des Saar-Nahe-Berglands. Wie aus Bohrungen in Süddeutschland bekannt ist, bedecken sie beispielsweise bei Baden-Baden mit mehreren hundert Meter mächtigen Ablagerungen das moldanubische Grundgebirge und sind bis nach Weiden in der Oberpfalz nachgewiesen.

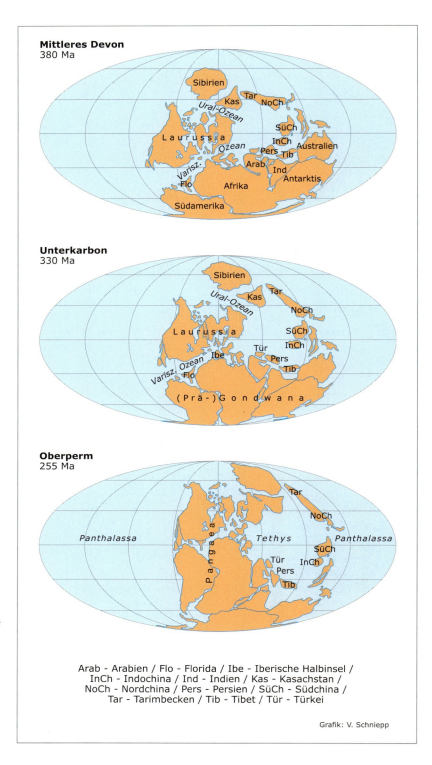

Abb. 2.1 Die Verteilung der Kontinente im Mittleren Devon (oben), Unterkarbon (Mitte) und Oberen Perm (unten). Gegen Ende des Paläozoikums (Karbon/Perm) entstand durch Zusammenschub großer Festlandsmassen ein Großkontinent (Pangaea) und ein riesiger Ozean (Panthalassa) mit einem Ur-Mittelmeer (Tethys) (verändert nach Faupl 2000).

Arab - Arabien / Flo - Florida / Ibe - Iberische Halbinsel / InCh - Indochina / Ind - Indien / Kas - Kasachstan / NoCh - Nordchina / Pers - Persien / SüCh - Südchina / Tar - Tarimbecken / Tib - Tibet / Tür - Türkei

Grafik: V. Schniepp

2 Land und Meer im Wandel – die Grundlagen der süddeutschen Landschaft

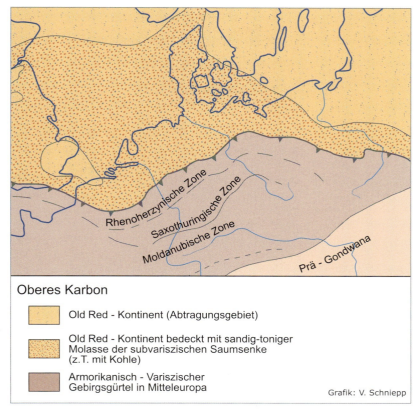

Abb. 2.2 Die drei Faltungszonen des Grundgebirges in Süddeutschland.

Abb. 2.3 Die Gesteine des Rotliegenden, hier bei Schramberg im Mittleren Schwarzwald, stammen aus der Zeit des unteren Perm (etwa 280 Mio. J. v. h.) und belegen durch ihre Zusammensetzung und auffallende Rotfärbung eine Abtragung des variszischen Gebirges unter semiariden Klimabedingungen. Die schlecht gerundeten Gesteinsfragmente zeigen an, dass die Sedimente nicht sehr weit transportiert wurden (Foto: J. Eberle).

2.1 Die Situation an der Wende zum Mesozoikum (etwa 250 Mio. J.v.h.)

Vor rund 290 Millionen Jahren war die Kollisionsbewegung zur Ruhe gekommen und ein Großkontinent entstanden, der nahezu die gesamte Festlandsmasse der Erde umfasste (Abb. 2.1). Diese Pangaea (von gr.: *pan gaia* für „ganze Erde") wurde von einem erdumspannenden Ozean, Panthalassa (von gr.: *pan thalassa*, „ganzer Ozean") umgeben. Der heute mitteleuropäische Bereich der Nahtstelle, wo der alte Nordkontinent Old Red mit dem Südkontinent (Prä-)Gondwana zusammengefügt worden war, lag damals nur wenig nördlich des Äquators. Während noch im Karbon ein warm-feuchtes Klima vorherrschte und aus den tropischen Sumpfwäldern in den Senken des variszischen Gebirgsgürtels mächtige Steinkohlelagerstätten entstanden, dokumentiert die rote Farbe der permischen Sedimente bereits Trockenheit, denn nur unter solchen Bedingungen bildet sich bei der Verwitterung das rot färbende Eisenoxid Hämatit (Fe_2O_3). Die Aridität war im Wesentlichen eine Folge der kontinentalen Klimabedingungen, die Pangaea mit sich brachte: Nach Norden, Süden und Westen erstreckten sich über viele tausend Kilometer große Landmassen. Lediglich im Südosten bestand durch ein schmales, keilförmiges Randmeer, die Tethys, noch ein Zugang zum Panthalassa-Ozean. Mit dem Ende der variszischen Gebirgsbildung einerseits und intensiven Abtragungsprozessen andererseits hatte sich im Oberen Perm in Mitteleuropa allmählich ein Flachrelief ausgebildet.

2.2 Die Entstehung der Tethys und der Aufbau des Deckgebirges in Süddeutschland

Mit den Rotliegend-Ablagerungen im Perm begann eine erdgeschichtliche Entwicklung, an deren Ende, an der Wende zur Kreidezeit (142 Mio. J. v. h.), große Teile Süddeutschlands von mächtigen Sedimentgesteinen bedeckt gewesen waren. Meeresspiegelschwankungen (Exkurs 2) und tektonische Aufwölbungen bzw. Absenkungen von Teilen der Erdkruste führten in der ehemaligen Kollisionszone der Varisziden immer wieder zu Meerestrans- und -regressionen. Meeres- und Küstensedimente wechseln sich daher vor allem in Südwestdeutschland mit festländischen Ablagerungen ab. Lediglich Randgebiete Süddeutschlands an der Grenze zum Rheinischen Schiefergebirge (Teile des Rheinischen Massivs) und große Teile des Oberpfälzer und Bayerischen Waldes (westliches Böhmisches Massiv) blieben stets topographisch hoch liegende Gebiete, die der fortgesetzten Abtragung unterlagen und nie von Sedimentgesteinen bedeckt waren.

Bereits während der **Zechstein-Zeit** (Oberperm, 260–250 Mio. J. v. h.) hatte sich in Anlehnung an verschiedene Rotliegendmulden ein keilförmiges Senkungsgebiet gebildet. In diesem flachen Trog hatte das Zechsteinmeer vom nördlichen Kontinentalrand Pangaeas aus noch die Vorlandsenke der Varisziden in Norddeutschland erreicht und war durch das heutige Hessen bis nach Südwestdeutschland vorgestoßen. Mit Beginn der Trias (Buntsandsteinzeit, 250–244 Mio. J. v. h.) setzte dann eine leichte Hebung Mitteleuropas und die Regression des Zechsteinmeeres nach Norden ein. Unter semiariden Bedingungen transportierten Flüsse große Sedi-

---

Exkurs 2

Meeresspiegelschwankungen

An vielen Küsten finden sich Hinweise auf Schwankungen des Meeresspiegels in der Vergangenheit. Ein ursprünglich höherer Meeresspiegel wird beispielsweise durch alte Strandlinien oder Meeresablagerungen fern der heutigen Küste dokumentiert. Einstmals tiefere Meeresspiegel lassen sich durch heute überflutete Festlandsbereiche oder Flussmündungen belegen. Die Hauptursache von **eustatischen** (von gr.: *eu* für „gut" und *stasis* für „Stand") Meeresspiegelschwankungen ist eine vorwiegend klimatisch bedingte Änderung des Wasservolumens in den Ozeanen (Temperaturänderungen, Inlandvereisungen, Gebirgsvergletscherung). Krustenbewegungen im Zuge plattentektonischer Bewegung, z. B. das Öffnen oder Schließen von Meeresbecken, sowie vertikale Bewegungen (Hebung) ozeanischer Kruste führen dagegen zu **isostatischen** Veränderungen. Dabei ändert sich das Wasservolumen der Ozeane nicht, sondern nur die regionale Verteilung. Seit etwa 30 Millionen Jahren ist der Meeresspiegel, vor allem durch die Antarktisvereisung, tendenziell immer weiter gesunken. Der Festlandsanteil hat sich dadurch vergrößert.

2.2 Die Entstehung der Tethys und der Aufbau des Deckgebirges in Süddeutschland

mentmengen in die vormals vom Zechsteinmeer erfüllte Senke (Abb. 2.5). Die Schüttung erfolgte meist aus Südwesten und wurde durch Material aus dem Böhmischen Massiv ergänzt (Abb. 2.4). Die Ablagerungen der Buntsandsteinzeit, vorwiegend Sande und Kiese, zeichnen das damalige Becken nach, dessen Ostrand etwa von Konstanz nördlich der heutigen Donau entlang bis Regensburg und dann nach Norden verläuft.

Tektonische Bewegungen kündigten bereits während der **Buntsandsteinzeit** ein erneutes Aufbrechen Pangaeas südlich der variszischen Kollisionszone an. In der Folge entwickelte sich das Tethys-Randmeer allmählich

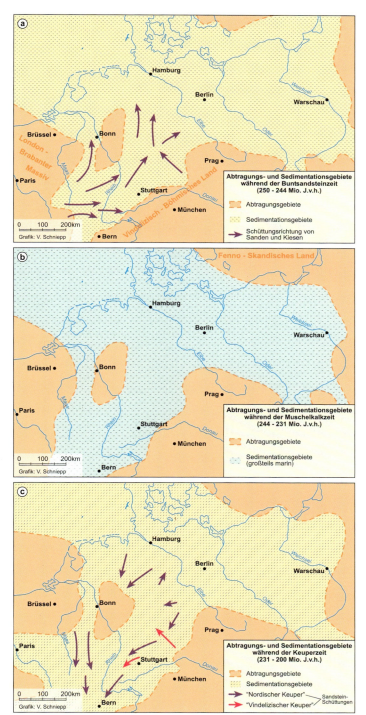

Abb. 2.4 Abtragungs- und Sedimentationsräume in Mitteleuropa während der Trias. Damals entstanden in Süddeutschland Deckgebirgsschichten von mehreren hundert Metern Mächtigkeit, die je nach paläogeographischer Lage aus unterschiedlichen Ablagerungen bestehen (verändert nach Geyer & Gwinner 1990, Faupl 2000).

Abb. 2.5 Oben: Im ehemaligen Steinbruch am Schrofel bei Baiersbronn im Schwarzwald ist die Grenze der gebankten Gesteine des Deckgebirges (Unterer Buntsandstein) zum Granit des Grundgebirges eindrucksvoll zu erkennen. Im linken Bildteil ist dazwischen sogar noch ein Rest der Gesteine des Rotliegenden (Perm) sichtbar. Die Ablagerung der mesozoischen Sedimentgesteine erfolgte offensichtlich in einer Flachlandschaft. **Unten:** Auch in der Landschaft wird die Grenze zwischen Grundgebirge und Deckgebirge sichtbar. Bei Schramberg erheben sich die steilen, von Nadelwald bedeckten Hänge des Buntsandsteins wie „Sargdeckel" über dem Tal der Schiltach, die sich in den Granit des Grundgebirges eingeschnitten hat (beide Fotos: J. Eberle).

zu einem Ozean. Dies belegt die Tatsache, dass sich schon während der Ablagerung des Buntsandsteins der so genannte Polnische Trog vertieft hatte, über den eine Verbindung zum Tethys-Randmeer im Südosten entstand. Am Ende der Buntsandsteinzeit weitete das Röt-Meer sich bis in das Nordseebecken aus. In Südwestdeutschland ist diese Entwicklung in immer feineren Sedimenten bis hin zu Röt-Tonen der obersten Buntsandsteinzeit dokumentiert, während große Teile Bayerns Abtragungsgebiet blieben.

Die Transgression setzte sich in der **Mittleren Trias** (Muschelkalkzeit, 244–231 Mio. J. v. h.) fort. Zunächst als Verbindung über den Polnischen Trog und die Hessische Senke, später auch über den Burgundischen Trog bzw. die heutigen Westalpen entwickelte sich in Südwestdeutschland ein flaches Randmeer, das im Norden bis in die südliche Nordsee und im Osten bis nahe an das Böhmische Massiv reichte. Dieser variszische Festlandskomplex formte zur Zeit des Oberen Muschelkalks zusammen mit der Vindelizischen Schwelle (Abb. 2.4) eine flache Insel, die das Schelfmeer am Rand der Tethys überragte. Je nach Salzwasserzufuhr aus dem Ozean wurden in dem Flachmeer Dolomite, Sulfate (Gips und Anhydrit) oder Steinsalz ausgefällt oder eingedampft.

Gegen **Ende der Oberen Trias** (Keuperzeit, 231–200 Mio. J. v. h.) zerbrach der Großkontinent Pangaea endgültig in einen Nordkontinent Laurasia (laurentischer Schild: Nordamerika, Nordeuropa, Nordasien) und

2.2 Die Entstehung der Tethys und der Aufbau des Deckgebirges in Süddeutschland

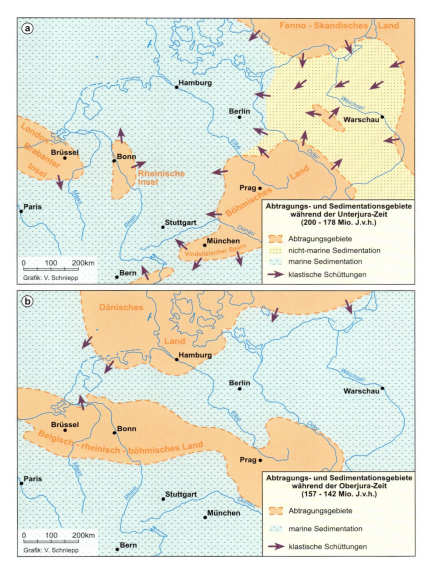

Abb. 2.6 Abtragungs- und Sedimentationsräume in Mitteleuropa während des Jura. Der größte Teil Süddeutschlands wird von einem flachen Schelfmeer bedeckt, in dem die Kalksteine und Dolomite entstehen, die später die Schwäbisch-Fränkische Alb prägen (verändert nach Geyer & Gwinner 1990, Faupl 2000).

einen Südkontinent Gondwana (Afrika, Australien, Indien, Antarktika, Südamerika). Dazwischen bildete sich mit der Tethys ein Ozean, der die gesamte äquatoriale Zone umspannte (Abb. 3.1). Diese Entwicklung dokumentierte sich sowohl in sich vertiefenden Ozeanbecken, die einen sinkenden Meeresspiegel zur Folge hatten, als auch in tektonischen Bewegungen an den Kontinentalrändern. So wurde die Meeresverbindung vom Norddeutsch-Polnischen Trog zur Tethys unterbrochen. Dadurch konnten festländische Sedimente von Norden (Ostseeraum, Skandinavien) in den südwestdeutschen Raum transportiert werden. Ablagerungen durch Sandschüttungen aus östlicher Richtung belegen gleichzeitig ablaufende Erosionsprozesse im Böhmisch-Vindelizischen Abtragungsgebiet, dessen Westrand etwa von Kempten über Ingolstadt nach Weiden quer durch

Süddeutschland verlief. Die Entwässerung richtete sich dabei generell nach Südwesten über den Burgundischen Trog (Ostfrankreich, Westschweiz) zur Tethys hin aus.

Meeresspiegelanstieg und regionale tektonische Senkungsbewegungen (Subsidenzen) führten an der **Wende von der Trias- zur Jurazeit** (200 Mio. J. v. h.) zu einer Überflutung großer Teile Mittel- und Nordwesteuropas. Die flachen Schelfmeerbereiche verbanden die Tethys im Süden mit dem Nordpolarmeer. Im Nordosten Europas lag mit dem Fennoskandischen Land ein großer Festlandskomplex, dessen Abtragungsmaterial in den Polnischen Trog geschüttet wurde. Diese Sedimente bildeten mit dem Vindelizisch-Böhmischen Land einen Nordost-Südwest verlaufenden Festlandssporn, der noch immer große Teile des heutigen Bayerns umfasste. Südwestdeutschland dagegen war vom Jurameer überflutet, Teile des Rheinischen Schiefergebirges mit dem Hunsrück bildeten die Rheinische Insel.

Während sich die Tethys vor allem nach Westen weiter ausdehnte, begann sich im Verlauf des Mittleren Jura auch der zentralatlantische Ozean zu öffnen – Laurasia zerfiel weiter. Dennoch ging in Mitteleuropa die flache Verbindung von der Tethys zum Nordmeer verloren. Das London-Brabanter Massiv, die Rheinische Insel und das Böhmische Massiv wurden tektonisch durch Landbrücken über die Eifel und die Hessische Senke miteinander verbunden. Damit war ein Vorläufer der Mittelgebirgsschwelle entstanden, die Süd- und Norddeutschland heute voneinander trennt. Das Vindelizische Land war tektonisch abgesunken, wodurch das Oberjura-Meer in Süddeutschland immer mehr den Charakter eines Randmeeres des Tethys-Ozeans annahm. Es erstreckte sich von Frankreich über Süddeutschland und durch Mähren bis nach Polen. In Süddeutschland waren damit nur der Bayerische Wald, der Oberpfälzer Wald und das Fichtelgebirge sowie randliche Bereiche zur Rheinischen Insel (v. a. Hunsrück) durchgängig festländisch geblieben. Fossilien belegen den randtropisch-subtropischen Charakter des Klimas in der Jura-Zeit. Schwamm- und Korallenriffe weisen auf die geringen Tiefen des warmen Schelfmeeres von meist weniger als 200 Meter hin. Weiter im Süden treten diese flachmarinen Riffe zurück, was auf zunehmende Wassertiefen mit Annäherung an den Tethys-Ozean (Helvetischer Jura) zurückzuführen ist.

Damit sind die geologischen Grundlagen Süddeutschlands gelegt: Den Sockel bilden die variszischen Gesteine aus der Kontinentkollison am Ende des Paläozoikums. Das weiträumig darüber liegende Deckgebirge besteht im Wesentlichen aus mesozoischen Sedimentgesteinen, die aus terrestrischen und marinen Ablagerungen entstanden. Dies ist die Rohform Süddeutschlands an der Wende zur Kreidezeit, mit der die eigentliche Phase der Reliefbildung und Landschaftsentwicklung beginnt.

Literatur zu den Kapiteln 1 und 2

Ahnert, F. (1996): Einführung in die Geomorphologie. – Stuttgart (Ulmer), 440 S.

Faupl, P. (2000): Historische Geologie. – Stuttgart (UTB), 271 S.

Geyer, O. F. & Gwinner, M. P. (1990): Geologie von Baden Württemberg. – 4. Aufl., Stuttgart (Schweizerbart), 482 S.

Gebhardt, H., Glaser, R., Radtke, U. & Reuber, P. [Hrsg.] (2006): Geographie. Physische Geographie und Humangeographie. – Heidelberg, Berlin (Spektrum Akademischer Verlag), 1112 S.

Leibniz-Institut für Länderkunde [Hrsg.] (2003): Nationalatlas Bundesrepublik Deutschland, Bd. 2 Relief, Boden und Wasser. – Heidelberg, Berlin (Spektrum Akademischer Verlag), 170 S.

Liedtke, H. & Marcinek, J. (1994): Physische Geographie Deutschlands. – Gotha (Perthes), 530 S.

Rothe, P. (2006): Die Geologie Deutschlands. – Darmstadt (Primus), 240 S.

Wagner, G. (1960): Einführung in die Erd- und Landschaftsgeschichte mit besonderer Berücksichtigung Süddeutschlands. – Öhringen (Rau), 694 S.

Walter, R. (1998): Geologie von Mitteleuropa. – Stuttgart (Schweizerbart), 566 S.

Süddeutschland gegen Ende der Kreidezeit vor etwa 70 Millionen Jahren

Beim virtuellen Flug über Süddeutschland am Ende der Kreidezeit präsentiert sich dieser Raum als tropische Flachlandschaft mit tiefgründigen Verwitterungsdecken und dichten Urwäldern. Die leicht nach Süden abfallende süddeutsche Landschaft hat Rumpfflächencharakter und wird nur lokal durch einige Schwellen differenziert, vor allem in der bereits länger festländisch geformten Nordhälfte und im Bereich der Grundgebirgsmassive. Die Flüsse haben sich noch kaum eingeschnittenen, transportieren überwiegend Lösungsfracht und fließen nach Süden in das vorhandene Randmeer der Tethys. Aus diesem Meer beginnen sich langsam die künftigen Alpen herauszuheben. Die tropisch-warme Küste dürfte im Bereich jurassischer und kretazischer Gesteine ungefähr am Nordrand des heutigen Alpenvorlandes verlaufen sein. Das skizzierte Landschaftsbild Süddeutschlands ähnelt in dieser Zeitphase der Halbinsel Yucatán im Süden Mexikos. Für die großen Pflanzenfresser unter den Dinosauriern bietet sich ein idealer Lebensraum. Das folgende Kapitel erläutert die Entstehung der kreidezeitlichen Landschaft …

3 Die Kreidezeit – eine Spurensuche

Mit der Kreidezeit wird ein sehr langer Zeitraum von fast achtzig Millionen Jahren zusammengefasst, der mehr als die Hälfte der Landschaftsgeschichte Süddeutschlands umspannt. Die Kreidezeit bildet das letzte System des Erdmittelalters (Mesozoikum) und wird in zwei Serien, die Unterkreide (142–99 Mio. J. v. h.) und die Oberkreide (99–65 Mio. J. v. h.), gegliedert. Die Spurensuche nach geomorphologischen Zeugnissen gestaltet sich sehr schwierig, denn Ablagerungen aus dieser Epoche der Erdgeschichte sind nur an wenigen Stellen Süddeutschlands erhalten geblieben, so dass für dieses System gewaltige Lücken in den Archiven der Reliefgeschichte klaffen. Um dennoch ein ungefähres Bild der Formung Süddeutschlands für diesen langen Zeitabschnitt zu bekommen, ist ein kurzer Blick auf den globalen Rahmen der erdgeschichtlichen Entwicklung nötig.

3.1 Globale Übersicht

Die Kreidezeit war eine tektonisch höchst aktive Periode. Der in der Jurazeit beginnende Zerfall des Urkontinents Pangaea setzte sich in der Kreidezeit fort (Abb. 3.1). Zu den wichtigsten Ereignissen, die Auswirkungen auf unseren Raum hatten, gehören das Aufbrechen des Nordatlantiks sowie die Einengung im Bereich der Tethys („Ur-Mittelmeer") und die dort einsetzende horizontale Überschiebung der Gesteinsschichten wie auch die beginnende Auffaltung im Zuge der Entstehung der Alpen.

Der Meeresspiegel erreichte in der Oberkreide einen Hochstand, der dazu führte, dass weite Teile Europas noch einmal überflutet und mit Meeressedimenten bedeckt wurden. In den dabei entstehenden Schelfmeeren wurde neben Kalken und Dolomiten auch sandiges Material abgelagert. Für Süddeutschland lassen sich solche Phasen mariner Sedimentation bislang nur für die Oberkreide und allein im östlichen Teil Bayerns zwischen Oberpfälzer Wald und Frankenalb sicher belegen. Am Ende der Kreidezeit sank der Meeresspiegel deutlich ab, und die nördlichen Teile der Tethys wurden festländisch. Dies zeigt sich beispielsweise in einem starken Rückgang mariner Sedimentation im Ablagerungsraum der heutigen Schweizer Nordalpen (Helvetischer Trog).

Das vorherrschend feucht-warme Klima des Erdmittelalters dauerte in der Kreidezeit an, und die Tethys im Süden unseres Betrachtungsraumes hat man sich als tropischen Ozean vorzustellen. Bereits aus der Unterkreide sind Wärme liebende Arten bis in 80° nördlicher Breite überliefert, die durchschnittliche mittlere Jahrestemperatur lag in Mitteleuropa zwischen 15 und 23 °C. Die

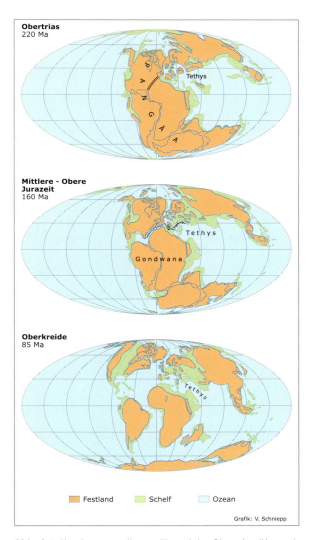

Abb. 3.1 Kontinentverteilung während der Obertrias (Keuper), an der Wende vom Mittleren zum Oberen Jura (Dogger/Malm), während der Oberkreide. Mit dem Aufbrechen der Tethys und den flachen Verbindungen zum arktischen Ozean wurden große Teile Süddeutschlands wiederholt von einem flachen Meer überflutet. Am längsten dauerte die marine Phase zwischen Bayerischem Wald und Fränkischer Alb, wo Ablagerungen der Oberkreide bis heute erhalten geblieben sind (verändert nach Faupl 2000).

Verwitterung auf dem Festland war unter diesen feuchtwarmen und biotisch hoch aktiven Bedingungen sehr intensiv. Große Mengen Material dürften in gelöster Form ausgetragen worden sein (chemische Abtragung).

Die besten Hinweise auf das globale Treibhausklima der Kreidezeit liefern die Fossilien dieses bedeutenden erdgeschichtlichen Abschnitts. Neben der Hochphase der Dinosaurier deutet auch die Pflanzenwelt auf klimatische Gunstphasen hin. Die marine Fauna und Flora zeigen ein breites Spektrum überwiegend Wärme liebender Arten, lediglich die Korallen verlieren gegenüber der Artenvielfalt in der Jurazeit an Bedeutung – wahrscheinlich aufgrund eines hohen Magnesiumanteils im Meerwasser, der die Bildung von Aragonit-Skeletten behinderte. Auch die Wassertemperaturen der Ozeane waren während der Kreidezeit kaum niedriger als noch im Jura.

Mit den ökologischen Veränderungen am Ende der Kreidezeit kam für viele Tiere und Pflanzen das Ende. Den großen Faunenschnitt führt die Mehrzahl der Wissenschaftler heute nicht mehr allein auf den Einschlag eines Asteroiden im heutigen Golf von Mexiko (Chicxulub-Krater) zurück. Von größerer Bedeutung waren wohl starke vulkanische Aktivitäten im Zuge des Kontinentzerfalls und der Bildung der heutigen Ozeane. Die Basalte dieser Zeit, beispielsweise auf dem Dekkan-Plateau Indiens, lassen sich durch moderne Datierungen zeitlich sehr gut mit der Kreide-Tertiär-Grenze korrelieren. Während dieser vulkanisch aktiven Phase gelangten große Mengen Treibhausgase in die Atmosphäre, die das globale Klima viele Jahre lang stark beeinflussten. Das große Artensterben an der Kreide-Tertiär-Grenze vollzog sich über Jahrmillionen und lässt sich durch kom-

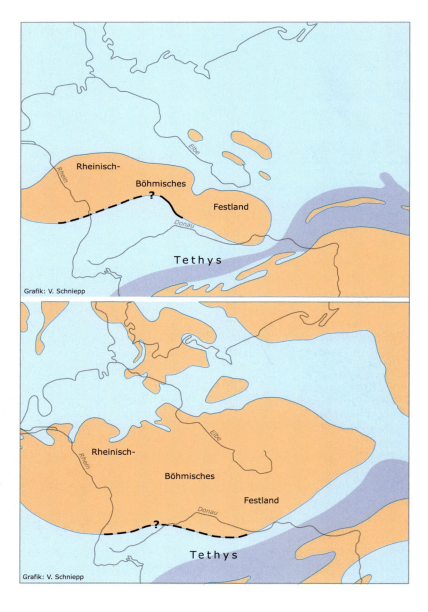

Abb. 3.2 Oben: Mögliche Verteilung von Land und Meer während der Unterkreide. Durch Meerestrans- und -regressionen dürfte sich die Südküste des Rheinisch-Böhmischen Festlandes mehrfach verschoben haben. Die Nordhälfte Süddeutschlands war während der Unterkreide durchgehend Festland. Dadurch konnte sich in der nördlichen Frankenalb ein ausgeprägtes Turmkarstrelief entwickeln (vgl. Abb. 3.6 und Abb. 3.7).
Unten: Mögliche Land-Meerverteilung während der Oberkreide. In dieser Phase wurden große Teile Süddeutschlands wahrscheinlich mehrfach von einem flachen Meer überflutet. Dabei wurden die Juragesteine von Kreideablagerungen überdeckt und dadurch vor Abtragung geschützt. Am längsten dauerte die marine Phase zwischen Bayerischem Wald und Fränkischer Alb, wo Ablagerungen der Oberkreide bis heute erhalten geblieben sind (verändert nach Faupl 2000).

plexe Wechselwirkungen zwischen Vulkanismus, Meeresspiegelschwankungen und globalem Klimaschock besser erklären als ausschließlich durch den Aufprall eines einzelnen Meteoriten auf die Erde.

3.2 Spuren der Landformung im Kristallin der Rheinisch-Böhmischen Masse

Dauerhaft festländische Bedingungen herrschten während des jüngeren Mesozoikums im Bereich des Rheinischen Schiefergebirges und in großen Teilen der nordostbayerischen Grundgebirge (Abb. 3.3). Die Rheinisch-Böhmische Masse war während der Kreidezeit von Hebungstendenzen gekennzeichnet. Allenfalls in ihren Randbereichen wurden diese Gebiete im Mesozoikum und im älteren Tertiär durch Meeresspiegelanstiege beeinflusst. Folglich unterlagen diese Landschaften im Jura und in der Kreide einer fortgesetzten intensiven tropischen Verwitterung und Flächenbildung. Durch die postjurassische Hebung wurden allerdings große Teile der mesozoischen Verwitterungsdecken umgelagert oder abgetragen und neue Flächenstockwerke angelegt. Die Reste dieser alten Einebnungsflächen findet man heute zum Beispiel im südöstlichen Bayerischen Wald oberhalb 1100 m ü. M. oder im Hunsrück und Taunus in einer Höhe von bis zu 700 m ü. M. (Exkurs 3).

Besonders mächtige Verwitterungsdecken (Saprolite) sind verbreitet auf den Hochflächen des Rheinischen Schiefergebirges, des Fichtelgebirges oder auch des Bayerischen Walds erhalten geblieben. Diese bis zu einhundert Meter mächtigen mesozoisch-tertiären Verwitterungskomplexe konnten sich in langen Zeiträumen tektonischer Ruhe unter warm-humiden Klimabedingungen bilden. Das Rheinisch-Böhmische Land (Abb. 3.2) war während der Kreidezeit eine Flachlandschaft, die kaum mehr als ein- oder zweihundert Meter über den Meeresspiegel emporragte. Dafür sprechen mächtige Bleichzonen in den Saproliten, in denen unter Luftabschluss bei hohen Grundwasserständen Eisen chemisch gelöst wurde. Bei sinkendem Grundwasser wurde das reduzierte und mobilisierte Eisen oxidiert und in Form von Erzen wieder ausgefällt (Exkurs 4).

3.3 Thesen zur kreidezeitlichen Landformung im Deckgebirge Süddeutschlands

Mit der Hebung des Rheinisch-Böhmischen Massivs am Ende des Oberjura verlagerte sich die Küstenlinie der Tethys immer weiter nach Süden. Das Zentrum der Aufwölbung und Abtragung lag am Nordende des heutigen Oberrheingrabens. Daher herrschten in der Nordhälfte

Exkurs 3

Rumpfflächen

Rumpfflächen sind ebene oder leicht wellige Landoberflächen, die häufig über unterschiedlich widerständige Gesteine hinwegziehen und daher auch als Schnittflächen bezeichnet werden. Sie sind das Ergebnis unterschiedlicher Abtragungsprozesse über sehr lange Zeiträume. Da fast alle Rumpfflächen sehr alt sind, wurden sie häufig bis in das Tertiär hinein von einer intensiven und tiefgründigen chemischen Verwitterung geprägt, was durch Reste alter Deckschichten und Saprolite belegt wird (Exkurs 4). Die Rumpfflächen Süddeutschlands sind daher Vorzeitformen und bilden die ältesten Reliefgenerationen.

Abb. 3.3 Blick vom Großen Arber auf die Rumpffläche des Bayerischen Waldes. In mehreren Stockwerken sind hier Reste der mesozoisch-tertiären Flachlandschaft in Höhenlagen über 1000 m ü. M. erhalten geblieben (Foto: B. Eitel, vgl. Abb. 4.18).

Exkurs 4

Saprolit

Saprolite sind tiefgründige, teilweise sehr mächtige Gesteinszersatzzonen, in denen die ursprünglichen Gefügemerkmale des Gesteins meist noch erkennbar sind. Sie sind das Ergebnis intensiver chemischer Verwitterungsprozesse, im Zuge derer durch hydrolytische Lösung Teile des Gesteins abgetragen werden, ohne dass sich das Volumen (wohl aber die Masse) nennenswert verändert (Abb. 3.4). Voraussetzung für die Bildung der mächtigen Saprolite, z. B. auf den devonischen Schiefern des östlichen Hunsrück, war die lang andauernde Wirksamkeit dieser Prozesse während tektonischer Ruhephasen. Die mesozoische Landschaft hatte den Charakter eines tropischen Tieflandes mit geringen Höhenunterschieden. Im Profil nimmt die Kaolinisierung und damit der Verwitterungsgrad von oben nach unten ab. Aufgrund der langen Entwicklungsgeschichte handelt es sich bei vielen Saproliten aber um so genannte polygenetische Verwitterungsprofile, in denen Prozesse unterschiedlicher Intensität und Wirkungsdauer einander überlagern. Dies zeigt sich auch in der farblichen Differenzierung der Saprolite, in denen sowohl durch Eisenoxide rot gefärbte Horizonte wie auch gebleichte, eisenarme Zonen mit sehr unterschiedlichen Verwitterungsmerkmalen auftreten.

Süddeutschlands bereits festländische Bedingungen, während im südlichen Teil, in einem flachen Randmeer der Tethys, wohl noch lange Zeit marine Sedimentation stattfand. Folglich ist davon auszugehen, dass die Gesteine des Oberjura nördlich des Schwarzwaldes nicht mehr oder nur in sehr geringer Mächtigkeit abgelagert wurden. Aufschlussreich sind in diesem Zusammenhang auch die Gesteine an der Basis des Oberrheingrabens, dessen Absenkung im Alttertiär einsetzte (Abb. 4.4). So sind nördlich von Karlsruhe in der Tiefe keine Gesteine des Oberjura mehr zu finden. Diese Tatsache könnte man allerdings auch damit erklären, dass einst vorhandene jurassische Gesteine im nördlichen Teil Süddeutschlands zu Beginn der Absenkung des Oberrheingrabens im Eozän bereits wieder abgetragen waren. In jedem Fall ist von einer ursprünglich weit geringeren Mächtigkeit des Jura in der Nordhälfte Süddeutschlands auszugehen.

Am Ende des Oberjura herrschten noch besonders lange Zeit marine Verhältnisse in der gleichzeitig entstehenden tektonischen Senke Ostbayerns. Die salzreichen Ablagerungen der so genannten Purbeck-Fazies markieren hier die Grenze der Jura- zur Kreidezeit. Die tektonische Tieflage zwischen dem sich hebenden Rheinischen Schild und der Böhmischen Masse führte dazu, dass hier vor allem während der Oberkreide-Transgressionen verstärkt sedimentiert wurde. Diese Ablagerungen bedecken heute noch Teile der Fränkischen Alb und Randbereiche des ostbayerischen Grundgebirges. Auch unter den tertiären Sedimenten (Molasse) des Bayerischen Alpenvorlandes wurden in Bohrungen bis zu eintausend Meter mächtige Ablagerungen der Kreidezeit gefunden. Wie weit der ursprüngliche kreidezeitliche Sedimentationsraum über die heute noch erhaltenen Ablagerungen hinausging, bleibt fraglich. Insbesondere seine Ausdehnung in Richtung Südwesten ist nach wie vor sehr umstritten.

Abb. 3.4 Verwitterungsstadien kristalliner Massengesteine in Folge lang anhaltender Tiefenverwitterung seit dem Tertiär.

Bild 1: Granit mit beginnender Verwitterung (Fichtelgebirge)

Bild 2: Saprolit aus Perlgneis (Passauer Vorwald). Der Gneis kann bereits mit dem Messer geschnitten werden. Die erhaltenen schmalen Quarzgänge belegen die Verwitterung und Stoffumwandlung bzw. -abfuhr an Ort und Stelle (lat.: *in situ*) ohne mechanische Umlagerung des Materials.

Bild 3: Kaolinitische Verwitterung (Erbendorf). Die Silikate sind weitgehend zu Kaolinit umgewandelt.

Bild 4: Kaolin-Grube Erbendorf. Durch in situ-Verwitterung, teilweise auch durch geringfügige Umlagerung, entstehen über lange Zeiträume Kaolinlagerstätten, die wirtschaftliche Bedeutung erlangen (Porzellanherstellung).

Bild 5: Das Kaolin („Porzellanerde") kann mit dem Spachtel „geschnitten" werden.
(alle Fotos: B. Eitel)

Land oder Meer in Südwestdeutschland?

Vor dem Hintergrund der skizzierten Entwicklung stellt sich die Frage, inwieweit das Relief in Südwestdeutschland während der Kreidezeit durch marine oder durch terrestrische Formung überprägt wurde. War die Kreidezeit in diesem Raum, wie häufig zu lesen ist, eine lange Phase der Abtragung unter tropischen Klimabedingungen? Oder gab es auch hier Phasen der Sedimentation unter Meeresbedeckung oder durch Flüsse, deren Spuren durch die spätere Abtragung wieder beseitigt wurden?

Die Antworten auf diese Fragen fallen unterschiedlich aus: „Im Oberjura erfolgt die Regression des Jura-Meeres, und es beginnt eine lange Zeit festländischer Abtragung, die in großen Teilen Südwestdeutschlands bis zum heutigen Tage andauert" (Geyer & Gwinner 1991: 173). So oder ähnlich wird die postjurassische Entwicklung in vielen geologischen Übersichtsarbeiten geschildert. Die 80 Millionen Jahre andauernde Kreidezeit wird dabei übersprungen, da zumindest in der Westhälfte Süddeutschlands keine entsprechenden Ablagerungen vorhanden sind. Häufig wird aus dem Fehlen bestimmter Ablagerungen in einem Raum geschlossen, dass diese dort nie abgelagert wurden. Diese Sichtweise ist jedoch fragwürdig, da sie lange Phasen der Abtragung, die naturgemäß kaum Spuren hinterlassen und daher schwer nachweisbar sind, zu wenig berücksichtigt.

In neueren Arbeiten (z. B. Faupl 2000) werden Küstenlinien des kreidezeitlichen Meeres im süddeutschen Raum meist mit Fragezeichen versehen und in Anlehnung an die Verbreitung der Oberkreide in Ostbayern gezogen. An der Basis des Molassebeckens treten östlich einer gedachten Linie von München nach Regensburg Gesteine der Oberkreide und im westlichen Schweizer Mittelland sogar der Unterkreide auf. Dazwischen bilden Gesteine des Oberjura den Untergrund des Molassebeckens (Abb. 3.5). Dieses Verbreitungsmuster haben

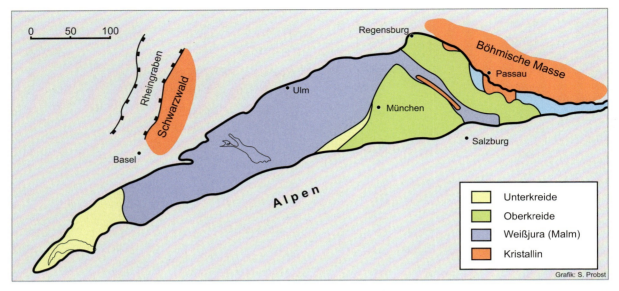

Abb. 3.5 Ein Blick unter die jüngeren Ablagerungen des Alpenvorlandes (Molassebecken) zeigt, dass im Westen und Osten noch heute kreidezeitliche Gesteine vorhanden sind. Im zentralen Bereich bilden dagegen Weißjuragesteine die Basis des Molassebeckens. Folgt man der Argumentation im Text, müssen auch diese Bereiche ursprünglich noch von Kreideschichten überlagert gewesen sein, die allerdings vor der tertiären Verschüttung des Beckens bereits wieder abgetragen worden sind (verändert nach Lemcke 1988).

Geowissenschaftler lange Zeit als Argument für die festländische Formung während der Kreidezeit in Südwestdeutschland verwendet. Angesichts der enormen Dauer dieses Zeitraumes und der für diese Periode nachgewiesenen mächtigen Ablagerungen, etwa am Nordrand des Rheinischen Schiefergebirges oder im helvetischen Ablagerungsraum (den heutigen Schweizer Nordalpen), stellt das Fehlen kreidezeitlicher Sedimente in weiten Teilen Südwestdeutschlands die Forscher vor erhebliche Probleme.

Eine Reihe von Gründen spricht gegen die Annahme einer 80 Millionen Jahre andauernden Phase kontinuierlich festländischer Abtragung in Südwestdeutschland:

1. Die **tektonischen Aktivitäten** während der Kreidezeit lassen es äußerst unwahrscheinlich erscheinen, dass die flache oberjurassische Karbonatplattform Süddeutschlands fast 80 Millionen Jahre lang permanent festländischer Abtragung unterlag. Durch die einsetzende alpidische Deckenüberschiebung im Süden befand sich dieses Kalkplateau an einer tektonischen Nahtstelle, die sicher auch in der Unterkreide bereits massiv durch Transgressionen und Regressionen beeinflusst wurde. Ein Beleg für deutliche Meeresspiegelschwankungen während der Unterkreide sind beispielsweise die zyklischen Sedimentationsabfolgen (Kalke, Mergel, Sandsteine) der Kreideablagerungen im helvetischen Trog. Im südlichen Teil des helvetischen Ablagerungsraumes erreichen die Kreidegesteine eine Mächtigkeit von insgesamt 1500 Metern, was auf eine massive Absinktendenz im Schelfbereich der Tethys während dieser Zeit hinweist. Es ist anzunehmen, dass diese tektonischen Veränderungen im Bereich des Helvetikums auch Auswirkungen auf die nördlich angrenzenden Bereiche des Kontinentalrandes in Süddeutschland hatten. Berücksichtigt man den gewaltigen Zeitraum – über 40 Millionen Jahre allein für die Unterkreide –, so ist ein mehrfacher Wechsel von Abtragung und Sedimentation vor allem am Nordrand des Schelfmeeres sehr wahrscheinlich. Das Fehlen von Ablagerungen der Unterkreide in Süddeutschland lässt sich schlüssig damit erklären, dass diese während der Oberkreide oder im frühen Alttertiär bereits wieder abgetragen waren.

2. Das beste Argument für eine oder mehrere kreidezeitliche Sedimentationsphasen sind die **noch heute vorhandenen oberen Weißjurakalke** im Bereich der Schwäbisch-Fränkischen Alb: Diese hätten eine so lange Abtragungsphase unter tropischen Klimabedingungen nicht überstanden. Selbst wenn man die gegenwärtigen gemäßigten Klimabedingungen voraussetzt, wären in 80 Millionen Jahren mehrere hundert Meter Kalkstein gelöst und damit der gesamte Weißjura bereits während der Kreidezeit abgetragen worden. Da dies nicht geschehen ist, müssen die Juragesteine vor einer Abtragung während der Kreidezeit geschützt gewesen sein. Ein solcher Schutz vor Abtragung hätte bestanden, wenn Teile Süddeutschlands immer wieder für lange Zeit zum Sedimentationsraum geworden wären. Möglicherweise war dies bereits in der Unterkreide der Fall, mit Sicherheit aber

3.3 Thesen zur kreidezeitlichen Landformung im Deckgebirge Süddeutschlands

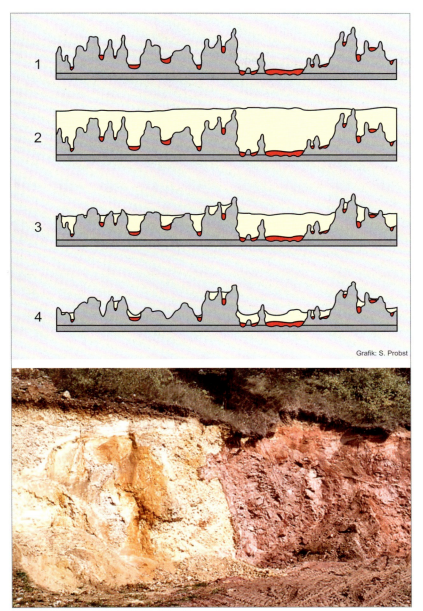

Abb. 3.6 Oben: Schema der Entstehung und Verschüttung des Karstreliefs der nördlichen Frankenalb (verändert nach Pfeffer 1989). Phase 1 stellt die Situation am Ende der Unterkreide vor etwa 100 Millionen Jahren dar. In der Oberkreide erfolgte die Verschüttung (Phase 2) des Turmkarstreliefs. Im Lauf des Tertiärs und Quartärs wurden die Ablagerungen der Oberkreide größtenteils wieder ausgeräumt (Phase 3 und 4). An der Basis der Oberkreidesande liegen lokal Reste der Verwitterung (Paläoböden, Amberger Erze) aus der Unterkreide (rot).
Unten: Kontaktbereich zwischen vergrustem Frankendolomit und rötlichen Quarzsanden der Oberkreide. Im obersten Teil des Aufschlusses ist eine periglaziale Umlagerungzone zu erkennen. Der inzwischen zugeschüttete Aufschluss befand sich bei Hirschbach in der Oberpfalz (Foto: K.-H. Pfeffer).

während der Meeresspiegelhochstände der Oberkreide. Die Annahme einer tektonisch lagestabilen Küstenlinie über die gesamte Dauer der Kreidezeit von 80 Millionen Jahren ist äußerst unwahrscheinlich.
3. Die **Karstformen** im Bereich der Schwäbisch-Fränkischen Alb sind sehr unterschiedlich ausgeprägt. So ist im nördlichen Teil der Frankenalb ein tropischer Turmkarst entwickelt, der in der Unterkreide entstand und während der Oberkreide wieder verschüttet wurde (Abb. 3.6). Das Karstrelief der Schwabenalb und südlichen Frankenalb weist dagegen keine vergleichbaren Formen auf. Die Verkarstungserscheinungen sind hier insgesamt eher schwach ausgebildet und nachweislich erst ab dem mittleren Tertiär entstanden (Kapitel 4 und 5). Das Fehlen einer tief reichenden Verkarstung der schwäbischen Karbonatplattform erklären einige Autoren mit der damals küstennahen Lage und fehlenden Eintiefung der größeren Flüsse. Dennoch spricht allein schon die Erhaltung der jüngsten Juragesteine, der oberen Malmkalke, gegen die Vorstellung einer 80 Millionen Jahre andauernden Festlandsphase, die nachweislich durch tropische Verwitterung und Rumpfflächenbildung geprägt war. Das eher schwach entwickelte Karstrelief der Schwäbischen Alb und südlichen Frankenalb lässt sich durch eine ursprünglich vorhandene Bedeckung mit Sedimentgesteinen der Kreide sehr viel besser erklären.

Abb. 3.7 Karstlandschaft bei Tüchersfeld (Frankenalb). Die durch Abtragung jüngerer Sedimente wieder freigelegten Karsttürme bilden bizarre Formen, wie sie nur auf der nördlichen Frankenalb zu finden sind. Die Anlage des Turmkarstreliefs reicht bis in die Unterkreide zurück (Foto: J. Eberle).

4. **Das Fehlen mächtiger tropischer Verwitterungsdecken** vor allem im Bereich des Schwäbischen Jura spricht gleichfalls gegen eine kontinuierliche Festlandsphase während der Kreidezeit. Selbst wenn von überwiegend lösungschemischem Abtrag der karbonatischen Gesteine ausgegangen werden muss, hätte der Lösungsrückstand in diesem langen Zeitraum – ähnlich wie in den nachweislich festländischen Bereichen der Böhmischen Masse und des Rheinischen Schiefergebirges – zu mächtigen Verwitterungsdecken führen müssen. Die meist in Karstspalten und Dolinen erhaltenen Bohnerzlehme der Schwäbischen Alb können ziemlich sicher als oberkretazisch bis alttertiäre Verwitterungsbildungen eingestuft werden, da vergleichbare Erze im Schweizer Jura auf Unterkreide-Sedimenten liegen und von alttertiären Sedimenten überlagert sind. Die Bildung der Bohnerzformation (Exkurs 8) kann folglich mit dem endgültigen Rückzug des Meeres ab der mittleren Oberkreide eingesetzt und bis in das Eozän angedauert haben. Sie ist damit aber ebenfalls kein Beleg für eine ununterbrochene festländische Abtragung während der Kreidezeit. In der Bohnerzformation eingeschlossene Quarzsande ähneln in ihrer mineralischen Zusammensetzung sehr stark den fränkischen Schutzfelsenschichten, einer Sandsteinformation, die bei Regensburg am so genannten „Schutzfelsen" erstmals beschrieben wurde. Diese Gesteine werden als früheste Ablagerungen der Kreidezeit gedeutet. Damit wäre neben dem Sandsteinvorkommen bei Beuron (Exkurs 5) ein weiterer Hinweis auf kreidezeitliche Sedimentation in Südwestdeutschland vorhanden.

Auf älteren Gesteinen im Norden Süddeutschlands hat die Reliefbildung bereits zu einem früheren Zeitpunkt begonnen. Daraus ergibt sich ein deutlicher „Vorsprung" in der Abtragungsgeschichte. Das Fehlen jurassischer Gesteine im nördlichen Baden-Württemberg lässt sich damit ebenso erklären wie die intensivere Verkarstung und stärkere Abtragung des Weißjura der nördlichen Frankenalb gegenüber den südlichen Karstgebieten.

Spätestens am Ende der Oberkreide herrschten in ganz Süddeutschland festländische Verhältnisse. Aus dem Tethys-Meer begannen sich im Süden bereits die künftigen Alpen herauszuheben. Süddeutschland ähnelte während dieser Zeit einer tropischen Flachlandschaft mit dichten Wäldern und kaum eingeschnittenen Flüssen, die im Süden in ein noch vorhandenes Randmeer der (Para-)Tethys einmündeten. Die leicht nach Süden abfallende Landschaft war nur lokal durch einige Schwellen gegliedert. Dies betrifft vor allem die bereits länger festländisch geformte Nordhälfte und die Grundgebirgsmassive. Die „tropische" Südküste dürfte im Bereich jurassischer und kretazischer Gesteine ungefähr am Südrand des heutigen Alpenvorlandes verlaufen sein. Das skizzierte Landschaftsbild Süddeutschlands könnte damals dem der Halbinsel Yucatán im Süden Mexikos zu unserer Zeit vergleichbar gewesen sein (Blockbild 1, S. 14). Ausgehend von dieser Flachlandschaft wird sich nachfolgend die weitere Entwicklung der Landschaft im Tertiär vollziehen.

Exkurs 5

Der Beuroner Sandstein – erster Beleg für Kreidesedimentation in Südwestdeutschland?

Erst vor einigen Jahren wurde oberhalb des Durchbruchstales der Donau bei Beuron (Südwestliche Schwäbische Alb) ein Sandsteinvorkommen beschrieben, dessen Lage auf oberjurassischen Kalken sehr bemerkenswert ist. Leider handelt es sich aber nicht um ungestörte Sedimente der Kreidezeit, denn einiges spricht dafür, dass die Sande im Jungtertiär von Flüssen umgelagert wurden (Abb. 3.8). Durch mineralogische Untersuchungen konnten jedoch Hinweise auf eine ursprünglich andere Herkunft der Sande gefunden werden. So ähnelt das Schwermineralspektrum, das vorwiegend Rutil, Zirkon, Turmalin sowie geringere Mengen Disthen, Andalusit und Staurolith enthält, sehr stark dem der unterkretazischen Schutzfelsschichten von Regensburg. Man deutet deshalb die Quarzsande des Beuroner Sandsteins als Aufarbeitungsprodukt kreidezeitlicher Sedimente der näheren Umgebung, die aus Südwestdeutschland sonst nicht bekannt sind. Dieser erste sedimentologische Hinweis stützt die Hypothese, dass während der Kreidezeit in diesem Gebiet zumindest zeitweise Sedimentation stattfand und der Oberjura dadurch vor der Verwitterung geschützt war. Die Gesteine des Oberjura markieren folglich nicht das Ende der mesozoischen Sedimentation in Südwestdeutschland.

Abb. 3.8 Aufschluss des Beuroner Sandsteins. Die Basis besteht aus massivem Sandstein, der von einer blockreichen Lage (vorwiegend Weißer Jura, oberhalb der Linie) überdeckt wird. Den Abschluss bilden gering mächtige, gebankte Kalksandsteine. Die Blocklage belegt eine Umlagerung und Vermischung von Kreide- und Juragesteinen vermutlich während des Jungtertiärs (Foto: J. Eberle).

Literatur

Bayerisches Geologisches Landesamt [Hrsg.] (1996): Erläuterungen zur geologischen Karte von Bayern 1:500 000. – München, 329 S.

Borger, H. (1990): Bohnerze und Quarzsande als Indikatoren paläogeographischer Verwitterungsprozesse und der Altreliefgenese östlich von Albstadt (Schwäbische Alb). – Kölner Geogr. Arbeiten, **52**: 209 S.

Borger, H. (2000): Mikromorphologie und Paläoenvironment. Die Mineralverwitterung als Zeugnis der cretazisch-tertiären Umwelt in Süddeutschland. – Relief, Boden, Paläoklima, **5**: 243 S.

Courtillot, V. (1999): Das Sterben der Saurier. Erdgeschichtliche Katastrophen. – Stuttgart (Enke), 136 S.

Eitel, B. (2001): Flächensystem und Talbildung im östlichen Bayerischen Wald (Großraum Passau-Freyung). – Passauer Kontaktstudium Erdkunde, **6**: 1–16.

Faupl, P. (2000): Historische Geologie. – Stuttgart (UTB), 271 S.

Felix-Henningsen, P. (1990): Die mesozoisch-tertiäre Verwitterungsdecke (MTV) im Rheinischen Schiefergebirge. Aufbau, Genese und quartäre Überprägung. – Relief, Boden Paläoklima, **6**: 192 S.

Franz, M., Selg, M. & Maus, H. (1997): Der Beuroner Sandstein: eine pliozäne Donauablagerung als Indiz kretazischer Sedimentation in SW-Deutschland. – Jh. geol. Landesamt Baden-Württemberg, **36**: 125–152.

Geyer, O. F. & Gwinner, M. P. (1990): Geologie von Baden Württemberg. – 4. Aufl., Stuttgart (Schweizerbart), 482 S.

Lemcke, K. (1988): Geologie von Bayern 1: Das bayerische Alpenvorland vor der Eiszeit. – Stuttgart (Schweizerbart), 175 S.

Liedtke, H. & Marcinek, J. (1994): Physische Geographie Deutschlands. – Gotha (Perthes), 530 S.

Louis, H. (1984): Zur Reliefentwicklung der Oberpfalz. – Relief, Boden, Paläoklima, **3**: 1–66.

Pfeffer, K.-H. (1989): The Karst landforms of the Northern Franconian Jura between the Rivers Pegnitz and Vils. – Catena Suppl.-Bd., **15**: 253–260.

Stanley, M. S. (2001): Historische Geologie. – Heidelberg (Spektrum), 710 S.

Wagner, G. (1960): Einführung in die Erd- und Landschaftsgeschichte mit besonderer Berücksichtigung Süddeutschlands. – Öhringen (Rau), 694 S.

Süddeutschland im Eozän vor 50 Millionen Jahren

Süddeutschland ist weiterhin eine Flachlandschaft mit tropischen Wäldern, Sümpfen und Seen, die durch eine artenreiche Fauna und Flora geprägt sind. Die vorhandenen Flüsse entwässern mit sehr geringem Gefälle nach Süden in das verbliebene schmale Restmeer der Tethys. Der Küstenverlauf folgt etwa einer Linie, die dem Nordrand der heutigen Alpen entspricht. Im Bereich des künftigen Oberrheingrabens kommt es langsam zur Absenkung. Dies zeigt sich vor allem an einer Häufung von Seen und Sümpfen sowie ersten vulkanischen Aktivitäten entlang dieser Zone. Dabei entwickelt sich auch der Maarsee von Messel, der das wichtigste Archiv des Eozäns in Süddeutschland liefern wird.

Nach wie vor ist von einer intensiven lösungschemischen Verwitterung und Abtragung auszugehen, und es entstehen noch immer tiefgründige Zersatzzonen. Zwischen Heidelberg und Rheinischem Schiefergebirge sind große Teile der jüngeren Deckgebirgsgesteine bereits abgetragen. Da noch weitgehend tektonische Ruhe herrscht, dominiert der Rumpfflächencharakter der Landschaft. Die Rheinisch-Böhmischen Kristallinmassive bilden flache Schwellenregionen innerhalb dieser Flachlandschaft. Weit südlich des heutigen Alpennordrandes beginnen sich langsam die Ostalpen aus dem Meer zu heben, die Molassesedimentation hat aber noch nicht eingesetzt.

4 Das Alttertiär – Landformung unter tropischen Bedingungen

Das Alttertiär umfasst drei Zeitabschnitte oder Serien: Paleozän (65–55 Mio. J. v. h.), Eozän (55–34 Mio. J. v. h.) und Oligozän (34–24 Mio. J. v. h.). Das nachfolgende Miozän gehört bereits zum Jungtertiär, das Untermiozän (24–20 Mio. J. v. h.) wird aber in diesem Kapitel noch mit berücksichtigt, da es erst danach wieder zu einschneidenden Veränderungen in der Landschaftsentwicklung Süddeutschlands kam.

Nur an wenigen Stellen Süddeutschlands findet man Ablagerungen, die eindeutig aus dem Paleozän stammen. Lediglich einige vulkanische Gesteine, wie beispielsweise am Katzenbuckel im Odenwald, lassen sich dieser Zeitphase sicher zuordnen (Abb. 4.5). Klima und Reliefcharakter hatten sich gegenüber der vorausgegangenen Oberkreide nur wenig verändert.

Im weiteren Verlauf des Alttertiärs entstanden wichtige Grundstrukturen der süddeutschen Landschaft: Die Gebirgsbildung der Alpen erreichte ihren Höhepunkt, und die großen Ablagerungsgebiete, der Oberrheingraben und das Molassebecken, begannen sich herauszubilden. Die Füllungen in diesen Becken gehören zu den wichtigsten Archiven der tertiären Landschaftsgeschichte in Süddeutschland. An den seit dem Eozän abgelagerten Sedimenten kann man die Geschichte der Abtragungsdynamik und Verwitterungsprozesse in den angrenzenden Gebieten ablesen. Indirekt geben sie damit Auskunft über die klimatischen Bedingungen, die Tektonik und die Abtragungsprozesse der Beckenrandlandschaften.

Ein kurzer Blick auf einige globale Zusammenhänge hilft, die landschaftliche Entwicklung Süddeutschlands im Alttertiär zu verstehen.

4.1 Erdklima und globale Tektonik

Nach einer kurzen Phase der Abkühlung an der Kreide-Tertiär-Grenze (Kapitel 3) setzte sich im Alttertiär der tropisch-feuchte Klimacharakter in weiten Teilen der Erde wieder durch. An der Wende vom Paleozän zum Eozän, vor 54 Millionen Jahren, stiegen die Temperaturen sogar noch weiter. Selbst die südpolaren Meere waren bis zu 18 Grad warm. Die Erwärmung erfasste auch die Tiefenwasserbereiche der Ozeane und führte zu einem großen Artensterben bei den Foraminiferen. Diese schneckenartigen Kleinstlebewesen (Wurzelfüßer) lagern in den Hartteilen ihrer Schalen unterschiedlich schwere Isotope des Sauerstoffs ein. Das Verhältnis der eingelagerten Isotope ^{18}O und ^{16}O ist abhängig von der Wassertemperatur (Exkurs 6). Die Schalen dieser Tiere lassen sich folglich als eine Art Thermometer der Klimageschichte verwenden.

Eine Erklärung für den geringen Temperaturunterschied zwischen äquatorialen und polaren Regionen im frühen Eozän bieten die Lage der Kontinente und der Verlauf der großen Meeresströmungen (Abb. 4.2). Der wichtigste Unterschied zur heutigen Verteilung von Land und Meer auf der Erde war, dass damals weder im Süd- noch im Nordpolargebiet Eis aufgebaut werden konnte. Antarktika lag noch nicht am Südpol, und das Nordpolarmeer war noch nicht von Kontinenten umrahmt, was heute die Eisdrift nach Süden hemmt. Nord- und Südpol waren nicht weiß, so dass die Rückstrahlung (Albedo) des auf die Erde treffenden Sonnenlichts sehr gering war. Die Polargebiete nahmen dadurch viel Strahlung auf, die in Wärme umgewandelt wurde. Zudem war der kalte antarktische Ringstrom noch nicht entwickelt, von dem ausgehend, mit der Bildung des ozeanischen Tiefenwassers, allmählich die Weltmeere heruntergekühlt wurden. Südamerika und Australien hatten sich gerade erst von Antarktika gelöst. Die mittelamerikanische Landbrücke existierte ebenfalls noch nicht, so dass über die Verbindung vom Pazifik zu dem sich immer weiter öffnenden Nordatlantik ein guter Wasser- und Wärmeaustausch erfolgen konnte.

Mitteleuropa lag im Eozän noch mehr als zehn Breitengrade näher am Äquator als heute, ungefähr auf der heutigen Breite von Südspanien. Für die Rekonstruktion des Klimas in Mitteleuropa ist dieser Sachverhalt sehr wichtig. Weltweit lassen sich aus dieser Zeit bis in hohe Breiten Reste von tropischen und subtropischen Tieren und Pflanzen nachweisen. Die bekannteste Fundstelle Süddeutschlands ist die Grube Messel bei Darmstadt. Deren weltberühmte Fossilien stammen aus dem Mittleren Eozän (Exkurs 7).

Erst nachdem die Südkontinente Südamerika, Antarktika und Australien weiter auseinander gedriftet

Exkurs 6

Das „Geheimnis" der Sauerstoff-Isotope in Ozeanen

Im Meerwasser treten unterschiedliche Isotope des Sauerstoffs auf. Das Verhältnis des leichteren ^{16}O-Isotops zum schweren ^{18}O-Isotop ist dabei nicht konstant. ^{16}O verdunstet leichter und kann zum Beispiel im Gletschereis akkumuliert werden (absolute Anreicherung), während gleichzeitig der Gehalt an schwererem ^{18}O im Meerwasser ansteigt (relative Anreicherung). Zooplankton wie beispielsweise *Foraminiferen* bauen das jeweils im Meer vorhandene Sauerstoff-Isotopenverhältnis in ihre Schalen ein. Die Schalen sinken nach dem Tod der Tiere auf den Meeresgrund und bilden dort teilweise mächtige Ablagerungen. In Bohrkernen, die man aus diesen Sedimenten gewonnen hat, weisen einzelne Abschnitte sehr unterschiedliche Sauerstoff-Isotopenverhältnisse auf. Durch Interpolation und Eichung an besonders gut untersuchten Ablagerungen lassen sich die Schwankungen interpretieren: Steigt z. B. der Quotient aus ^{16}O und ^{18}O, im Meerwasser wird dies klimatisch so gedeutet, dass während dieser Zeitphase weniger ^{16}O im Eis festgelegt war und folglich ein wärmeres Globalklima vorherrschte.

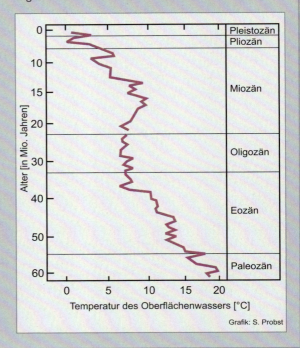

Abb. 4.1 Temperaturkurve abgeleitet aus der Sauerstoff-Isotopenkurve für subantarktische Planktonorganismen. Dargestellt sind Veränderungen der Mitteltemperatur des antarktischen Oberflächenwassers im Verlauf des Tertiärs. Zu Beginn des Oligozäns (einsetzende Antarktisvereisung), im jüngeren Miozän (Arktis) sowie am Ende des Pliozäns ist jeweils ein deutlicher Temperaturrückgang zu verzeichnen, der als global wirksames Klimasignal interpretiert werden kann (nach Fütterer 1988, verändert aus Blümel 1999).

waren, konnte sich vor etwa 40 Millionen Jahren der Ringstrom um die Antarktis etablieren. Damit war eine globale „Klimaanlage" entstanden, die bis heute wirksam ist. Schon am Ende des Eozäns führten diese Veränderungen zu einer starken Abkühlung des Klimas besonders in den polnahen Regionen und in der Folge zu erster Eisbildung auf dem jetzt isolierten antarktischen Kontinent. Antarktika wirkt seither wie ein gewaltiges Kühlelement für die Erde.

Die starke Abkühlung der Erde an der Wende vom Eozän zum Oligozän war mit einem neuerlichen Massensterben von Organismen verbunden. Die Grenze der tropischen Urwälder verlagerte sich immer weiter Richtung Äquator, während sich in Mitteleuropa im Lauf des Oligozäns vermehrt offene, savannenartige Landschaften entwickelten. Spätestens am Übergang zum Jungtertiär, an der Wende vom Oligozän zum Miozän, wurde in Süddeutschland die feucht-warme Klimaphase immer häufiger von trockenen Abschnitten unterbrochen.

Der beschleunigte Eisaufbau in Antarktika im Mittleren Oligozän hatte eine deutliche Absenkung des Meeresspiegels zur Folge, was sich global auch auf die festländische Abtragung auswirkte. Die Tethys wurde zudem bereits im Lauf des Eozäns immer stärker durch die alpine Gebirgsbildung eingeengt, weil sich die adriatische Platte stetig nach Norden bewegte und damit die Hochphase der Alpenbildung einleitete. Diese Vorgänge setzten der Landschaftsentwicklung in Süddeutschland einen klaren Rahmen.

4.2 Paleozän bis Unteroligozän (65–30 Mio. J.v.h.) – neue tektonische Strukturen und Landformung in Süddeutschland

Durch Landhebung war das Meer am Ende der Oberkreide weitgehend aus Süddeutschland verschwunden. Lediglich am Nordrand der späteren Alpen blieb zu Beginn des Tertiärs noch ein schmaler, flacher Meeresarm der nördlichen Tethys, die Para-Tethys, erhalten. Die

4.2 Paleozän bis Unteroligozän

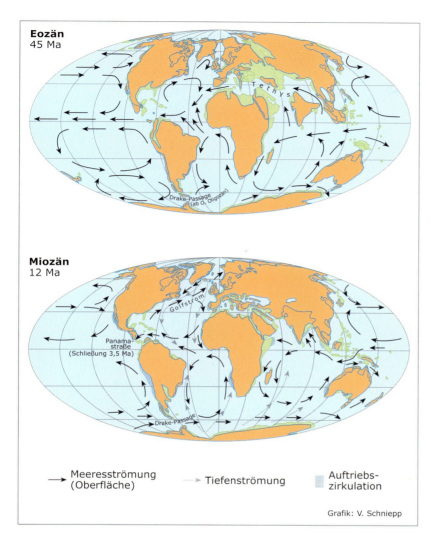

Abb. 4.2 Land-Meer-Verteilung im Eozän (45 Mio. J. v. h.) und im Miozän (12 Mio. J. v. h.) mit den wichtigsten Meeresströmungen. Die Drake-Passage entsteht ab dem Oberoligozän durch die Lösung Antarktikas von Südamerika. Die Panama-Straße schließt sich erst vor 3,5 Mio. Jahren im Pliozän. Die zirkumäquatoriale Tethys-Strömung wird im jüngeren Tertiär durch die Kontinentdrift unterbrochen und von einer meridionalen Strömung abgelöst. Der zirkumantarktische Ringstrom verstärkt die Abkühlung Antarktikas (vgl. Abschn. 5.1; verändert nach Faupl 2000).

Küste der zu jener Zeit tropischen Landschaft Süddeutschlands verlief im Eozän etwa entlang einer gedachten Linie von Wien über München nach Lausanne. Alle Flüsse Süddeutschlands waren nach Süden gerichtet. Wegen ihres geringen Gefälles schufen sie jedoch keine tiefen Täler, sondern ihr Wasser strömte träge in weiten Schlingen durch den tropischen Urwald. Die alten kristallinen Festländer des Rheinisch-Böhmischen Massivs wurden stärker gehoben und abgetragen, so dass sich dort auf Kosten der älteren Flächen neue Flächenstockwerke entwickeln konnten. Schließlich begann sich vor 50 Millionen Jahren langsam der Oberrheingraben abzusenken (Blockbild 2, Seite 24).

Verwitterung und Abtragung

Da fast überall festländische Bedingungen herrschten, erfasste die intensive tropische Verwitterung und Abtragung am Ende der Kreidezeit und im Alttertiär auch die Gesteine des Deckgebirges. Ein Flachrelief war ausgebildet, das sich an vielen Stellen über alle Gesteinsunterschiede hinweg erstreckte. Vor allem im nördlichen Süddeutschland waren große Teile dieser mesozoischen Sedimentgesteine bereits im Eozän abgetragen worden. Nur dort, wo sich das Gelände tektonisch senkte, wie im Bereich des Oberrheingrabens, wurden die Gesteine von jüngeren Ablagerungen zugedeckt und vor der Abtragung geschützt. Ein auf Bohrungen gestützter Blick an die Basis des Oberrheingrabens erlaubt daher eine Momentaufnahme der Verbreitung der Gesteine des Deckgebirges zu Beginn der Absenkung im Eozän (Abb. 4.4).

Nicht nur auf den tiefgründigen Zersatzzonen im Bereich der kristallinen Grundgebirge, sondern auch auf Deckgebirgsgesteinen aus dem Mesozoikum sind Relikte tropischer Verwitterung bis heute überliefert. Besonders bedeutsam sind die **Bohnerze** der Schwäbisch-Fränkischen Alb und des Schweizer Jura (Exkurs 8). Sie liegen im Schweizer Jura auf Sedimenten der Unterkreide und

Exkurs 7

Die Grube Messel – ein tropischer Sumpf als erstes bedeutendes Archiv der Landschaftsgeschichte Süddeutschlands

Die Grube Messel liegt etwa 20 Kilometer südlich von Frankfurt. Bis 1971 wurden hier Ölschiefer zur Gewinnung von Rohöl abgebaut. Diese Gesteine entstanden im mittleren Eozän vor etwa 49 Millionen Jahren in einem vulkanischen Maarsee, der sich im Zuge der beginnenden Absenkung des Oberrheingrabens gebildet hatte. In den Tonsteinen, die ursprünglich als Faulschlamm am Seeboden abgelagert wurden, konnten sich Fossilien hervorragend erhalten, darunter Reste von Palmen, Farnen und Lianen. Weltberühmt ist die Messel-Formation aber vor allem wegen ihrer sehr gut konservierten Tierskelette unter anderem von Fischen, Schildkröten, Krokodilen, Schlangen, Ibissen, aber auch von Säugetieren wie Halbaffen, Raubtieren und Urpferden. Sehr interessant sind auch Funde des Ameisenbären, einer Tierart, die heute nur noch in Südamerika vorkommt. Die Spuren der in Messel erhaltenen Tierwelt belegen eindeutig den tropischen Klimacharakter der eozänen Umwelt. Man kann sich den Messel-See als sumpfiges tropisch-warmes Gewässer in einer von dichten Wäldern bedeckten Flachlandschaft vorstellen. Seit 1995 ist die Grube Messel als Weltnaturerbe der UNESCO ausgewiesen.

 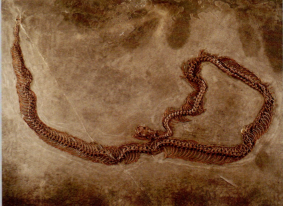

Abb. 4.3 Links: Luftbild der ehemaligen Tongrube Messel bei Darmstadt (Foto: SMF, Abteilung Messelforschung). **Rechts:** Zahlreiche Fossilien, wie das Skelett einer Würgeschlange (*Messelophis ermannorum*, Zwergboa; Länge der Wirbelsäule: 46 cm), wurden in den feinkörnigen Sedimenten des ehemaligen Maarsees hervorragend konserviert und erlauben wichtige Rückschlüsse auf den einstigen Lebensraum (Foto: HLMD-Me 7915, Hessisches Landesmuseum Darmstadt, W. Fuhrmannek).

werden von obereozänen Süßwasserkalken überdeckt. Damit lässt sich die Entstehung der Bohnerze zeitlich in die Oberkreide und das älteste Tertiär einordnen.

Die Entstehung des Oberrheingrabens

Der **Oberrheingraben** ist Teil einer alten europäischen Störungszone, die in Südfrankreich mit dem Rhônegraben beginnt und westlich von Norwegen im Vikinggraben ausläuft. Der Oberrheingraben wird häufig als Idealmodell einer kontinentalen Grabenbruchlandschaft bezeichnet. Er erstreckt sich über 300 Kilometer Länge und ist durchschnittlich etwa 35 Kilometer breit. Im Süden wird er vom Schweizer Jura und im Norden vom Taunus begrenzt. Seine Entstehung leitete eine Umkehrung der Hauptentwässerungsrichtung Süddeutschlands ein, die uns in späteren Kapiteln als „Kampf um die Wasserscheide" zwischen Rhein und Donau beschäftigen wird. Erscheint der Oberrheingraben heute als spektakuläre Großform, so begann seine Entstehung im Eozän vor etwa 50 Millionen Jahren recht unauffällig (Blockbild 2, Seite 24).

Entlang alter Störungszonen kam es am Beginn des Tertiärs zu vulkanischen Ereignissen, die am nördlichen Rand des Odenwaldes zum Beispiel in der Umgebung von Messel belegt sind. Auch die Vulkanite vom Steinsberg bei Sinsheim im Kraichgau und vom Katzenbuckel im Odenwald (Abb. 4.5) entstanden in jener Zeit. Die Absenkung des Oberrheingrabens begann im **Unteren**

4.2 Paleozän bis Unteroligozän

Abb. 4.4 Die Verbreitung der Gesteine des Deckgebirges im Bereich des Oberrheingrabens (ohne tertiäre und quartäre Bedeckung). Es fällt auf, dass das Alter der Gesteine an der Grabenbasis von Süden nach Norden zunimmt. Dies bedeutet, dass die Abtragung zu Beginn der eozänen Grabenbildung im Norden bereits weiter fortgeschritten war als im Süden: Der Weißjura war zu Beginn des Tertiärs nördlich von Straßburg bereits vollständig abgetragen, der Muschelkalk reichte noch bis auf die Breite von Heidelberg, der Buntsandstein bis Darmstadt. Noch weiter nördlich war das Deckgebirge wohl bereits in der Oberkreide, spätestens aber bis zum Eozän komplett beseitigt worden (verändert nach Pflug 1982).

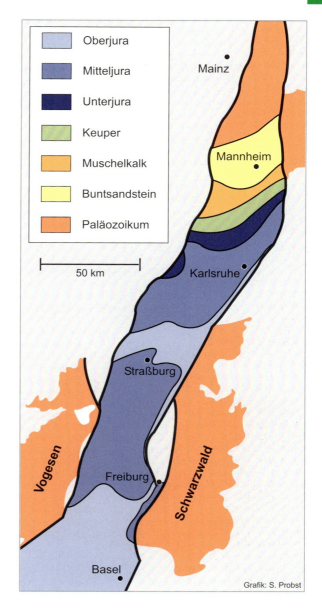

Eozän vor etwa 50 Millionen Jahren zunächst im Süden. Als älteste Ablagerung konnte an der Basis des Grabenbruchs die Bohnerzformation erbohrt werden, die auf Karbonatgesteinen des Jura und Muschelkalks liegt (Exkurs 8). Darüber folgen die eozänen Basistone, die im gesamten Graben anzutreffen sind (Tabelle 4.1). Diese ältesten festländischen Ablagerungen im Geoarchiv des Oberrheingrabens lassen Rückschlüsse auf die damaligen Geländeformen am Grabenrand zu: Ihre Feinkörnigkeit belegt die geringen Höhenunterschiede der alttertiären Flachlandschaft. Die Grabenschultern waren zu diesem Zeitpunkt noch nicht gehoben, der Oberrheingraben trat geomorphologisch kaum in Erscheinung. Bei einem Flug über die eozäne Landschaft des Oberrheingrabens wäre einem potenziellen Beobachter allenfalls die Häufung von Seen, vielleicht auch eine Seenkette entlang des künftigen Großgrabens aufgefallen (Blockbild 2, S. 24).

Im **Obereozän** drang das Meer von der Tethys über die Westschweiz in den Oberrheingraben ein. Es kam zur Ablagerung mehrerer hundert Meter mächtiger Mergel, die nach Norden bis Karlsruhe belegt sind. Am nördlichen Grabenrand lebten in jener Zeit wieder vulkanische Aktivitäten auf.

Im Verlauf des **Oligozäns** wurde der Oberrheingraben mehrfach überflutet. Zunächst wechselten flache

Abb. 4.5 Der Vulkanschlot des Katzenbuckels (626 m ü. M.) erhebt sich heute über der Buntsandsteinfläche des Odenwaldes. Während seiner Aktivität vor 60 Millionen Jahren (Paleozän) lagen an dieser Stelle noch jüngere Deckgebirgsgesteine bis hin zu Jurakalken in einer Mächtigkeit von mehreren hundert Metern (Foto: B. Eitel).

Tabelle 4.1 Übersicht über die wichtigsten tertiären Ablagerungen im Oberrheingraben. Die marine Hauptphase ist blau hinterlegt. Aus den Sedimenten lassen sich Rückschlüsse auf die Paläoumwelt (Klima, Tektonik, Abtragungsprozesse) zur Zeit ihrer Ablagerung ziehen. Der Oberrheingraben (ORG) bildet damit ein wichtiges Geoarchiv der Landschaftsgeschichte Süddeutschlands.

Epoche	Südlicher Oberrheingraben	Mittlerer u. Nördlicher Oberrheingraben	Umweltbedingungen
2,6 Mio. Ober-Pliozän Unter-Pliozän	Ablagerungen des Aare-Rhein-Systems. Ablagerungen des Aare-Doubs (Sundgau-Schotter) und anderer Flüsse	Kiese (Schwemmfächer) und Sande. fluviale Sande und Tone, Seesedimente und Torfe, z. T. mit Bohnerzen in Seiten und fluvialen Ablagerungen	starke Hebung der Grabenschultern v. a. im südlichen ORG, Ablenkung der Aare zum Rhein. Urrhein entspringt noch nördlich des Kaiserstuhls. semiarides Klima
5,3 Mio. Ober-Miozän Mittel-Miozän Unter-Miozän	Flussablagerungen und Seesedimente, Jüngere Juranagelfluh. Vulkanite des Kaiserstuhls. Süßwasserschichten, Mergel	mergelig-sandige Süßwasserablagerungen mit größeren Schichtlücken. Tone, Mergel (teilweise bituminöse Schichten)	Entwässerung des nördl. Oberrheingrabens nach N. Kaiserstuhlvulkanismus. Graben weitgehend verfüllt und nur als flache Senke ausgebildet, vermehrt trockene Phasen
24 Mio. Ober-Oligozän		ockerfarbene und rötliche Mergel und Tone, teilw. Steinsalz, Anhydrit, Kalke und Dolomite	ausgedehnte Süßwasserseen, trockeneres Klima. Im nördl. Grabenbereich nochmals mariner Einfluss
Mittel-Oligozän Unter-Oligozän	Foraminiferenmergel. Fischschiefer	Foraminiferenmergel. Fischschiefer	flaches Grabenmeer, längere Zeit Verbindung zwischen Nordmeer und Molassemeer im Süden
34 Mio. Ober-Eozän Mittel-Eozän Unter-Eozän	salzreiche Abfolgen, Gipse, Mergel und Faulschlammbildungen, Kalke und Dolomite Küstenkonglomerate am Grabenrand. Kalke und Mergel. Bohnerzformation	Pechelbronner Schichten (sehr mächtige, teils Gips und Steinsalz führende Schichten). Lymnäenmergel. Messelformation, Kalke. Eozäner Basiston	Graben voll entwickelt, Flüsse schütten Grobsedimente in den Graben (Seen, Sümpfe). verstärkte Absenkung und Hebung der Grabenschultern, mariner Einfluss vor allem im Süden, im Norden Seen und Sümpfe. tropische Flachlandschaft, Graben noch kaum eingesenkt
	Südlicher Oberrheingraben	Mittlerer u. Nördlicher Oberrheingraben	Umweltbedingungen

Meeresbedeckung, von Seen geprägte und festländische Bedingungen in rascher Folge. Der Graben bestand zeitweise aus einzelnen Becken, in denen sehr unterschiedliche Sedimente zur Ablagerung kamen. Da das Meer aus südlicher Richtung in den Graben eingedrungen war, sind salzhaltige Sedimente im südlichen Oberrheingraben häufiger und mächtiger entwickelt als im Norden.

Vor rund 30 Millionen Jahren kam es schließlich zu einem massiven Meeresvorstoß sowohl von Norden als auch von Süden in den nun schnell einbrechenden Oberrheingraben. Auch das Mainzer Becken, das Untermaingebiet und, in nördlicher Verlängerung des Grabens, die Hessische Senke wurden überflutet. Über längere Zeit bestand eine durchgehende Meeresverbindung

Exkurs 8

Bohnerze – alte Zeugen einer intensiven chemischen Verwitterung

Bohnerze sind schalenförmig aufgebaute Eisenkonkretionen mit einem Durchmesser von wenigen Millimetern bis zu zehn Zentimetern, die aus Brauneisen (FeOOH, Goethit) oder auch Roteisen (Fe_2O_3, Hämatit) bestehen können (Abb. 4.6). Die Erze liegen häufig in einem feinkörnigen, lehmigen Substrat (Bohnerzlehm) aus angelösten Quarzen, Eisenoxiden und Tonmineralen (Kaolinit). Diese Merkmale weisen auf eine intensive chemische Verwitterung hin, wie sie heute unter feuchttropischen Klimabedingungen vorkommt. Die Verbreitung der Bohnerze beschränkt sich auf die alten Landoberflächen des Schweizer Jura sowie der Schwäbischen und südlichen Fränkischen Alb. Auf der Schwäbischen Alb findet man sie teilweise am Ort ihrer Entstehung in Dolinen und Karstspalten auf den höchsten Kuppen, häufig aber auch umgelagert an Hängen oder in Trockentälern. Auch unter den Ablagerungen der Molasse und an der Basis des Oberrheingrabens hat man in Bohrungen Bohnerzlehme gefunden (Abb. 4.7). Sie sind dort bis heute vor Abtragung verschont geblieben und können daher als einst großflächig verbreiteter Leithorizont eines tropischen Flachreliefs aus dem Zeitraum Oberkreide bis Obereozän interpretiert werden. Die Quarze stammen wahrscheinlich von kreidezeitlichen Sanden, die ursprünglich über dem Weißjura lagen und in die Verwitterung mit einbezogen wurden (Exkurs 5). Detaillierte mineralogische Studien an den Quarzen der Bohnerzformation wurden von Borger (1990, 2000) an zahlreichen Standorten durchgeführt. Dabei zeigt sich eine teilweise extreme Verwitterung der Quarzkörner bis hin zu völliger Auflösung dieses Minerals, was auf eine intensive chemische Verwitterung über lange Zeiträume hinweist. Bohnerze etwas anderer chemischer Zusammensetzung wurden darüber hinaus aber auch noch im Miozän auf verschiedenen Muschelkalkflächen gebildet (Abschn. 5.2).

Abb. 4.6 Bohnerze als Reste einer alten Verwitterungsdecke auf der Schwäbischen Ostalb.
Links: Ausgewaschene Bohnerze vom Härtsfeld bei Heidenheim. **Rechts:** Dünnschliff einer Bohnerzknolle. Gut erkennbar ist das Wachstum der Konkretionen durch die schalenförmige Anlagerung von Eisen. Das Bindemittel besteht aus Brauneisen und Kaolinit (Fotos: W. Reiff).

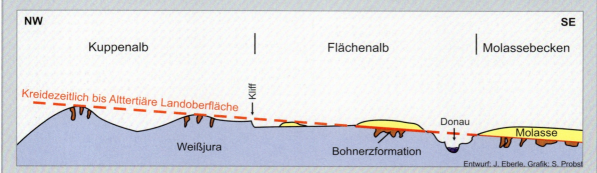

Abb. 4.7 Schematische Skizze der alttertiären Landoberfläche im Bereich der Schwäbischen Alb. Während auf der Kuppenalb nur einige Bohnerzrelikte in Spalten und Dolinen erhalten sind, blieb die Bohnerzformation auf der Flächenalb unter der Molasse vor Abtragung geschützt. Die rekonstruierte ehemalige Landoberfläche war im Alttertiär allerdings noch nicht tektonisch gekippt, sondern lag nur wenig über dem Meeresspiegel und fiel flach nach Süden ein.

Abb. 4.8 Reste alttertiärer Verwitterungsdecken lassen sich erstmals auch auf Gesteinen des Deckgebirges nachweisen. Auf den höchsten Kuppen der Schwäbischen Alb sind in Karstspalten und Dolinen lokal Bohnerz führende Lehme vorhanden, die als Relikte einer intensiven tropischen Verwitterung interpretiert werden. Das heutige Schichtstufenrelief, wie hier am Albtrauf bei Balingen, war zu dieser Zeit noch nicht entwickelt. Die Entwässerung ganz Süddeutschlands erfolgte nach Süden zum schmalen Rest-Meer der Para-Tethys (Foto: J. Eberle).

zwischen dem gerade entstandenen Molassemeer und dem sich weitenden Nordatlantik. Auch Teile des Rheinischen Schiefergebirges waren vom Meer bedeckt. Davon zeugen Fossilien führende Ablagerungen wie Foraminiferenmergel und Fischschiefer (Tabelle 4.1). In oligozänen Süßwasserablagerungen und Braunkohlen im Bereich der heutigen Rhön hat man Reste einer feuchttropischen Flora und Fauna gefunden. Darin sind zahlreiche Arten einer an das Leben im Wasser angepassten tropischen Fauna überliefert, darunter Seerosen, Fische und Krokodile.

Das Molassebecken – die Entstehung der zweiten großen Beckenlandschaft

Das **Molassebecken** entstand als Ergebnis der Kontinentkollision zwischen afrikanisch-adriatischer und europäischer Platte, die seit etwa einhundert Millionen Jahren aufeinander zuwandern. Im Alttertiär schoben diese Kollisionsbewegungen immer mächtigere Sedimentdecken der späteren Alpen gegen das nördliche Vorland und verengten das schmale Restmeer der nördlichen Tethys. Während der ersten Hochphase der Alpenbildung am Ende des Eozäns wurde dieser schmale nördliche Arm der Tethys geschlossen und entwickelte sich zu einer Vorlandsenke des Gebirges. Während der folgenden 30 Millionen Jahre wechselten die Ablagerungsbedingungen und Abflussrichtungen in diesem Becken mehrfach. In einem flachen Meer wurden die Untere und Obere Meeresmolasse sedimentiert, während die Süßwassermolasse in einer von Seen und breiten Flussläufen durchsetzen Beckenlandschaft zur Ablagerung kam. Zeitweise bestand über das Rhônebecken und die Pannonische Senke (Ungarn) eine Meeresverbindung zur südlichen Tethys.

Die alpinen Decken drückten die europäische Platte und damit zunächst den variszischen Sockel in Süddeutschland immer stärker in die Tiefe. Die Hebung und Abtragung der Alpen führte gleichzeitig zu einem enormen Materialtransport in das Vorland. Die alpinen Urflüsse bauten riesige Schwemmfächer in das Molassebecken vor, durch deren Gewicht die Absenkung zusätzlich verstärkt wurde, und füllten die alpine Vorsenke immer weiter auf. Die Molasse wird daher häufig als Abtragungsschutt der Alpen bezeichnet, was für die große Masse der Ablagerungen durchaus zutreffend ist (Exkurs 9). Gleichzeitig gab es aber auch Sedimenteinträge von Norden in das große Becken. Diese fallen hinsichtlich der Gesamtmächtigkeit der Molasse kaum ins Gewicht, sie liefern jedoch vor allem für die Zeit seit dem Miozän wichtige Hinweise auf die Abtragungsdynamik und Reliefentwicklung ihrer Einzugsgebiete. Der Nordrand des Molassebeckens mit seinem komplexen Sedimentaufbau ist deshalb eines der wichtigsten Archive der Landschaftsgeschichte Süddeutschlands für das Mittlere Tertiär. Außerdem wurden ältere Landoberflächen und ihre Verwitterungsbildungen (z. B. Bohnerzlehme) durch Molasseablagerungen verschüttet und so vor Abtragung bewahrt. Dieser „Plombierung" des Reliefs ist es auch zu verdanken, dass randliche Teile der kretazisch-alttertiären Rumpffläche auf der Flächenalb erhalten geblieben sind (Abb. 4.7).

Exkurs 9

Das Molassebecken – Abgrenzung und Gliederung

Die Bezeichnung „Molasse" (schweizerische Bezeichnung für Mühl-Sandsteine) umfasst die Gesamtheit der tertiären Ablagerungen in der nördlichen Vorlandsenke der Alpen. Es handelt sich dabei überwiegend um marine und fluviale Sande und Kiese, im nördlichen Randbereich teilweise auch um Süßwasserkalke und Pechkohlen. Die Ablagerungen treten als Lockersedimente, teilweise aber auch als Sandsteine, Kalksteine oder Konglomerate (verfestigte Kiese

Tabelle 4.2 Vereinfachte Darstellung der Ablagerungen im Molassebecken. Besonders vielfältig und komplex sind die Sedimente am Nordrand des westlichen Beckens. Nicht enthalten sind die spezifischen Ablagerungen des Südrandes (Alpine Fazies).

Epoche	Westliches Molassebecken (Hegau, Oberschwaben, Bayrisch-Schwaben bis zum Lech)			Östliches Molassebecken (Oberbayern, Niederbayern)		
	Nordrandfazies	Zentrales Becken		Nordrandfazies	Zentrales Becken	
2,6 Mio. Pliozän	Ablagerungen der Feldbergdonau	………		Fluviale Sande Kiese	………	
5,3 Mio. Ober-Miozän	Schotter der Aare-Donau	………		Breitterassenschotter	………	
	Ende der Molassesedimentation			*Ende der Molassesedimentation*		
11,2 Mio. Mittel-Miozän	Jüngere Juranagelfluh Öhninger S. Silvana Kalke Riesauswurf	**Obere Süß-wasser-molasse (OSM)**	Sande Mergel	Kiese Sande Braunkohle Silvana Kalke Riesauswurf	**Obere Süß-wasser-molasse (OSM)**	Schotter Mergel See-sedimente
16,4 Mio. Unter-Miozän	Graupensande Albstein Randenkalke	**Obere Meeres-molasse (OMM)**	Sande Sandmergel	Schnecken-Kalke Randenkalke	**Obere Meeres-molasse (OMM)**	Glaukonit-sande Mergel
	Ältere Juranagelfluh Mergel Süßwasser-kalke	**Untere Süß-wasser-molasse (USM)**	Sande Sandstein Mergel-serie	Schichtlücke		
23,8 Mio. Ober-Oligozän				**Untere Meeresmolasse (UMM)**		
	Untere Meeresmolasse (UMM)			Obere Sand-Mergel-Folge Glassande Untere Sand-Mergel-Folge Fischschiefer Basissandsteine		
28,5 Mio. Unter-Oligozän	Tonmergelschichten Fischschiefer					
	Bohnerzformation in Spalten des Weißjura			Spaltenfüllungen mit Bohnerzlehm		

Fortsetzung

Fortsetzung

bzw. Gerölle) auf. Der größte Teil der Molasse stammt aus alpinen Schüttungen, die nördlichen Ablagerungen stammen aus Süddeutschland.

Das Molassebecken erstreckt sich über eintausend Kilometer entlang des Nordrandes der Alpen zwischen Genfer See im Westen und dem Wiener Becken im Osten. In Bayern, etwa zwischen Regensburg und Rosenheim, erreicht das Molassebecken mit rund 130 Kilometern seine größte Nord-Süd-Ausdehnung. Im Norden begrenzen Schweizer Jura, Schwäbisch-Fränkische Alb und Böhmische Masse das Molassebecken (Abb. 4.9). Während die Sedimente der Molasse am Alpenrand Mächtigkeiten von über 8000 Metern erreichen, dünnen die Ablagerungen am Nordrand des Beckens aus und überlagern teilweise direkt die kreidezeitlich-alttertiäre Landoberfläche mit ihrer Bohnerzformation (Abb. 4.7). Im Süden wurde die Molasse im Verlauf des Tertiärs noch von der alpinen Gebirgsbildung erfasst, dabei zum Teil überschoben (subalpine Molasse) und gefaltet (Falten- oder aufgerichtete Vorlandsmolasse). Letztere zieht als schmaler Saum am Alpenrand entlang und bildet vor allem zwischen Bodensee und Isar einige markante Vorberge, zum Beispiel den Hohen Peissenberg. Die flach liegenden Schichten im Zentrum werden als Becken- oder ungefaltete Molasse bezeichnet. Besonders interessant für die Rekonstruktion der Landschaftsgeschichte Süddeutschlands ist die Nordrandfazies der Molasse, da sich hier fluviale, limnische und marine Schüttungen miteinander verzahnen (Abb. 4.10).

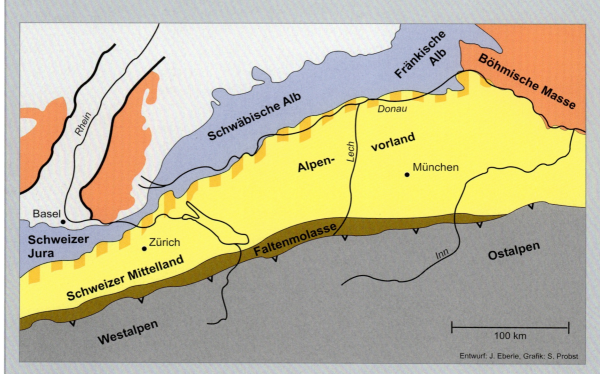

Abb. 4.9 Heutige Ausdehnung und Gliederung des Molassebeckens. Die zentrale Beckenfüllung ist gelb dargestellt. Die Nordrandfazies (Streifensignatur) liefert insbesondere im westlichen Teil des Beckens wichtige Schlüsselarchive für die Landschaftsgeschichte Süddeutschlands. Der Südrand des Molassebeckens wurde im Miozän noch von der alpinen Gebirgsbildung erfasst und bildet die Faltenmolasse.

Abb. 4.10 Die Vielfalt der Molasseablagerungen: Die Silvanakalke (1) vom Bussen bei Riedlingen mit ihren Süßwasserschnecken und die teilweise großen Gerölle der Jüngeren Juranagelfluh (2) im Hegau sind sehr spezielle Ausprägungen der Oberen Süßwassermolasse am Nordrand des Molassebeckens (vgl. Exkurs 18). Im zentralen Becken bestehen die Schichten der Oberen Meeresmolasse aus mächtigen Abfolgen fein geschichteter Sande (4), die teilweise zu Sandsteinen (3) verfestigt sind. Diese Ablagerungen enthalten häufig Reste mariner Fossilien wie Haifischzähne (alle Fotos: J. Eberle).

Süddeutschland im Oligozän vor 30 Millionen Jahren

Mit dem Oberrheingraben und dem Molassebecken sind die beiden großen Ablagerungsräume Süddeutschlands entstanden. Im Mittleren Oligozän überflutet das Meer beide Beckenlandschaften, und Südwestdeutschland erscheint als eine nach Südosten geneigte Halbinsel. Im Molassebecken wird die Untere Meeresmolasse abgelagert. Hauptliefergebiet sind die bereits deutlich herausgehobenen Alpen, aber auch die Flüsse Süddeutschlands schütten Schwemmfächer in das flache Meer hinein. Eine erste Talbildung und damit die Zerschneidung der alten Flachlandschaft kann z. B. durch Ur-Schotter der Brenz belegt werden. Diese frühen Täler werden jedoch in der Folgezeit wieder verschüttet.

Im etwas tieferen Meeresarm des Oberrheingrabens werden, neben mächtigen marinen Mergel- und Tonsteinfolgen, erstmals auch Grobsedimente in Form von Küstenkonglomeraten abgelagert. Sie belegen eine massive Hebung der Grabenschultern und eine Talbildung vor allem im Bereich des Schwarzwaldes und der Vogesen. Dabei werden Teile des damals noch vorhandenen Deckgebirges abgetragen. Der Höhenunterschied am östlichen Grabenrand erreicht fast eintausend Meter, eine Schichtstufenlandschaft ist aber noch nicht entwickelt.

Auch die klimatischen Verhältnisse haben sich gegenüber dem Eozän verändert. Die Jahresmitteltemperaturen sind deutlich zurückgegangen, und die dichten Urwälder werden an einigen Stellen bereits durch offene, savannenartige Landschaften (helleres Grün) ersetzt.

4.3 Oligozän bis Untermiozän (30–16 Mio. J.v.h.) – erste Täler, Schichtstufen und neue Flächenstockwerke

Im Oligozän verstärkten sich die tektonischen Prozesse in Süddeutschland erheblich. Bereits im Unteroligozän war der **Oberrheingraben** geomorphologisch deutlich ausgebildet, und im Mitteloligozän überragten die Grabenränder die Meeresstraße um mehrere hundert Meter. Südwestdeutschland bildete einen nach Osten gekippten Festlandssporn zwischen Grabenmeer und Molassemeer (Blockbild 3, Seite 36). Belege für die Zunahme der Reliefunterschiede finden sich vor allem in Ablagerungen unmittelbar am Grabenrand. Dabei handelt es sich um nachträglich verfestigte grobe Kiese (Konglomerate), die ursprünglich von Flüssen in den Oberrheingraben geschüttet und in Brandungsgerölle eingearbeitet wurden (Abb. 4.11). Der Transport so grober Materialien setzte eine hohe Fließgeschwindigkeit voraus, die nur bei entsprechenden Höhenunterschieden (Reliefenergie) erreicht werden konnte. An den steilen Grabenrändern muss deswegen erstmals intensive Abtragung stattgefunden haben. Dabei entstanden die Vorläufer der heutigen Schwarzwaldtäler.

Vergleichbare Schüttungen von Quarzgeröllen („Vilbeler Schotter") sind auch vom Südrand des Taunus belegt. Ein weiterer Hinweis auf die starke Absenkung des Grabens im Mitteloligozän sind die bis zu 800 Meter mächtigen Pechelbronner Schichten, die in jener Zeit abgelagert wurden (Tabelle 4.1).

Zeugen der Abtragung im Molassebecken

Im **Molassebecken** begann die Sedimentation im Unteroligozän in seinem tiefsten Teil, im heutigen Südost-Bayern, mit den Ablagerungen der Unteren Meeresmolasse. Vom Böhmischen Schild wurde durch Ur-Naab und Ur-Main viel Abtragungsmaterial nach Süden transportiert, und es entstanden große Schwemmfächer am Nordrand des flachen Molassemeeres (Abb. 4.12). Feine Materialien, vor allem Sande, wurden durch Strömungen weit verfrachtet. Der westlichste Teil des heutigen süddeutschen Molassebeckens war zu dieser Zeit noch kein Sedimentationsraum. Die ältesten Ablagerungen stammen hier aus dem Oberoligozän.

Gegen Ende des Oligozäns begann der westliche Teil des Molassemeers zu verlanden, und es lagerten sich dort die fluvialen Schichten der Unteren Süßwassermolasse ab. Östlich einer Linie München-Landshut blieb es bis in das Jungtertiär hinein bei flachmarinen Bedingungen (Abb. 4.13). Die randliche Bucht eines sehr flachen Meeresarms reichte vom östlichen Mittelmeer über das Pannonische Becken (Ungarn) bis in das heutige Alpenvorland. Seit dem Oberoligozän weisen große Schwemmfächer aus den Alpen auf eine verstärkte Hebung hin. In flachen Senken waren im Westen des Beckens sogar einige Seen entwickelt, die zeitweise austrockneten. Salzreiche Ablagerungen belegen, dass gegen Ende des Oligozäns Trockenphasen zunahmen und sich damit das Ende der feuchtwarmen Klimabedingungen in Süddeutschland ankündigte.

Die Füllungen des Beckens wurden immer mächtiger und der Ablagerungsraum der Molasse dehnte sich allmählich bis auf Teile der Schwäbischen Flächenalb aus (Ulmer und Ehinger Schichten, Abb. 4.13). In Südostbayern blieb es dagegen das ganze Oligozän und Untermiozän über bei marinen Verhältnissen. Die Flachmeerküste lag meist westlich, zeitweise auch östlich von München. Neben den Ablagerungen der Ur-Naab und des Ur-Mains kam es gegen Ende der Sedimentation der Unteren Süßwassermolasse mit der **Älteren Juranagel-**

Abb. 4.11 Oligozäne Küstenkonglomerate – Ablagerungen der ersten Flüsse. Grobe Geröllschüttungen traten erstmals zu Beginn des Oligozäns vor allem im südlichen Oberrheingraben auf. Solche Ablagerungen findet man beispielsweise am Schönberg bei Freiburg mit einer Mächtigkeit von bis zu 90 Metern. Die Schotter bestehen hier überwiegend aus Kalksandsteinen des Braunjura, Gesteine des Grundgebirges treten darin noch nicht auf. Das ist ein klarer Beleg dafür, dass das Grundgebirge des Südschwarzwaldes noch vollständig von Gesteinen des Deckgebirges überlagert wurde. Lediglich der Weißjura war wohl im westlichsten Teil des Südschwarzwaldes bereits weitgehend abgetragen, da er in den Schönberg-Konglomeraten nur in geringen Mengen vorkommt. Die Gerölle wurden im weiteren Verlauf des Tertiärs durch Überlagerung mit jüngeren Sedimenten immer mehr zu Konglomerat-Gesteinen verfestigt (Foto: M. Wieland).

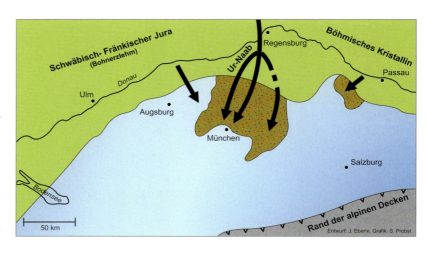

Abb. 4.12 Das Molassebecken im Mittleren Oligozän (30 Mio. J. v. h.) zur Zeit der Unteren Meeresmolasse. Während im Zentrum des Beckens Tonmergelschichten zur Ablagerung kamen, wurden von Norden sandige Ablagerungen der Ur-Naab geschüttet. Aus dem westlichen Teil des Molassebeckens sind aus dieser Zeit noch keine Ablagerungen überliefert.

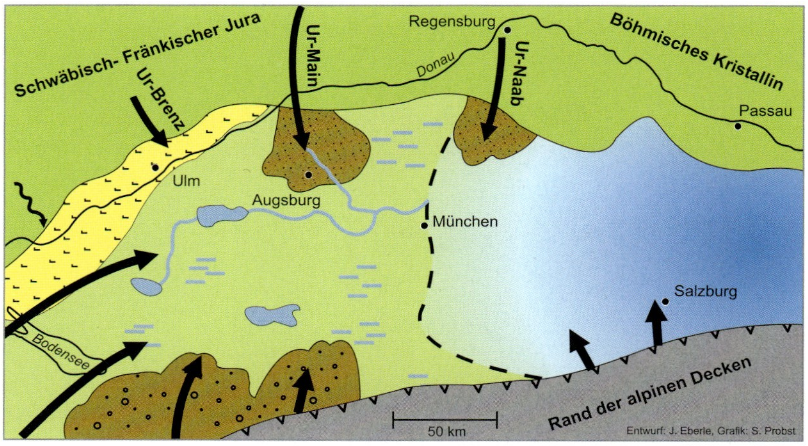

Abb. 4.13 Das Molassebecken an der Wende Oligozän/Miozän (24 Mio. J. v. h.). Während im östlichen Teil weiterhin marine Sedimentation vorherrschte, wurden im Westen die mächtigen Schichten der Unteren Süßwassermolasse abgelagert. Gelb dargestellt sind die Süßwasserkalke der Ulmer bzw. Ehinger Schichten.

fluh erstmals auch zu Schüttungen grober Sedimente aus dem Bereich der Schwäbischen Alb (Abb. 4.13 und Exkurs 10).

Reliefentwicklung im Deckgebirge – erste Täler und flache Schichtstufen

Mit Oberrheingraben und Molassebecken waren im Alttertiär die beiden großen Ablagerungsräume Süddeutschlands entstanden. Auch wenn diese tektonisch angelegten Großlandschaften im weiteren Verlauf der Landschaftsgeschichte noch viele Veränderungen erfuhren, sind seit dieser Zeit die großen Akkumulationsräume Süddeutschlands festgelegt. In den dazwischen liegenden, bereits leicht nach Süden verkippten Sedimentgesteinen des Deckgebirges entwickelte sich ein Gewässernetz, das im Alttertiär noch überwiegend dem Schichtfallen folgte (sog. konsequente Entwässerung) und damit nach Süden bzw. Südosten zum Molassebecken gerichtet war. Aber auch außerhalb dieser Beckenlandschaften sind Relikte der alten, zum Molassetrog orientierten Flussläufe erhalten geblieben. Besonders gute Zeugnisse sind auf den alten Landoberflächen im östlichen und damit fern des Rheins gelegenen Teil Südwestdeutschlands überliefert.

Abermals gehören dazu die **Kalklandschaften der Schwäbisch-Fränkischen Alb**, da hier mit der Hebung und Verkarstung im Lauf der jüngeren Landschaftsgeschichte nur wenige Oberflächengewässer aktiv waren und folglich nur kleinere Teile des Altreliefs zwischenzeitlich abgetragen wurden. Erste sichere Belege für ein Einschneiden von flachen Tälern in die kretazisch-alttertiäre Fläche finden sich auch auf der Schwäbischen Ostalb in Form intensiv verwitterter und mit Eisenkrusten durchsetzter Sande und Gerölle. Diese Flussablagerungen liegen südlich von Aalen als so genannte **Ochsenbergschotter** in 620 Metern Höhe und damit mehr als 110 Meter über dem heutigen Brenztal (Exkurs 11, Abb. 4.16). Da diese erste Talbildung noch vor dem Ries-Ereignis stattfand, wird sie häufig als „präriesische Erosionsphase" bezeichnet. Die Existenz solcher Täler, die in der Folgezeit allerdings wieder verschüttet wurden,

4.3 Oligozän bis Untermiozän

Exkurs 10

Was verbirgt sich hinter der Älteren Juranagelfluh?

Die Bezeichnung „Nagelfluh" leitet sich aus dem heutigen Erscheinungsbild solcher Ablagerungen ab. Die relativ widerständigen Ablagerungen bilden häufig steile Stufen und Kanten im Gelände (Fluh = schweizerische Bezeichnung für steile Wandbildungen). Es handelt sich um Gerölle und Kiesel, die durch karbonatisches Bindemittel zu Konglomeraten „waschbetonartig" verfestigt sind, und daher im Aufschluss wie eingeschlagene Nägel erscheinen. Wird das Bindemittel wieder gelöst, bleiben die unverfestigten Komponenten zurück.

Die Ablagerungen der Älteren Juranagelfluh gehören zur nördlichen Randfazies der Unteren Süßwassermolasse (Oberoligozän) sowie der nachfolgenden Oberen Meeresmolasse. Sie sind nur an wenigen Stellen am Nordrand des Hegau erhalten geblieben. Die Ablagerungen bestehen aus kalksandigen Feinsedimenten und groben Weißjura-Geröllen (Abb. 4.14). Sie wurden von Ur-Flüssen geschüttet, deren Einzugsgebiet sich nach Nordwesten noch weit über das Quellgebiet des heutigen Neckars hinaus erstreckte und in dem zu jener Zeit noch überwiegend Weißjura-Kalke die Landoberfläche bildeten. Die Schüttung der Älteren Juranagelfluh erfolgte teilweise in Rinnen bis zum Rand des Molassebeckens, wo sich die Ablagerungen schwemmfächerartig ausbreiteten. Die Tatsache, dass die Gerölle meist nur mäßig gerundet sind, könnte auf ihre Ablagerung durch Hochflutereignisse hinweisen. Schichtfluten sind charakteristische Hochwasseraufkommen, die nach heftigen Starkregen in wechselfeuchten, rand- oder subtropischen Gebieten auftreten und große Mengen von Lockermaterial transportieren können (Abb. 5.18). Dies wäre ein weiterer Hinweis auf die beginnende Aridisierung und damit das Ende der feuchttropischen Formungsphase in Süddeutschland (Exkurs 12).

Abb. 4.14 Die kleine Grube bei Engen im Hegau ist eine der wenigen Stellen, wo die Ablagerungen der Älteren Juranagelfluh heute noch aufgeschlossen sind. Der Aufschluss zeigt im unteren Teil gerundete, häufig mit einer Eisenkruste überzogene Weißjuragerölle, die mit Kalksanden und Mergeln verzahnt sind. Darüber liegen zu Sandstein verfestigte Schüttungen der Oberen Meeresmolasse. Der Bildausschnitt zeigt ein typisches Weißjurageröll der Älteren Juranagelfluh. Neben der Eisenkruste und erkennbarer Kantenrundung fallen die Schlagspuren auf, die ebenfalls als Hinweis auf eine Ablagerung durch Schichtfluten gedeutet werden können (Foto: J. Eberle).

konnte durch neueste Ergebnisse der Karstforschung gestützt werden. So gelang auf der Mittleren Schwäbischen Kuppenalb der Nachweis einer älteren Verkarstungsphase, die möglicherweise bereits im Untermiozän eingesetzt hatte und auf einen tiefer gelegenen Ablagerungsraum im Molassebecken eingestellt war.

Im westlichen Vorland der sich hebenden **ostbayerischen Kristallinmassive** entwickelte sich wahrscheinlich bereits im mittleren Oligozän das große und weit verzweigte Rinnensystem der Ur-Naab, die südlich von Regensburg in eine Bucht des Molassemeeres (Untere Meeresmolasse) mündete (Abb. 4.17). Alttertiäre Abla-

Exkurs 11

Die Ochsenbergschotter – Zeugnisse der alttertiären Ur-Brenz

Die Zusammensetzung der Ochsenbergschotter gibt Auskunft über das alttertiäre Einzugsgebiet der Ur-Brenz. Die Keupergerölle von Ochsenberg (Abb. 4.15) stammen wahrscheinlich aus der Gegend nördlich von Crailsheim, wo diese Gesteine heute vollständig abgetragen sind. Die Ur-Brenz entwässerte damals also noch große Teile der heutigen Einzugsgebiete von Kocher und Jagst. Die Sande und Kiese sind vollständig entkalkt, der hohe Anteil an Weißjura-Feuersteinen belegt aber, dass in den Kiesen ursprünglich auch sehr viel Juragestein aufgearbeitet wurde. Es ist davon auszugehen, dass die Brenz-Zuflüsse zu Beginn des Untermiozäns bereits deutlich in die alte Flachlandschaft eingeschnitten waren und damit die Zertalung der Landschaft und eine initiale Schichtstufenlandschaft sich auszubilden begonnen hatte. Die Ur-Brenz und alle anderen südwärts fließenden Gewässer erreichten das Molassebecken nördlich der heutigen Donau. Mit den Ochsenbergschottern vergleichbar sind Streuschotter in der Nähe von Treffelhausen (Abb. 4.16), die von Georg Wagner der Ur-Eyb zugerechnet wurden. Sie liegen fast in gleicher Höhe wie die Ablagerungen bei Ochsenberg. Diese ältesten Flussablagerungen Süddeutschlands können zeitlich mit den Sedimenten der Älteren Juranagelfluh am Nordrand des Molassebeckens verknüpft werden.

Abb. 4.15 Ablagerungen der oberoligozänen Ur-Brenz liegen bei Aalen auf der heutigen Weißjura-Hochfläche der Schwäbischen Ostalb. Die quarzitischen Sande und Gerölle stammen überwiegend aus dem Stubensandstein des Keupers und sind teilweise durch Eisenkrusten verfestigt. Die hellen, schlecht gerundeten Komponenten sind Weißjura-Feuersteine, die aus der unmittelbaren Umgebung stammen (Foto: J. Eberle).

gerungen der Ur-Naab blieben nur dort erhalten, wo sie später durch jüngere Sedimente verschüttet wurden. Im Untermiozän hatte sich die Ur-Naab bereits deutlich in das Deckgebirge eingeschnitten. In den alten Flussrinnen bildeten sich später Sümpfe und Moore, deren Pollenspektrum Rückschlüsse auf artenreiche subtropische Sumpfwälder im östlichen Bayern zur damaligen Zeit erlauben. Das Einzugsgebiet dieses großen Flusssystems reichte weit nach Norden und dürfte seinen Ursprung nordöstlich des Fichtelgebirges gehabt haben. Die heutige Naab folgt im Oberlauf noch weitgehend dem Verlauf der Ur-Naab, während sie im südlichen Abschnitt gegenwärtig weiter westlich fließt (Abb. 4.17).

Sichere Belege für das Vorhandensein von Schichtstufen im Oligozän gibt es nicht. Nachweise dafür können

4.3 Oligozän bis Untermiozän

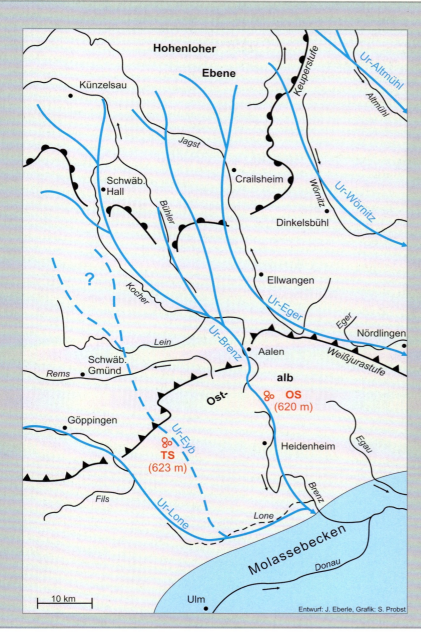

Abb. 4.16 Schematische Rekonstruktion der oligozänen bis untermiozänen Entwässerung im zentralen Süddeutschland. Nur an wenigen Stellen sind Flussablagerungen dieser Zeitphase erhalten geblieben. Eine Abgrenzung der Einzugsgebiete dieser Urflüsse ist nicht möglich. Die Bedeutung der Ur-Eyb ist noch immer umstritten. Schwarz hinterlegt sind das heutige Flussnetz sowie die gegenwärtige Lage der Keuper- und Juraschichtstufe (OS = Ochsenbergschotter; TS = Treffelhausener Schotter).

erst für das Jungtertiär geliefert werden (Abschn. 5.3). Es ist jedoch sehr wahrscheinlich, dass mit der Hebung der oberrheinischen Grabenrandschultern und dem Beginn der fluvialen Zerschneidung weiten Bereichen des Deckgebirges und somit den Gesteinsunterschieden eine größere Bedeutung bei der Reliefbildung zukam. Deswegen ist davon auszugehen, dass bereits im Oberoligozän flache Schichtstufen vor allem in Weißjura-Gesteinen vorhanden waren. Gleichzeitig hielt auch im Deckgebirge noch eine intensive chemische Verwitterung und Flächenbildung an.

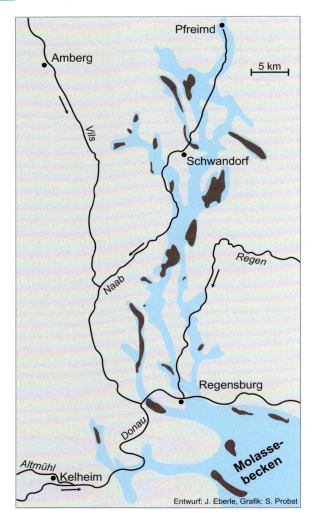

Abb. 4.17 Das Einzugsgebiet der Ur-Naab im Mittleren Tertiär. Die Braunkohlevorkommen (braun) zeigen an, dass die Naab durch eine flache Sumpflandschaft floss. Ihr Quellgebiet lag wahrscheinlich nördlich des Fichtelgebirges.

(sub-)tropischen Verwitterungsbedingungen in Verbindung mit der phasenweise auflebenden Hebung zu weit gespannten Rumpfstufenlandschaften geführt. Im östlichen Bayerischen Wald lässt sich diese Stufenlandschaft noch sehr gut rekonstruieren, da im Vorderen Bayerischen Wald die jüngeren tektonischen Bewegungen aussetzten und die alten Flächen dadurch nur wenig überprägt sind.

Zeitgleich mit dem Einbrechen des Oberrheingrabens im Oligozän hatten sich die Grabenschultern mehrere hundert Meter herausgehoben. Diese Bewegungen wirkten sich bis zum Südrand des Böhmischen Schildes aus, der durch Kräfte des Erdinnern ebenfalls aufgewölbt wurde. Alte Flächenstockwerke aus dem Mesozoikum wurden erneut gehoben. Eingestellt auf den Meeresspiegel des Molassemeeres (Untere Meeresmolasse), entstand eine tiefere Rumpfflächengeneration (sog. Oligozäne Basisrumpffläche), die heute eine – in Resten erhaltene – Verebnungsfläche in rund 700 bis 800 Meter Höhe bildet. Ein zweiter Hebungsimpuls an der Wende vom Oligozän zum Untermiozän führte schließlich zu einem weiteren, miozänen Rumpfstufenstockwerk (Abb. 4.18).

Erst im Verlauf des Miozäns verlandete auch das östliche Molassebecken. Die Sedimentation griff auf die flachen Täler aus dem Böhmerwald zurück, deren Gefälle sich verringerte und in denen sich Braunkohlensümpfe bildeten. Diese Entwicklungen schufen die Grundlage für den Braunkohlenbergbau, der in dieser Region bis in das 20. Jahrhundert hinein betrieben wurde.

Es ist noch immer eine nicht völlig geklärte Frage, warum die auflebende Tektonik im Oligozän im Deckgebirgsbereich Süddeutschlands zur Zertalung und damit sicher auch zu einer ersten Schichtstufenlandschaft führte, während im kristallinen Bereich die Flächenbildung trotz Hebung anhielt und Rumpfstufen zur Folge hatte. Möglicherweise sind Unterschiede im Gesteinsaufbau und strukturelle Eigenarten dafür die Ursache.

Reliefentwicklung auf den kristallinen Schilden – Flächenbildung im Bayerischen Wald

Die tektonischen Bewegungen Süddeutschlands als Folge der alpinen Orogenese und der oberrheinischen Grabenbildung haben nicht nur in Bereichen des Deckgebirges, sondern auch in den kristallinen Schildregionen neue Oberflächenformen hervorgebracht. Vor allem am Rand der Böhmischen Masse, vom Fichtelgebirge über den Oberpfälzer bis zum Böhmer Wald (Hinterer Bayerischer Wald) haben die oligozänen und miozänen

Literatur

Blümel, W. D. (1999): Physische Geographie der Polargebiete. – Stuttgart (Teubner), 239 S.

Borger, H. (1990): Bohnerze und Quarzsande als Indikatoren paläogeographischer Verwitterungsprozesse und der Altreliefgenese östlich von Albstadt (Schwäbische Alb). – Kölner Geogr. Arbeiten, **52**: 209 S.

Borger, H. (2000): Mikromorphologie und Paläoenvironment. Die Mineralverwitterung als Zeugnis der cretazisch-tertiären Umwelt in Süddeutschland. – Relief, Boden, Paläoklima, **5**: 243 S.

Dongus, H. (1977): Die Oberflächenformen der Schwäbischen Alb und ihres Vorlandes – Marburger Geogr. Schr., **72**: 486 S.

Eitel, B. (2001): Flächensystem und Talbildung im östlichen Bayerischen Wald (Großraum Passau-Freyung). – Passauer Kontaktstudium Erdkunde, **6**: 1–16.

Literatur

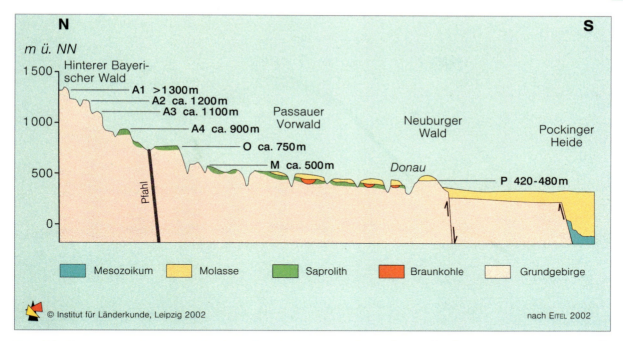

Abb. 4.18 Flächenstockwerke des östlichen Bayrischen Waldes im Raum Passau-Freyung. Die Entstehung der hochliegenden Flächenreste A1 und A2 reicht wohl bis in das Mesozoikum zurück. Die Niveaus A3 und A4 entstanden wahrscheinlich im Alttertiär. Noch tiefer folgt die oligozäne Basisrumpffläche (O), die heute das dominante Flächensystem im südöstlichen Bayerischen Wald darstellt. In Phasen tektonischer Ruhe konnten sich tiefere Flächensysteme auf Kosten gehobener, älterer Flächen ausdehnen (vgl. Abb. 3.3, verändert nach Leibniz-Institut für Länderkunde 2003).

Fütterer, D. (1988): Marine polare Geowissenschaften. – In: Geogr. Rundschau, **40**: 6-14.

Geyer, O. F. & M. P. Gwinner (1990): Geologie von Baden Württemberg. – 4. Aufl., Stuttgart (Schweizerbart), 482 S.

Illies, H. (1965): Bauplan und Baugeschichte des Oberrheingrabens. – Oberrhein. geol. Abh., **14**: 1-54.

Leibniz-Institut für Länderkunde [Hrsg.] (2003): Nationalatlas Bundesrepublik Deutschland, Bd.2 Relief, Boden und Wasser. – Heidelberg, Berlin (Spektrum Akademischer Verlag), 170 S.

Körber, E. & W. Zech (1984): Zur Kenntnis tertiärer Verwitterungsreste und Sedimente in der Oberpfalz und ihrer Umgebung. – Relief, Boden, Paläoklima, **3**: 67-150.

Lemcke, K. (1988): Geologie von Bayern 1: Das bayerische Alpenvorland vor der Eiszeit. – Stuttgart (Schweizerbart), 175 S.

Meyer, R. K. F. (1996): Tertiär in Nordostbayern. – In: Erläuterungen zur Geologischen Karte von Bayern 1:500 000. – München, S. 130-137.

Pflug, R. (1982): Bau und Entwicklung des Oberrheingrabens. – Erträge der Forschung, **184**: 145 S.

Reiff, W. (1993): Geologie und Landschaftsgeschichte der Ostalb. – Karst und Höhle 1993: 71-94.

Schirmer, W. [Hrsg.] (2003): Landschaftsgeschichte im europäischen Rheinland. – GeoArchaeoRhein, **4**: 546 S.

Schreiner, A. (1984): Hegau und westlicher Bodensee. – Samml. Geologischer Führer, **62**, Stuttgart (Borntraeger), 93 S.

Ufrecht, W. (2006): Ein plombiertes Höhlenruinenstadium auf der Kuppenalb zwischen Fehla und Lauchert (Zollernalbkreis, Schwäbische Alb). – Laichinger Höhlenfreund, **41**: 39-60.

Wagner, G. (1953): Die Landschaft am Kalten Feld, ein Musterbeispiel von Flussablenkung. – Geol. Rundschau, **41**: 276-285.

Süddeutschland im Mittelmiozän vor 16 Millionen Jahren

Gegen Ende des Oligozäns hatte die Hebung der Grabenrandschultern nachgelassen. Ab dem Miozän kommt es zur Auffüllung des Oberrheingrabens mit Sedimenten und dadurch zu einem weitgehenden Reliefausgleich. Die Schwäbisch-Fränkische Alb liegt etwa 100–250 m über dem Meer und auch die Grundgebirgskomplexe des Schwarzwaldes sind nur wenige hundert Meter hoch. Lediglich der Bayerische Wald/Böhmerwald ragt in seinen höchsten Bereichen schon fast 1000 Meter auf. In das östliche Alpenvorland reicht zeitweise noch eine flache Meeresbucht aus dem pannonischen Becken. Im westlichen Molassebecken ist die marine Sedimentation beendet, und es beginnt die Ablagerung der Oberen Süßwassermolasse in Form mächtiger Schwemmfächer (gelb).

Bereits vor dem Einschlag des Ries-Meteoriten (14,8 Mio. J. v. h.) wird in Süddeutschland erneut ein Hebungsimpuls wirksam, worauf sich die nach Süden entwässernden Flüsse in die Kalktafel der Schwäbisch-Fränkischen Alb einschneiden können. Am Nordrand des Molassebeckens belegen die Grobschüttungen der jüngeren Juranagelfluh die Talbildung und die Abtragung des Deckgebirges. Auch der Beginn vulkanischer Aktivitäten (u. a. Hegau, Kaiserstuhl, Rhön) zeugt davon, dass sich tektonische Bewegungen im Verlauf des Mittelmiozäns intensivieren.

Das Quellgebiet des Oberrheins liegt nördlich des Kaiserstuhls, sein Einzugsgebiet beschränkt sich auf den unmittelbaren Grabenrand. Lediglich im nördlichen Oberrheingraben haben (Unter-)Main und Neckar ihr Einzugsgebiet bereits über das Bruchfeld hinaus ausgedehnt. Die meisten Flüsse Süddeutschlands sind jedoch noch nach Süden auf das Molassebecken ausgerichtet. Noch bis zu Beginn des Mittelmiozäns dient die „Graupensandrinne" (Abb. 5.6) als Vorfluter und entwässert das westliche Alpenvorland in Richtung Schweizer Mittelland. Die Donau existiert noch nicht.

Subtropische Wälder und offene Grasländer kennzeichnen die süddeutsche Landschaft. Reste einer Wärme liebenden Fauna und Flora blieben als Klimazeugen in Seeablagerungen konserviert.

5 Die Formung der Landschaft im Jungtertiär

Das Jungtertiär (20–2,6 Mio. J. v. h.) umfasst die beiden Serien Miozän und Pliozän und endet mit dem Beginn des Eiszeitalters (Pleistozän). Aufgrund neuer Erkenntnisse haben Wissenschaftler die Zeitspanne des Pliozäns in den letzten Jahren immer weiter korrigiert und verkürzt. Nach heutiger Kenntnis dauerte dieser jüngste Abschnitt des Tertiärs rund 2,7 Millionen Jahre (5,3–2,6 Mio. J. v. h.).

Die Oberflächenformen Süddeutschlands erhielten während des Jungtertiärs ihre entscheidende Prägung. Geotektonische Ereignisse und Klimaumschwünge bewirkten intensivere und vielfältigere Abtragungsprozesse, die sich nach einer langen Phase der kreidezeitlich bis alttertiären Flächenbildung über geologische Strukturen hinweg zunehmend an Gesteinsunterschieden und tektonischen Leitlinien des Untergrundes orientierten. Vulkanische Aktivitäten, vor allem im Miozän, und die Einschläge zweier Meteoriten hinterließen markante Spuren in der Landschaft. Vieles spricht dafür, dass der „Rohbau" Süddeutschlands nach Ablauf des etwa 14 Millionen Jahre dauernden Jungtertiärs in seinen Grundzügen fertiggestellt war. Ein Blick auf die globalen Zusammenhänge verdeutlicht die Ursachen dieses Formungswandels.

5.1 Paläogeographie und Klima im Jungtertiär

Die Afrikanische und die Eurasische Platte bewegten sich im Jungtertiär weiter aufeinander zu und engten das Tethys-Meer immer mehr ein. Damit erreichte die Gebirgsbildung der Alpen im Miozän einen weiteren Höhepunkt. Die südöstliche Tethys wurde in dieser Phase durch die Norddrift der Indischen Platte geschlossen und dabei der Himalaja aufgefaltet. So endete vor etwa 15 Millionen Jahren die lange Geschichte dieses eurasischen Ur-Ozeans, der in seinem westlichen Teil vom Mittelmeer abgelöst wurde. Östlich davon überdauerte ein flaches Restmeer, die so genannte Paratethys, dessen Ausläufer im Miozän vom Schwarzen Meer aus noch das Molassebecken erreichten. Als Folge großräumiger tektonischer Veränderungen und der alpidischen Gebirgsbildung nahmen auch die vulkanischen Aktivitäten zu: Die meisten vulkanischen Gesteine und Formen Süddeutschlands stammen aus der Zeit zwischen 18 und zehn Millionen Jahren vor heute (Exkurs 14, Abschn. 5.2).

Ein weiteres wichtiges geotektonisches Ereignis war die Entstehung der Landbrücke Mittelamerikas und die anhaltende Öffnung des Atlantiks während des Jungtertiärs. Die Verbindung der beiden amerikanischen Kontinente im Pliozän führte zur Trennung der Ozeane auf der Nordhalbkugel in Pazifik und Atlantik. Dadurch stellten sich im Nordatlantik völlig neue Strömungsverhältnisse ein: Die Umlenkung des Äquatorialstromes in der Karibik nach Nordosten erzeugt seither den für das Klima in Europa so wichtigen Golfstrom, dessen Fortsetzung als Nordatlantikstrom warmes Oberflächenwasser bis in polare Breiten transportiert.

Durch die fortschreitende Isolierung des antarktischen Kontinents im Miozän verstärkte sich der zirkumantarktische Ringstrom, und es entwickelte sich der Inlandeisschild der östlichen Antarktis. An der Wende vom Miozän zum Pliozän, im so genannten **Queen-Maud-Stadium** (6–4,8 Mio. J. v. h.), erreichte die Vereisung der Antarktis ihr Maximum. Die Eisdecke war zu jener Zeit etwa tausend Meter mächtiger und die Schelfeisgrenze lag mehr als einhundert Kilometer weiter nördlich als heute. Die Entstehung dieser gewaltigen Kühlfläche am Südpol veränderte das Klima global und beendete die feuchtwarmen Verhältnisse des Alttertiärs in weiten Teilen der Erde. Sehr wahrscheinlich löste diese Abkühlung auch den beginnenden Eisaufbau im Nordpolargebiet vor etwa vier Millionen Jahren aus. Die Bindung großer Wassermengen in Form von Eis, vor allem am Südpol, hatte ein dramatisches Absinken des Meeresspiegels um etwa 70 Meter zur Folge. Damit, und durch tektonische Bewegungen, wurde im Obermiozän an der Schwelle von Gibraltar die Verbindung zwischen Atlantik und Mittelmeer unterbrochen: Das Mittelmeer trocknete daraufhin mehrfach vollständig aus (Exkurs 12). Die Folge waren besonders sprunghafte Klimaveränderungen, dokumentiert im Verlauf der Sauerstoff-Isotopenkurve an der Wende vom Miozän zum Pliozän (Abb. 4.1).

Als Folge dieser großen paläogeographischen Veränderungen wurde die Atmosphäre der Erde kühler und trockener. Trockengebiete breiteten sich aus, tropische Feuchtwälder beschränkten sich auf die äquatorialen Breiten. Die Zunahme der Artenvielfalt von Gräsern und Kräutern im Miozän belegt die Verbreitung von Savannen und Steppen, also offener Graslandschaften (Abb. 5.1). Gleichzeitig verstärkten sich die klimatischen

Exkurs 12

Das Messinian Event

Als Messinian Event bezeichnen Geowissenschaftler das Austrocknen des Mittelmeeres am Ende des Miozäns (im Messinium) vor etwa sechs Millionen Jahren. Der Grund dafür war das Trockenfallen der Meeresverbindung zum Atlantik an der Engstelle von Gibraltar als Folge eines rasch sinkenden Weltmeeresspiegels. Zum Absinken des Meeresspiegels um etwa 70 Meter kam es, weil zu dieser Zeit in der Antarktis sehr viel Eis aufgebaut wurde. Das Wasser des Mittelmeeres verdunstete innerhalb von weniger als tausend Jahren. Zurück blieb ein wüstenartiges Becken mit großen Salztonebenen. Belege dafür sind die aus Bohrungen bekannten Salzlagerstätten und aus dieser Zeit erhaltene Fossilien, die einschneidende Veränderungen der Lebewelt zeigen. Die Zuflüsse in das leere Meeresbecken stellten sich auf die neue Erosionsbasis ein und schnitten tiefe Schluchten in den Festlandssockel, die noch heute unter jüngeren Ablagerungen z. B. des Nils, des Po oder der Rhône nachweisbar sind. Das erneute Fluten des Mittelmeeres erfolgte vor etwa 4,8 Millionen Jahren, nachdem im Zuge einer globalen Erwärmung wieder große Mengen antarktischen Eises schmolzen. Begleitet wurde das Austrocknen und Füllen des Mittelmeerbeckens von starken tektonischen Bewegungen.

Gegensätze zwischen küstennahen und küstenfernen Landflächen. Man spricht in diesem Zusammenhang von einer ausgeprägten Maritimität bzw. Kontinentalität des Klimas. Meeresströmungen und die atmosphärische Zirkulation stellten sich im globalen Maßstab auf die veränderte Land-Meer-Verteilung und die polaren Vereisungen ein und dürften gegen Ende des Tertiärs den gegenwärtigen Bedingungen sehr nahe gekommen sein.

Auch das **Klima Süddeutschlands** wandelte sich im Verlauf des Jungtertiärs zunehmend von subtropischen (im Miozän) zu eher warm-gemäßigten Verhältnissen (im Pliozän). Diese Entwicklung verlief jedoch nicht kontinuierlich, sondern wurde immer wieder unterbrochen durch feuchtere oder auch sehr viel trockenere Klimaphasen, die oft mehr als hunderttausend Jahre dauerten. Aus dem Jungtertiär sind zahlreiche Geoarchive erhalten, die eine gute Vorstellung der Landschaftsentwicklung in Süddeutschland ermöglichen. Die Ablagerungen im Oberrheingraben und im Molassebecken, aber auch Fluss- und Seesedimente außerhalb dieser großen Beckenlandschaften erlauben sehr viel genauere Rückschlüsse auf die Abtragungsdynamik und Lebewelt, als dies noch im Alttertiär der Fall war (Abb. 5.2 und 5.3).

5.2 Landschaftsentwicklung im Mittelmiozän

Im mittleren Miozän (20–10 Mio. J. v. h.) war die Hebung entlang des Oberrheingrabens zum Stillstand

Abb. 5.1 Das Khomas-Hochland in Namibia während der Regenzeit. So ähnlich könnte Süddeutschland im Jüngeren Tertiär ausgesehen haben: eine flachwellige, parkähnliche Landschaft, aus der sich einzelne Schichtstufen herausheben (Foto: J. Eberle).

5.2 Landschaftsentwicklung im Mittelmiozän

Abb. 5.2 Bild 1: Ahornblatt (*Acer tricuspidatum*; Länge: 7,5 cm) aus den **Öhninger Schichten** am Südrand des Hegau, die zu den bedeutendsten Fundstellen fossiler Pflanzenreste in Süddeutschland zählen. Mehrere hundert Pflanzen- und Tierarten, überwiegend Insekten, konnten Paläontologen in den feinkörnigen Süßwasserkalken und Mergelschichten identifizieren. Die Ablagerungen gehören stratigraphisch zur Oberen Süßwassermolasse. Gebildet wurden sie in einem Maarsee, der auf den Hegau-Vulkanismus zurückgeht. Gegenüber der etwas älteren Flora und Fauna von Steinheim ist zwar ein Rückgang subtropischer Arten zu verzeichnen, die Jahresmitteltemperaturen waren aber mit etwa 16 °C immer noch vergleichsweise hoch. **Bild 2**: In einem Kratersee am **Höwenegg** im nördlichen Hegau blieben in Seesedimenten teilweise vollständige Skelette von Säugetieren (Urpferd, Antilope, Nashorn, Urelefant) sowie eine hoch differenzierte Flora erhalten. Die Artenzusammensetzung am Höwenegg ist der vielleicht beste Beleg für eine zunehmende Aridisierung des Klimas im Lauf des Jungtertiärs. Eine parkähnliche Landschaft, vergleichbar mit eher trockenen Bereichen des heutigen Mediterranraumes, bildete den Lebensraum dieser Pflanzen und Tiere. Das Bild zeigt das Skelett einer Antilope mit Embryo (beide Fotos: Staatliches Museum für Naturkunde Stuttgart).

gekommen, und das Grabenzentrum wurde weitgehend wieder verschüttet. Das Molassebecken senkte sich langsam und wurde zunächst von Meeresablagerungen, später vor allem durch die fluvialen Ablagerungen der Oberen Süßwassermolasse aufgefüllt. Diese Ablagerungen verschütteten auch Teile der nördlich angrenzenden alttertiären Landoberflächen. Lokal bedeutsam waren im Mittelmiozän vulkanische Aktivitäten sowie der Einschlag des Riesmeteoriten vor etwa 15 Millionen Jahren.

Ablagerungen im Molassebecken und Oberrheingraben

Vor etwa 20 Millionen Jahren kehrte das Meer, aufgrund starker Absenkung der nördlichen alpinen Randsenke, ein letztes Mal in das **Molassebecken** zurück und lagerte die Schichtfolge der Oberen Meeresmolasse (OMM) ab (Abb. 5.3). Diese Schichten bestehen vorwiegend aus Sanden, in denen sich u. a. Haifischzähne und Reste

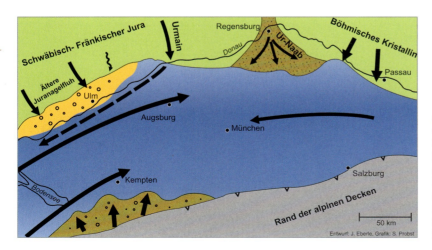

Abb. 5.3 Das Molassebecken zu Zeit der Ablagerung der Oberen Meeresmolasse vor etwa 20 Millionen Jahren (Mittel-Miozän). Die Schüttung der Älteren Juranagelfluh markiert den Beginn der Meeresmolasse und wird anschließend von Sanden überdeckt (Exkurs 10). Die langen Pfeile kennzeichnen Hauptströmungsrichtungen im Molassemeer.

Abb. 5.4 Das Kliff des Molassemeers bei Heldenfingen zwischen Heidenheim und Ulm. Noch immer gut erkennbar sind die Brandungshohlkehle und die zahlreichen Bohrmuschellöcher (Fotos: J. Eberle).

weiterer Meerestiere finden lassen (Exkurs 13). Das flache Meer überflutete auch die südlichen Teile der Schwäbisch-Fränkischen Alb und verschüttete dabei die ältere Landoberfläche mit ihren Talsystemen. Der Nordrand dieser Meerestransgression wird durch die so genannte **Klifflinie** markiert. Die Typlokalität liegt nordwestlich von Ulm bei Heldenfingen und bildet dort eine knapp fünf Meter hohe Geländestufe mit Brandungshohlkehle und zahlreichen Bohrmuschellöchern im Kalk (Abb. 5.4). Diese miozäne Küstenlinie liegt gegenwärtig in Höhen zwischen 900 Meter im Hegau und knapp 500 Meter auf der östlichen Schwäbischen Alb. Daraus wird die starke Hebung und Verkippung Südwestdeutschlands seit dem Ende der Sedimentation der Oberen Meeresmolasse bis heute ersichtlich.

Nicht mehr haltbar ist heute die Vorstellung, wonach das Molassemeer die südliche Schwäbische Alb flächenhaft erodiert und dadurch die so genannte Flächenalb geformt haben soll. Für eine so gewaltige Abtragungsleistung hätte der Wellenschlag des flachen Molassemeeres niemals ausgereicht. Zudem zeigen die Ablagerungen der Oberen Meeresmolasse auf den Weißjura-Kalken, dass nicht Erosion, sondern Sedimentation vorherrschte. Das flachwellige Relief der heutigen Flächenalb ist vielmehr auf die teilweise Erhaltung der kreidezeitlich-alttertiären Rumpffläche unter den schützenden Molasseablagerungen zurückzuführen (Abb. 4.7).

Am Ende des Untermiozäns begann sich das zentrale Molassebecken langsam zu heben. Das Molassemeer erreichte nur noch den äußersten Osten Bayerns und vom Mittelmeer her das Schweizer Mittelland. Im größten Teil des süddeutschen Alpenvorlandes herrschten von nun an festländische Bedingungen. Im Zuge dieser Regression des Molassemeeres entwickelte sich entlang des Schwäbisch-Fränkischen Jura ein bis zu zehn Kilometer breites Abflusssystem, die so genannte **Graupensandrinne** (Abb. 5.6). Sie diente als Sammelader der nördlichen Zuflüsse in das Molassebecken und entwässerte mit sehr geringem Gefälle in Richtung Schweizer Mittelland (Blockbild 4, S. 44).

Entlang der Graupensandrinne wurden große Teile der Oberen Meeresmolasse wieder ausgeräumt. Nach den bisherigen Vorstellungen waren Ur-Naab und Ur-Main die Hauptlieferanten der Graupensande. Neuere Untersuchungen haben jedoch ergeben, dass in den Graupensanden durch Stoßwellen beanspruchte Quarze und damit Trümmer des Nördlinger Ries-Ereignisses aufgearbeitet sind. Dies würde bedeuten, dass die Sande erst nach dem Ries-Ereignis vor etwa 15 Mio. Jahren in der Graupensandrinne abgelagert wurden. Eine Typuslokalität der Graupensande ist das Hochsträß südwestlich von Ulm, wo diese Ablagerungen bis heute abgebaut werden.

Weiter westlich war der **Oberrheingraben** bereits im Verlauf des Untermiozäns zu einem Süßwasserbecken geworden. Die Grabenschultern ragten nur noch wenig über den weitgehend verfüllten Graben empor, der in dieser Phase erneut als Seen- und Sumpflandschaft charakterisiert werden kann. Aus dem nördlichen Oberrheingraben sind aus dieser Zeit vor allem mergelig-sandige, fossilarme Süßwasserablagerungen überliefert, die bei Worms mit 280 Metern ihre größte Mächtigkeit erreichen.

Der allgemeine Reliefausgleich führte zu einem ausgedehnten Flachrelief in Süddeutschland, über das sich die Schichtstufen aus Keuper- und Jurasteinen wie auch die Grundgebirgskomplexe nur wenig erhoben. Vom nördlichen Oberrheingraben ausgehend war eine Schnittfläche entstanden, die vom Graben über den Kraichgau nach Nordosten bis in das Mainfränkische Becken bzw. nach Süden um den Schwarzwald herum bis zur Baar reichte. Mio-pliozäne Sedimente wie z. B. grobe Fanglomerate und Bohnerze, die auf dieser Oberfläche liegen, belegen ein Flachrelief, dem die Schichtstufen-

Exkurs 13

Komplexe Meeresmolasse am Nordrand des Beckens – das Profil Tengen

In einem Steinbruch bei Tengen im Hegau (Abb. 5.5) ist die Schichtfolge der nördlichen Randfazies der Oberen Meeresmolasse aufgeschlossen. Sie gibt interessante Hinweise auf die Abtragungsdynamik und damit auch auf klimatische Verhältnisse vor 15 bis 20 Millionen Jahren. Besonders auffallend ist der **Randengrobkalk**, ein grobsandiger Kalkstein, der in einigen Lagen fast ausschließlich aus Schalentrümmern von Muscheln oder Schnecken besteht (Abb. 5.5). Dieses Gestein wird hier teilweise noch abgebaut und als dekorative Wandverkleidung in öffentlichen Gebäuden verwendet. Der Randengrobkalk liegt im Aufschluss unmittelbar über den Ablagerungen der Älteren Juranagelfluh (Exkurs 10), darunter folgen die Massenkalke des Weißjura.

Überlagert wird der Randengrobkalk von einem **alpinen Konglomerat**, ein Beleg dafür, dass die Schwemmfächer der großen Alpenflüsse hier bis an den Nordrand des Molassebeckens reichten. Anschließend folgen die rötlichen Ablagerungen der **Helicidenmergel** (Heliciden = Schnirkelschnecken), die als erodiertes Bodenmaterial von Norden in das Becken transportiert wurden. Vor wenigen Jahren wurde an anderer Stelle in diesen Mergeln eine Verwitterungszone mit von Stoßwellen beeinflussten Gesteinen entdeckt. Damit wäre in dieser Schicht der Einschlag des Ries-Meteoriten vor etwa 15 Millionen Jahren dokumentiert.

Eine küstennahe bis festländische Bildung ist der **Albstein**. Er tritt häufig als massiver, rötlich-weißer Krustenkalk auf und entstand unter semiariden Bedingungen beim Verlanden des Molassemeeres. In neueren Arbeiten wird der Albstein auch als pedogene Kalkkrustenbildung interpretiert.

Darüber folgen abschließend noch die Schichten der **Jüngeren Juranagelfluh**, die bereits zur Oberen Süßwassermolasse gerechnet werden (Exkurs 18). Die Neubildung und Erhaltung kalkreicher Ablagerungen gegen Ende des Untermiozäns weist auf eine zunehmende Trockenheit der Landschaft hin, die sich in der Folgezeit noch verstärken sollte.

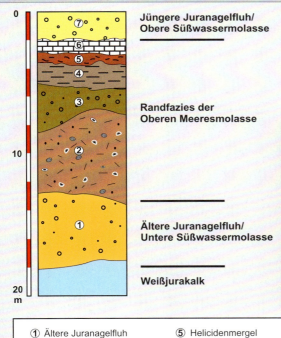

Abb. 5.5 Randfazies der **Oberen Meeresmolasse** im neuen Steinbruch Tengen im Hegau (Profilaufnahme 2003). Der Randengrobkalk (2, kleines Bild), ein begehrter Baustein, ist bereits größtenteils abgebaut worden. Dieser Trümmerkalk wurde unmittelbar im Brandungsbereich des Molassemeeres gebildet. In einzelnen Lagen besteht dieses Gestein fast ausschließlich aus Schalentrümmern. Unter der hellen Kalkschicht des Albsteins (6) sind die rötlichen Helicidenmergel (5) zu erkennen, die als eingeschwemmtes, festländisches Verwitterungsmaterial interpretiert werden. In der linken Bildhälfte liegt das alpine Konglomerat (3) als Rinnenfüllung eingelagert in die sandigen Zwischenschichten (4). Die Jüngere Juranagelfluh (7) gehört bereits zur Oberen Süßwassermolasse. Nicht aufgeschlossen ist an dieser Stelle die Ältere Juranagelfluh, die direkt dem Weißjura aufliegt (Bezeichnungen nach Schreiner 1992).

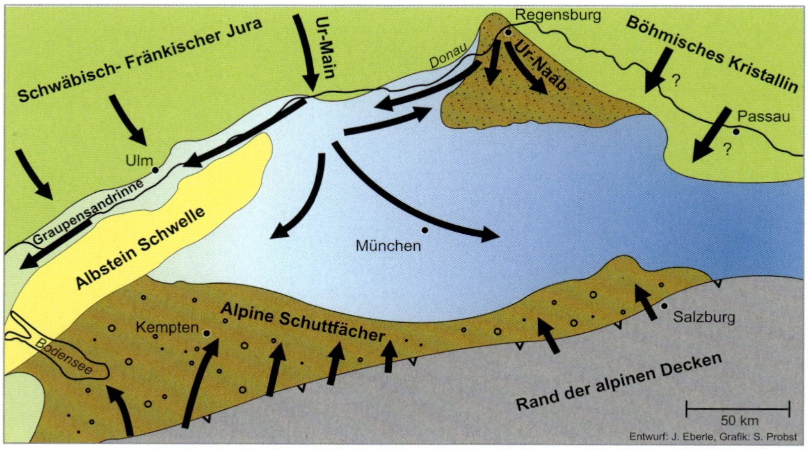

Abb. 5.6 Das Molassebecken kurz vor seiner Verlandung und dem Beginn der Sedimentation der Oberen Süßwassermolasse. In der Graupensandrinne werden Teile der Oberen Meeresmolasse ausgeräumt. Südlich davon bildet der Albstein eine flache Karbonatplattform (Exkurs 13). Im Westen erreichen die großen Schwemmfächer aus den Alpen den Nordrand des Molassebeckens.

komplexe z. B. des Strom- und Heuchelberges bereits aufsaßen. Bis heute ist etwa bei Horb im Wasserscheidenbereich zwischen Neckar und Donau dieses Flachrelief weitgehend erhalten geblieben, das vom Buntsandstein bis in den Unteren Keuper über alle Gesteinsschichten hinweg zieht.

„Heiße" Zeiten in Süddeutschland – der Vulkanismus im Miozän

Im Mittelmiozän kündigte starker Vulkanismus ein Aufleben der Tektonik und damit eine neue Phase der Landschaftsentwicklung Süddeutschlands an. Dabei wurden alte Verwerfungen reaktiviert und neue angelegt. Sie folgten vorwiegend der rhenanischen (SSW-NNE), hercynischen (WNW-ESE) und variszischen (WSW-ENE) Streichrichtung.

Bereits im Alttertiär war es vor allem im nördlichen Oberrheingraben und am Südrand des Odenwaldes zu vulkanischen Aktivitäten gekommen. Davon zeugen die Schlote am Katzenbuckel (60 Mio. J. v. h.) und Steinsberg (55 Mio. J. v. h.) oder auch der eozäne Maarsee von Messel (Abschn. 4.1). Der Vulkanismus im Mittleren Miozän war jedoch wesentlich stärker und vielfältiger als in der Frühphase des Tertiärs. Die Förderung begann häufig mit basaltischen Schmelzen, die an der Oberfläche als Lavaströme ausflossen. Explosiver Vulkanismus trat ebenfalls auf, belegt beispielsweise durch Deckentuffe im Hegau oder Tufflagen am Vogelsberg. Gegen Ende der Aktivitäten drangen meist kieselsäurereiche Phonolithe nach oben, die als harte, abtragungsresistente Schlotfüllungen in der Kruste stecken blieben und erst im Zuge der späteren Abtragung als Vollformen in Erscheinung traten. Sie bilden heute unter anderem die steilen Kegel der Hegauvulkane. Phonolith oder „Klingstein" (wegen seines hellen Tons beim Anschlagen) ist ein hartes Gestein, das lange Zeit bevorzugt für Gleisschotter abgebaut wurde.

Der **Vogelsberg** ist das größte zusammenhängende Basalt-Gebiet Mitteleuropas (Abb. 5.7). Die Phase der stärksten vulkanischen Aktivität begann im mittleren Miozän vor etwa 17 Millionen Jahren und dauerte rund zwei Millionen Jahre. Die Zufuhr der Schmelzen erfolgte nicht aus einem zentralen Krater, sondern durch zahlreiche Gänge und Spalten. Teils flossen die Förderprodukte an der Oberfläche aus, teils drangen sie nahe der Oberfläche beispielsweise in ältere tertiäre Ablagerungen ein. Der Vogelsberg besteht folglich aus einer Vielzahl übereinander gestapelter Basalt- und Tuffdecken. Als flacher Schild bildet er heute eine eigenständige Landschaftseinheit, deren tiefgründige Verwitterungsdecken und Böden nicht älter als 15 Millionen Jahre sein können (Abb. 5.15).

In der **Rhön** begann der Vulkanismus offenbar früher: Datierungen der zunächst basaltischen Förderprodukte ergaben Alter von 22–11 Mio. J. v. h. Die Vulkanite der Rhön wurden überwiegend entlang von Spalten als Deckenergüsse gefördert und erstarrten teilweise bereits unter der Erdoberfläche. Noch während der vulkanischen Aktivität begann die Heraushebung der Rhön, die bis in das Pleistozän andauerte. Durch die spätere Erosion von Teilen dieser Decken und die Freilegung phonolithischer Schlotfüllungen entstand die Landschaft der Kuppenrhön (Abb. 5.8).

Fast gleichzeitig mit Vogelsberg- und Rhönvulkanismus setzten auch die vulkanischen Aktivitäten am **Kaiserstuhl** und im **Hegau** ein. In beiden Vulkangebieten wurden sehr differenzierte Produkte gefördert, die von Tuffen über Basalte bis hin zu Phonolithen reichen. Während im Kaiserstuhl alle Förderprodukte zwischen 17 und 14 Mio. J. v. h. entstanden sind, war der Hegauvulkanismus wesentlich länger aktiv. Die isotopengeochemische Datierung mit Hilfe der so genannten Kalium-Argon-Methode ergab Alter zwischen 16 und sieben Mio. J. v. h. (Tabelle 5.1). In der Frühphase des Hegau-Vulkanismus kam es weiträumig zur Förderung von Deckentuffen.

5.2 Landschaftsentwicklung im Mittelmiozän

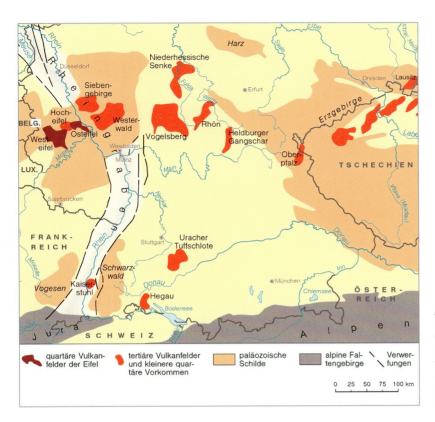

Abb. 5.7 Karte der Vulkangebiete Deutschlands und angrenzender Gebiete. Abgesehen vom quartären Eifelvulkanismus und wenigen alttertiären Schloten entstanden die Vulkangebiete Süddeutschlands im Miozän (nach Leibniz-Institut für Länderkunde 2003).

Eine Besonderheit stellt der Vulkanismus der Mittleren Schwäbischen Alb dar, der früher auch als **Urach-Kirchheimer Vulkan** bezeichnet wurde (Abb. 5.8). Die meisten der über 300 Einzelschlote bestehen aus Tuffbrekzien, die neben vulkanischen Aschen und Lapilli (kleine Gesteinsbröckchen) sehr viel nicht vulkanisches Material des durchschlagenen Grund- und Deckgebirges enthalten. Die chemische Zusammensetzung der magmatischen Förderprodukte unterscheidet sich markant von anderen Vulkangebieten Süddeutschlands. Die als Olivin-Melilithite bezeichneten Magmatite gehören zu den besonders kieselsäure-armen Vulkangesteinen Mitteleuropas. Die explosiven Ereignisse wurden wahrscheinlich durch Wassereintritt in eine noch nicht vollständig gefüllte Magmenkammer ausgelöst. Das Deckgebirge wurde an vielen Stellen durchschlagen, zu einer nennenswerten Förderung von flüssigem magmatischem Material kam es aber nicht. Viele Schlote erreichten ursprünglich gar nicht die Oberfläche, sondern blieben im Deckgebirge stecken. Andere bildeten größere Explosionskrater, in denen sich – wie im Randecker Maar – Seesedimente ablagerten (Abb. 5.9).

Im Zuge der Bildung des Egergrabens und der „Fränkischen Linie" im Obermiozän kam es auch in der **nördlichen Oberpfalz** und im **östlichen Fichtelgebirge** zum Austritt basaltischer Schmelzen. Eindrucksvolle Basaltformationen sind am Parkstein bei Wieden und am Großen Teichelberg anzutreffen (Abb. 5.8).

Auf Spurensuche in Seeablagerungen

Seeablagerungen zählen zu den bedeutendsten Fundstellen jungtertiärer Fossilien in Süddeutschland. Die Seen entstanden vor allem nach explosiven vulkanischen Ereignissen als Maar- oder Kraterseen. Auch die Meteoritenkrater von Nördlingen und Steinheim füllten sich rasch mit Wasser (Exkurs 15). Neben der ungestörten und gleichmäßigen Sedimentation feinkörniger Schichten begünstigte die Sauerstoffarmut der Gewässer die Erhaltung abgestorbener pflanzlicher und tierischer Überreste. Selbst fragile Insekten und andere Kleinorganismen sind mit erstaunlichen Details ihres Körperbaus überliefert. Hinzu kommt, dass sich gerade um solche Wasserstellen eine besonders artenreiche Flora und Fauna ansiedelte und viele ältere Tiere dort auch verendeten. Anhand der Fossilfunde lassen sich die Umweltbedingungen des Miozäns recht gut rekonstruieren (Abb. 5.10).

Das **Randecker Maar** ist der größte Vulkanschlot des Urach-Kirchheimer Vulkangebietes auf der Mittleren Schwäbischen Alb (Abb. 5.9). Der heutigen Form vorausgegangen war ein Sprengtrichter, der sich nach einer gewaltigen Gaseruption vor etwa 16 Millionen Jahren rasch mit Wasser füllte. Auf diese Weise entstand ein tiefer abflussloser See, dessen Ablagerungen ebenfalls interessante Hinweise auf die miozänen Klimaverhältnisse liefern. Das ursprüngliche Maar wurde im jüngeren

Abb. 5.8 Vulkanismus und Vulkanlandschaften in Süddeutschland. Im Hegau (**Bild 1**, Hohentwiel) werden die ursprünglich flächenhaft verbreiteten Deckentuffe von jüngeren Basalt- oder Phonolithstotzen durchbrochen. Das heutige Bild der Landschaft entstand erst im Lauf des Pleistozäns, vorwiegend durch die erodierende Wirkung des Rheingletschers (Foto: O. Braasch 1993, Regierungspräsidium Stuttgart, Landesamt für Denkmalpflege). Beim Blick von der Wasserkuppe zur Milseburg zeigt sich das charakteristische Bild der Kuppenrhön (**Bild 2**, Foto: J. Eberle). Typische Basaltsäulen sind am Parkstein in der Oberpfalz aufgeschlossen (**Bild 3**, Foto: B. Jakob). Der Vulkanschlot von Neuffen im Bereich des Urach-Kirchheimer Vulkangebiets (**Bild 4**, Foto: J. Eberle). Der Kontakt zwischen Schlotfüllung (links) und Weißjura ist sehr scharf und zeigt keine Aufschmelzungserscheinungen. Dies belegt, dass beim Eindringen der Vulkanite keine hohen Temperaturen geherrscht haben. **Bild 5:** Der Kaiserstuhlvulkan steht isoliert im südlichen Oberrheingraben. Auch hier wurden sehr unterschiedliche vulkanische Gesteine gefördert (Tabelle 5.1, Foto: Landesmedienzentrum Baden-Württemberg).

Exkurs 14

Datierung von Gesteinen mit Hilfe der Kalium-Argon-Methode

Die Kalium-Argon-Methode beruht auf dem Prinzip des radioaktiven Zerfalls. Die Halbwertszeit des radioaktiven Isotops Kalium 40 beträgt 1,3 Milliarden Jahre. Beim Zerfall entsteht das Edelgas Argon. Die Altersbestimmung ergibt sich aus dem Mengenverhältnis von Argon zu noch nicht zerfallenem Kalium 40. Insbesondere vulkanische Gesteine lassen sich mit dieser Methode gut datieren, da sie große Mengen radioaktives Kalium enthalten. Neuere Forschungen haben allerdings erhebliche Schwächen der Kalium-Argon-Methode aufgedeckt. So kann das Edelgas Argon aus tieferen Bereichen der Erdkruste zuströmen oder bereits wieder aus Vulkangesteinen entwichen sein. Diese Prozesse verändern das ursprüngliche Kalium-Argon-Verhältnis der Gesteine und können zu Fehlern bei der Altersbestimmung führen.

Tabelle 5.1 Übersicht und Datierung der wichtigsten vulkanischen Vorkommen in Süddeutschland. In den meisten Gebieten traten unterschiedliche vulkanische Aktivitätsphasen auf (Deckentuffe, Basaltförderung, Phonolithbildung), die durch längere Ruhephasen unterbrochen waren.

Gebiet	Typische Gesteine	Heutige Erscheinung an der Oberfläche	Datierung (K/Ar) In Mio. Jahre v. h.
Urach-Kirchheimer Vulkangebiet	Melilithit	Einzelschlote (bis 1200 m Durchmesser), Hohlformen (im Weißjura), Härtlinge (im Braunjura)	19–14
Vogelsberg	Trachyt, Phonolith, Basalt, Tuffe	Deckenergüsse, Lavaströme, Schildvulkan	17–15
Rhön	Olivin-Basalt, Tuffe, Phonolith	Deckenergüsse, Einzelschlote, Plateaubasalte, Härtlinge (Kuppenrhön)	22–18
Kaiserstuhl	Olivin-Basalt, Tuffe, Phonolith, Karbonatit	Deckenergüsse, Tuffe, Schlote, Breccien, Stratovulkan	17–14
Hegau	Deckentuff, Nephelin-Basalt, Phonolith	Tuffdecken, Einzelschlote, Hügellandschaft, Härtlinge	16–7
Fichtelgebirge Oberpfälzer Wald	Basalt	Schlotfüllungen, Quellkuppen, Deckenergüsse, Härtlinge	12–24

Pleistozän durch Erosion fast vollständig ausgeräumt. Nur an seinen Rändern sind Reste bituminöser Seesedimente erhalten geblieben. In ihnen finden sich Spuren einer subtropischen Fauna und Flora, die große Ähnlichkeit mit der des Nördlinger Ries und des Steinheimer Beckens aufweisen. Reste von Palmen und Lorbeergewächsen hat man dagegen nur hier gefunden. Besonders bemerkenswert sind die Relikte von Großsäugern wie Pferd, Hirsch und Nashorn, die in den Ablagerungen des Randecker Maars überdauerten. Sie sprechen eindeutig für eine offene subtropische Graslandschaft mit Waldinseln oder Einzelbäumen am Ende des Untermiozäns.

Ein wichtiges und besonders gut datiertes Ereignis ist der Einschlag des **Nördlinger Ries-Meteoriten** im jüngeren Tertiär vor etwa 14,8 Millionen Jahren (Exkurs 15). Ein Bruchstück des Meteoriten traf westlich davon auf und hinterließ den Krater von Steinheim, der kleiner, aber durch seinen Zentralhügel noch markanter ausgebildet ist als der Rieskrater. Die beiden Meteoritenkrater sind weltbekannt und eine geologische Besonderheit Süddeutschlands. Für die Rekonstruktion der Landschaftsgeschichte sind jedoch die in diesen Sprengtrichtern abgelagerten Sedimente bedeutsamer, denn die darin eingeschlossenen Fossilien lieferten wertvolle Hinweise auf das Klima und die Lebewelt im Mittelmiozän. Der

Abb. 5.9 Blick durch den Erosionskessel des Randecker „Maars" am Trauf der Mittleren Schwäbischen Alb auf die Vulkanschlote der Limburg und des Aichelbergs im Hintergrund. Die Vulkanite und Seesedimente (kleines Bild) des Randecker Maars sind weniger widerständig als die Weißjurakalke, die den Kessel umrahmen. Im Albvorland sind die vulkanischen Gesteine dagegen widerständiger als die dort vorherrschenden Tonsteine und Mergel des Braunjura. Die Limburg steht deswegen als Härtling vor der Schichtstufe. Diese modellartige Anordnung veranschaulicht gut die Bedeutung der Gesteinseigenschaften (Petrovarianz) für die Abtragung und Landformung (Foto: J. Eberle).

Ries-See entstand unmittelbar nach dem katastrophalen Impakt des kosmischen Körpers durch Zuflüsse von den Randhöhen und das Eindringen von Grundwasser in den allseitig geschlossenen Krater. Hohe Temperaturen begünstigten die Verdunstung sowie Lösungsprozesse im Untergrund, so dass der Salzgehalt des etwa 400 km^2 großen und bis zu 170 Meter tiefen Sees stark anstieg. Es herrschten daher zunächst sehr lebensfeindliche Bedingungen, ähnlich wie in den heutigen Sodaseen Tansanias. Eingeschwemmte Reste von Hartlaubgewächsen stützen die Vorstellung, dass die damaligen klimatischen Verhältnisse ähnlich waren wie heute in großen Teilen des Mittelmeerraums. Noch im Mittleren Miozän stellte sich offenbar wieder ein feuchteres Klima ein. Der See süßte aus und biogene Kalke sowie organische Sedimente wurden abgelagert. Aus Letzteren bildeten sich später einzelne Braunkohleflöze und geringe Mengen Erdöl, das bei Bohrungen in den Seesedimenten angetroffen wurde. Im Schilfgürtel des Sees herrschte zeitweise reichhaltiges Leben. Davon zeugen versteinerte Reste von Schildkröten, Schlangen, Igeln, kleinen Hirschen und marderähnlichen Raubtieren sowie eine besonders gut erhaltene jungtertiäre Vogelfauna. Die Kalksedimente des Ries-Sees bestehen größtenteils aus Schalenkrebsen, Algen und Wasserschnecken, etwa der Salz liebenden Art *Hydrobia trochulus*, die noch heute im Roten Meer lebt.

Das Artenspektrum in den **Seesedimenten von Steinheim** ist noch reicher und umfasst etwas jüngere, meist an das Leben im Süßwasser angepasste Spezies. Fossile Reste von über fünfzig Säugetierarten, vielen Wasservögeln und Fischskeletten sowie mehr als hundert Arten Wasser- und Landschnecken sind beschrieben. Die große Zahl gut erhaltener Pflanzenreste – Blätter, Früchte, Wurzeln – ist der Tatsache zu verdanken, dass der nur 6,5 km^2 große und maximal 55 Meter tiefe Steinheimer See keine nennenswerten Zu- oder Abflüsse besaß. Die Sedimentation konnte deshalb langsam und ungestört ablaufen. Wasserpflanzen und für Auwälder typische Arten wie Wasserulme, Pappel und Schotenbaum sind erhalten geblieben. Aber auch Reste einer an Trockenheit angepassten Vegetation (Eiche, Nussbaum, Zürgelbaum) hat man in den Seeablagerungen gefunden.

Hier zeigt sich die generelle Schwierigkeit, die an Wasserstellen oder Seen gebundenen fossilen Arten für eine Interpretation der klimatischen Verhältnisse in der weiteren Umgebung solcher Feuchtgebiete heranzuziehen. Möglicherweise bildeten die beiden Kraterseen große „Oasen" innerhalb eines Trockenwaldes. Andererseits wachsen heute ganz ähnliche Auwälder in Südostasien bei Mitteltemperaturen von 15 °C und über 1000 mm Jahresniederschlag. Damit könnte die Flora von Steinheim auch auf eine feuchtere Phase während des Mittleren Miozäns hinweisen (Abb. 5.10).

Auch aus dem östlichen Teil Süddeutschlands sind Reste der jungtertiären Pflanzen- und Tierwelt überliefert. Gute Archive bieten die Ablagerungen der **Ur-Naab** (Abb. 4.17). Während in den sauren Braunkohlewässern Knochenreste meist rasch aufgelöst wurden, sind in den Rinnen auf Jurakalken westlich von Regensburg zahlreiche Fossilien erhalten geblieben. Wie im Ries-See sind Fossilien reiner Wasser- und Sumpfbewohner (Krokodil, Biber, Schildkröte und andere) neben Relikten echter Graslandbewohner wie Antilope und Urpferd überliefert. Die Landschaft war offenbar auch hier bereits durch sehr unterschiedliche Ökosysteme charakterisiert. Die Flussniederungen des Naab-Systems mit ihren Sumpfwäldern waren sicher die feuchtesten Standorte, während auf den höher gelegenen Kalksteinflächen der Frankenalb Trockenwälder vorgeherrscht haben dürften.

5.2 Landschaftsentwicklung im Mittelmiozän

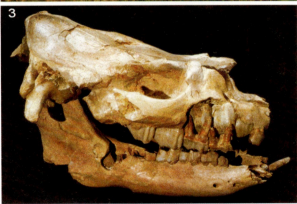

Abb. 5.10 Bild 1: Das dreidimensionale Diorama im Meteorkratermuseum Steinheim gibt eine gute Vorstellung der Lebewelt im Mittleren Miozän in der Umgebung des Kratersees. Der Zentralkegel bildete bei niedrigem Wasserstand eine Insel. **Bild 2:** Schneckensande (Gattung *Gyraulus*) aus den Ablagerungen des Steinheimer Kratersees. **Bild 3:** Schädel und Unterkiefer eines hornlosen Nashorns (*Alicornops simorrense*) aus den Seeablagerungen des Steinheimer Kraters. (Bild 1 und 3: B. Harling, Staatliches Museum für Naturkunde Stuttgart; Bild 2: E. Stabenow).

Am Südrand des Bayerischen Waldes belegen die Braunkohle führenden Sedimente bei Passau ebenfalls eine miozäne Flachlandschaft. Die Kohlen im **Passauer Vorwald** entstanden in flachen Rinnen, die aus dem Bayerischen Wald zum östlichen Molassemeer führten. Diese Rinnen und flachen Talzüge lagen nur wenige Dutzend Meter über dem Meeresspiegel und waren dementsprechend schlecht drainiert. Die so entstandenen Sumpfwälder belegen damit den Charakter der miozänen Umwelt und vervollständigen das Puzzle zur Rekonstruktion der Landschaftsgeschichte Süddeutschlands. Die mittelmiozäne Flachlandschaft, die sich vom Oberrheingraben bis Ostbayern erstreckte, wurde nur von den nördlichen Grundgebirgskomplexen sowie einigen Schichtstufenkomplexen um wenige 100 m überragt.

Verwitterung und Abtragung

Während der Kreidezeit und im Alttertiär waren die festländischen Bereiche Süddeutschlands noch vorwiegend durch eine intensive chemische Verwitterung unter feuchttropischen Klimabedingungen geprägt gewesen (Kapitel 3 und 4). Dabei hatten hauptsächlich Tiefenverwitterung und Lösungsabtrag stattgefunden. Mächtige Gesteinsfolgen waren während dieses langen Zeitraums

Exkurs 15

Das Riesereignis – zwei Meteoriteneinschläge vor 15 Millionen Jahren

Die Erklärung der beiden Krater von Nördlingen und Steinheim war lange Zeit umstritten. Bis Anfang der 1960er-Jahre hielt sich die vulkanische Deutung. Bereits 1792 hatte der Geologe Carl von Caspers den Suevit („Schwabenstein") entdeckt. Wegen seiner tuffähnlichen Ausprägung und der aufgeschmolzenen Gesteinspartikel hielt man das Gestein für eine vulkanische Bildung (Abb. 5.11). Neben der Theorie vom „Riesvulkan" gab es andere, aus heutiger Sicht teils abenteuerliche Vorstellungen, die von Gletscherformung über Tektonik bis hin zu einer Wasserdampf- oder Gasexplosion reichten. Erst im Jahr 1961 wurde das Rätsel des Rieses und damit auch des Steinheimer Kraters endgültig gelöst. Den beiden US-Amerikanern Eugene M. Shoemaker und Edward T. C. Chao gelang in einer Suevitprobe der Nachweis von Coesit, eines Quarzminerals, das nur unter extremem Druck und bei sehr hohen Temperaturen entstehen kann. Später fand man weitere mineralogische Belege, die schließlich keinen Zweifel mehr an der Vorstellung eines Meteoriteneinschlags ließen.

Trotz methodisch unterschiedlicher und nicht immer ganz fehlerfreier Datierungen geht man heute davon aus, dass die Einschläge von Nördlingen und Steinheim fast gleichzeitig stattfanden. Ob bei Steinheim ein Bruchstück des Riesmeteoriten oder ein eigenständiges Objekt einschlug, ist bis heute nicht zweifelsfrei geklärt. Auf die geologischen Details und die Kraterbildung soll an dieser Stelle nicht eingegangen werden. Dazu gibt es eine große Zahl von Fachpublikationen sowie die anschaulich gestalteten Führer des Riesmuseums in Nördlingen und des Meteorkratermuseums von Steinheim.

Das Riesereignis hatte katastrophale Auswirkungen auf die mittelmiozäne Landschaft und vernichtete in weitem Umkreis alles Leben. Die tektonischen Folgen dieses gewaltigen Einschlags lassen sich nicht im Detail rekonstruieren. Wahrscheinlich ist aber, dass zahlreiche Verwerfungen und Störungszonen in Süddeutschland durch die enorme Wucht des Aufpralls entstanden sind oder reaktiviert wurden. Auch einzelne vulkanische Ereignisse, beispielsweise im Urach-Kirchheimer Vulkangebiet, könnte der Ries-Impakt ausgelöst haben – Belege dafür gibt es jedoch nicht. Besonders weit herausgeschleuderte Weißjura-Blöcke wurden noch in der Oberen Süßwassermolasse der Ostschweiz nachgewiesen.

Aus geographischer Sicht trennt das Nördlinger Ries heute als große Beckenlandschaft die Schwäbische von der Fränkischen Alb (Abb. 5.13). Für die Rekonstruktion der Landschaftsgeschichte ist der Rieskrater über das Becken hinaus von Bedeutung, denn durch die Auswurfmassen wurden die zuvor vorhandene Landoberfläche und das Gewässernetz in der Umgebung des Kraters ganz oder teilweise verschüttet. In den verschütteten Tälern stauten sich große Seen auf (Abb. 5.12). Eines dieser Gewässer, der Rezat-Altmühl-See, erreichte die zweifache Größe des Bodensees. Diese Seen und vor allem ihre Größe sind ein klares Indiz dafür, dass in Süddeutschland damals ein Flachrelief mit hohem Grundwasserspiegel vorgeherrscht hatte. Die geomorphologischen Folgen der Einschläge belegen damit die Befunde anderer Geoarchive, dass zur Zeit der Meteoriten-Impakte und noch weitere hunderttausende Jahre danach ein Flachrelief in Süddeutschland ausgebildet war, das nur von wenigen ersten Schichtstufen gegliedert wurde. Als höchste Stufe überragte der Weißjura die Landschaft um etwa einhundert Meter.

Abb. 5.11 Bild 1: Der Suevit („Schwabenstein") gilt als das Leitgestein des Ries-Ereignisses. In diesem Gestein wurde eine Hochdruckvariante des Quarzes, der Coesit, und damit ein Beleg für den Meteoriteneinschlag gefunden. Charakteristisch sind Reste dunkler, fladenartig aufgeschmolzener Grundgebirgsgesteine. **Bild 2:** Nach dem Meteoriteneinschlag bildete sich ein See, in dem fein geschichtete Süßwasserkalke abgelagert wurden. Darin eingeschlossene Fossilien lieferten wichtige Erkenntnisse zur Lebewelt des Miozäns (Fotos: J. Eberle).

5.2 Landschaftsentwicklung im Mittelmiozän

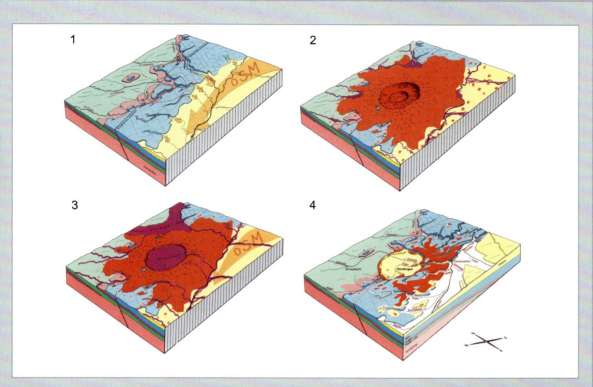

Abb. 5.12 Blockbilder zum Ablauf des Riesereignisses. Das **Bild 1** zeigt die mittelmiozäne Landschaft vor dem Riesereignis. **Bild 2** stellt die Situation unmittelbar nach dem Ereignis dar. Innerhalb kurzer Zeit füllte sich der Krater mit Wasser, und die Auswurfmassen stauten im Norden große Seen auf (**Bild 3**). Nach einer langen Phase der Abtragung erfolgte im Mittel- und Oberpleistozän die Sedimentation von Löss (**Bild 4**, nach Hüttner & Schmidt-Kaler 2003).

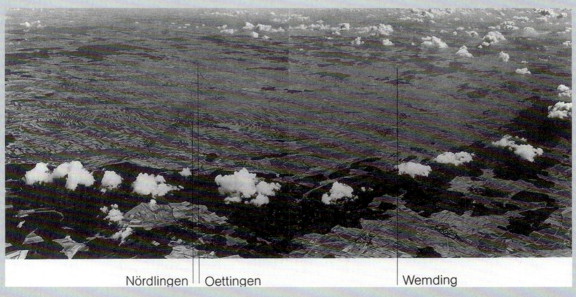

Abb. 5.13 Luftaufnahme des Ries-Kraters aus südlicher Richtung. Die Bewölkung zeichnet den Kraterrand nach (Luftbild: A. Brugger, Rieskrater-Museum Nördlingen).

Fortsetzung

Fortsetzung

Tabelle 5.2 Vergleich der Meteoritenkrater von Steinheim und Nördlingen.

	Nördlinger Ries	Steinheimer Becken
Durchmesser heute (km)	24	3,5
Meteoritgröße (geschätzter Durchmesser in m)	800–1000	80–100
Sprengkraft (Hiroshimabomben)	250 000	4000
Ursprüngliche Kratertiefe (in m)	1000	250
Seegröße im Miozän (km^2)	350–400	6,5
max. Seetiefe (m)	170	55

entfernt und in gelöster Form größtenteils in die angrenzenden Ozeane transportiert worden.

Im Verlauf des Miozäns änderten sich die Verwitterungsbedingungen in Süddeutschland. Im Grundgebirge des östlichen Bayerischen Waldes ist eine deutliche Abnahme der Verwitterungsintensität nachweisbar. Zuletzt wurden dort wohl im Untermiozän noch mächtige Saprolite gebildet, die später größtenteils wieder abgetragen oder unter jüngeren Molasseablagerungen verschüttet wurden (Abb. 5.17). Auch die jungtertiären Bohnerze der Muschelkalkgebiete Südwestdeutschlands zeigen bereits eine wesentlich geringere Verwitterungsintensität gegenüber den alttertiären Bildungen der Schwäbisch-Fränkischen Alb (Kapitel 3). In den Kalksteinlandschaften endete im Verlauf des Miozäns die Bildung roter, intensiv verwitterter Paläoböden. Nur auf hoch gelegenen Flächenresten und Kuppen sind Reste solcher Böden heute noch anzutreffen. Dieses Verbreitungsmuster zeigt eine deutliche Anlehnung an die alttertiäre Landoberfläche (Abb. 5.14). Alle bislang datierten Rotedereste sind älter als zehn Millionen Jahre. Auch auf der Frankenalb zeigen die jungtertiären Rotlehme auf Dolomit oder kreidezeitlichen Quarzsanden nicht den hohen Verwitterungsgrad der alttertiären Paläoböden. Eindeutige Funde sind selten, denn durch spätere Umlagerungen wurden häufig unterschiedlich alte Verwitterungsrelikte vermischt, was ihre zeitliche Zuordnung erschwert oder unmöglich macht.

Zusammenfassend kann festgestellt werden, dass die Abnahme der Verwitterungsintensität im Miozän sehr gut mit den klimatischen Veränderungen während dieser Zeit übereinstimmt. Die Fossilfunde in den Seesedimenten belegen eindeutig, dass es zu Beginn des Obermiozäns vor etwa zehn Millionen Jahren keine tropischen Wälder mehr gab. Die durch Schwellen und Stufen gegliederte Flachlandschaft war von offenen, steppenartigen Grasländern mit zahlreichen Sümpfen und Seen geprägt.

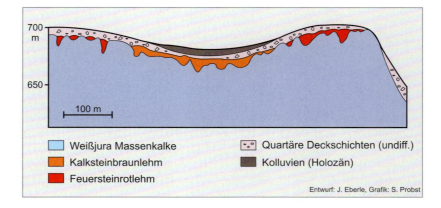

Abb. 5.14 Profilschnitt im Bereich der Kuppenalb bei Aalen (Albuch). Feuerstein führende, oligo-miozäne Rotlehmreste sind unter pleistozänen Decksedimenten auf den höchsten Reliefeinheiten erhalten geblieben. Sie enthalten häufig Eisenschwarten oder auch Bohnerze, die möglicherweise schon von den Kelten bergbaulich genutzt wurden (Abschn. 9.5). In flachen Karstwannen und Trockentälern sind meist umgelagerte Kalksteinbraunlehme verbreitet, die plio-pleistozänen Alters sind.

Exkurs 16

Paläoböden des Tertiärs

Böden spiegeln die Umweltbedingungen zur Zeit ihrer Entstehung wider, geben also Hinweise auf den Typ der jeweiligen Landschaft. Bodenrelikte des Alttertiärs sind beispielsweise die intensiv verwitterten Saprolite des Rheinischen Schiefergebirges und die Bohnerzlehme der Schwäbischen Ostalb (Exkurse 4 und 8). Jungtertiäre Bildungen unterscheiden sich von diesen älteren Relikten durch ihren geringeren Verwitterungsgrad. Lediglich auf leicht verwitterbaren Basalten und Tuffen wurde bis zum Obermiozän noch phasenweise Kaolinit gebildet (Abb. 5.15). Die Ursache der Rotfärbung vieler jungtertiärer Böden ist das Eisenoxid Hämatit („Blutstein", Fe_2O_3). Hämatit wird vorwiegend unter trockenen, semiariden Bedingungen wie im Mittelmeergebiet oder den Randtropen und über längere Zeiträume gebildet. Vergleichbare Verhältnisse herrschten in Süddeutschland während des Jungtertiärs mehrere Millionen Jahre lang.

Abb. 5.15 Bild 1: Auf den erst vor 15 Millionen Jahren entstandenen Vulkangesteinen des Vogelsbergs sind nur stellenweise noch intensiv verwitterte Bauxitrinden und Kaolinisierung nachweisbar. Ein bekanntes Leitprofil auf den Vogelsbergbasalten ist das Ferrallit-Vorkommen von Lich. **Bild 2:** An der Basis mächtiger pliozäner und pleistozäner Ablagerungen sind in Nussloch südlich von Heidelberg Reste eines stark verwitterten, fersiallitischen Rotlehms erhalten geblieben. Beide Bodenprofile belegen möglicherweise die letzte Formungsphase mit intensiver chemischer Verwitterung in Süddeutschland während des Mittleren Miozäns (beide Fotos: B. Eitel).

5.3 Obermiozän und Pliozän – die Grobformung Süddeutschlands

Der letzte Abschnitt des Tertiärs (Obermiozän, 10–5,3 Mio. J. v. h., und Pliozän, 5,3–2,6 Mio. J. v. h.) brachte bedeutende Veränderungen mit sich und stellte die Weichen für die weitere Landschaftsentwicklung Süddeutschlands. Gründe dafür waren die wieder auflebende tektonische Aktivität und ein grundlegender Klimawandel, der Süddeutschland schließlich im Pliozän akzentuierte semiaride Verhältnisse brachte. Globale Ursache dieser einschneidenden Klimaveränderung war unter anderem die Maximalvereisung der Antarktis an der Wende vom Miozän zum Pliozän (Abschn. 5.1).

Die lange Phase tropischer Verhältnisse war im Lauf des Miozäns durch immer trockenere und gegen Ende des Tertiärs auch kühlere Bedingungen abgelöst worden. Das Oberpliozän bildete schließlich den klimatischen Übergang zum nachfolgenden Eiszeitalter. Die Temperaturen sanken an der Wende zum Pleistozän auf Jahresmittel unter 10 °C. Obwohl aus dieser jüngsten Serie des Tertiärs nur wenige Fossilarchive bekannt sind, ist davon auszugehen, dass innerhalb der Landschaft zunehmend komplexere Ökosysteme entstanden. Eine Ursache dafür war die stärkere Differenzierung der Oberflächenformen und des Gewässernetzes.

Die zweite große Hebungsphase

Die erste starke tertiäre Hebung Süddeutschlands hatte, ausgehend vom Oberrheingraben und den entstehenden Alpen, im Oligozän stattgefunden (Abschn. 4.2). Die anschließende lange tektonische Ruhephase im Miozän hatte zu flächenhafter Abtragung und vielerorts zu einem weitgehenden Reliefausgleich geführt (Abschn. 5.2). Die beste Vorstellung von den neuerlichen großen tektonischen Veränderungen im jüngsten Tertiär und im anschließenden Quartär vermittelt die Lage der Küstenlinie des Molassemeeres. Diese Klifflinie (Abb. 5.4) verläuft heute in Höhen zwischen etwa 900 Meter auf der Hegaualb im äußersten Südwesten Deutschlands und 500 Meter südlich des Nördlinger Rieses (Abb. 5.16). Weiter östlich ist diese alte Küstenlinie nicht mehr zu verfolgen. Aus der gegenwärtigen Höhenlage des Kliffs ist abzulesen, dass der Westen Süddeutschlands seit dem Ende des Miozäns besonders stark gehoben wurde. Ein Hebungszentrum war und ist der Südschwarzwald, wo Flüsse und Bäche die Gesteine des Deckgebirges bis heute fast vollständig abgetragen und das Grundgebirge freigelegt haben. Aus der unterschiedlich starken Hebung resultiert die „Schrägstellung" Süddeutschlands und das Einfallen der Gesteinsschichten des Deckgebirges nach Südosten. Dies war von entscheidender Bedeutung für die Entwicklung des Gewässernetzes und die Formung des heute charakteristischen süddeutschen Schichtstufenreliefs.

Entlang des Oberrheingrabens setzte sich die Hebung der Grabenschultern bei gleichzeitigem Einsinken der zentralen Grabenscholle mit Unterbrechungen vom Obermiozän bis in das Pleistozän fort und führte letztlich zur heutigen modellhaften Grabenstruktur mit ausgeprägten Randstufen und der von zahlreichen Verwerfungen durchzogenen Vorbergzone am Grabenostrand. Die entscheidende tektonische Prägung des Grabenfeldes und seiner angrenzenden Flanken erfuhr der Oberrheingraben damit etwa in den vergangenen zehn Millionen Jahren bis heute. Auch ein Großteil der geomorphologisch prägenden tektonischen Einzelstrukturen Süddeutschlands (Spessart-Rhön-Sattel, Schwarzwald-Bayerwald-Linie, Neckar-Jagst-Furche, Fildergraben, Oberpfälzer Senke, Donaurandbruch usw.) gehen trotz älterer Anlage auf Deformationen während des jüngsten Tertiärs und Quartärs zurück. Die kristallinen Grundgebirgsmassive des Rheinisch-Böhmischen Schildes liegen zwar weit entfernt vom Zentrum der tektonischen Aktivitäten, doch lässt sich auch hier eine verstärkte, blockartige Hebung während jener Zeit nachweisen (Abb. 4.18).

Ablagerungen im Oberrheingraben und Molassebecken

Zu Beginn des Obermiozäns kam es erstmals seit dem Oligozän wieder zu Grobsedimentschüttungen aus östlicher Richtung in den Oberrheingraben. Daraus lässt sich eine verstärkte Hebung der Grabenflanken ableiten. Diesen Ablagerungen im Westen entspricht die Jüngere Juranagelfluh, die am Nordrand des westlichen Molassebeckens verbreitet ist und auch hier eine verstärkte Abtragung des Deckgebirges belegt (Exkurs 18).

Nach dem Ende der vulkanischen Aktivitäten am Kaiserstuhl wurden im gesamten **Oberrheingraben** sandig-tonige Fluss- und Seesedimente abgelagert. Größere Schichtlücken zeigen an, dass der Ur-Rhein phasenweise Material nach Norden transportierte. Dabei ist zu beachten, dass diese Sedimente des Oberrheingrabens bis zu Beginn des oberen Pliozäns vor etwa vier Millionen Jahren noch keine alpinen Komponenten aufweisen. Die Wasserscheide und das Quellgebiet des Ur-Rheins lagen bis zu diesem Zeitpunkt noch im Bereich des Kaiserstuhls (Blockbild 5, Seite 78).

Im **Molassebecken** wurde im Obermiozän die Obere Süßwassermolasse in unterschiedlicher Mächtigkeit und Ausprägung abgelagert. Absenkung und Sedimentation hielten sich dabei offenbar die Waage, so dass sich der Charakter der alpinen Vorlandsenke als Aufschüttungsebene mit flachen Seen und Sümpfen über lange Zeit kaum veränderte (Abb. 5.16). Die Obere Süßwassermolasse besteht überwiegend aus glimmerreichen Sanden, die am Alpenrand bis zu tausend Meter mächtig werden. Am Nordrand des Molassebeckens sind die Ablagerungen meist weniger als hundert Meter mächtig und von lokalen Schüttungen aus den noch flachen Mittel-

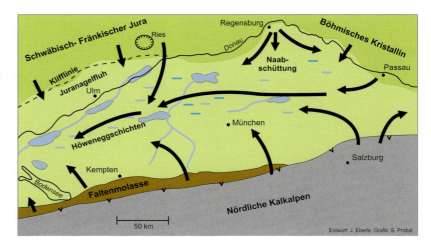

Abb. 5.16 Das Molassebecken zur Zeit der Oberen Süßwassermolasse. Das Alpenvorland erscheint als Seen- und Sumpflandschaft, in der die mächtigen Schüttungen der Oberen Süßwassermolasse zur Ablagerung kommen. Von Norden wird die Jüngere Juranagelfluh geschüttet (Exkurs 18, Abb. 5.19). Die Abflussrichtung ist noch vorwiegend nach Westen gerichtet, wird sich aber am Ende der Molassesedimentation umkehren und die Entstehung der Donau einleiten.

5.3 Obermiozän und Pliozän – die Grobformung Süddeutschlands

Abb. 5.17 Kiesgrube nördlich von Passau. In der rechten Bildhälfte ist ein zu Saprolit umgewandelter Gneis zu erkennen, der im linken Teil von Ablagerungen der Molasse verschüttet wurde (vgl. Abb. 4.18). Die Schüttung der Süßwassermolasse erfolgte von rechts, aus dem Bayerischen Wald heraus (Foto: B. Eitel).

gebirgen heraus nach Süden geprägt: Im Südwesten treten vor allem die teilweise grobkörnigen Sedimente der Jüngeren Juranagelfluh auf (Exkurs 18), während im östlichen Molassebecken, etwa durch das Ur-Naab-System, Kiese und Sande aus dem Böhmischen Kristallin abgelagert wurden. Gegen Ende der Molassesedimentation wurden Teile der Schwäbisch-Fränkischen Alb teilweise über die Klifflinie hinaus verschüttet. Dabei wurden auch frühe Täler der von Norden einmündenden Flüsse, die sich zuvor offenbar deutlich in die Kalktafel der Schwäbisch-Fränkischen Alb eingeschnitten hatten, wieder zugedeckt. Diese Verschüttung hatte zur Folge, dass die südlichen Bereiche der Kalksteinlandschaften einer weiteren Abtragung – teilweise bis heute – entzogen wurden (Abb. 4.7).

Auch in Ostbayern belegen Sedimente der Oberen Süßwassermolasse, die bis weit nach Norden z. B. im Passauer Vorwald anstehen, die Bildung von „Tertiärbuchten", also eine Verschüttung des Gebirgsfußes des Bayerischen Walds. Eine zusammenhängende Aufschüttungsebene, die untermiozäne Saprolite und mittelmiozäne Täler und Sumpfwälder überdeckte, reichte vom Fuß des Hinteren Bayerischen Walds (Böhmer Wald) bis in das Molassebecken (Abb. 5.17). Durch Verschüttung der zuvor gebildeten Sumpfwälder in flachen Talzügen konnten sich im Lauf des Jungtertiärs Braunkohleflöze bilden. Eine Besonderheit der Oberen Süßwassermolasse im östlichen Teil des Molassebeckens sind zu Tonstein verwitterte vulkanische Aschen und Tuffe (Bentonite), die ursprünglich aus dem Pannonischen Becken Ungarns eingetragen wurden. Die am Nordrand des Molassebeckens nachweisbare Verschüttungsphase belegt, dass dort die jungtertiäre Haupthebung erst nach Ende der Molasse-Sedimentation zu Beginn des Pliozäns erfolgt sein kann.

Die verstärkte Hebung und die zunehmende Trockenheit gegen Ende des Tertiärs bewirkten eine besondere Abtragungsdynamik, die von größter Bedeutung für die Entwicklung des Großformenschatzes in Süddeutschland war. Man hat in diesem Zusammenhang auch von der „Iberischen Phase" Süddeutschlands gesprochen und beschreibt damit ein Landschaftsbild, das mit den trockenen Teilen des heutigen Spaniens vergleichbar ist (Abb. 5.18). Dieser klimatische Umbruch im Jungtertiär, der die Geomorphodynamik und den Sedimentcharakter der Ablagerungen entscheidend veränderte, kann auch mit dem Messinian Event (Exkurs 12) verbunden werden: Weil das Mittelmeer ausgetrocknet war, erreichten weniger feuchte Luftmassen Süddeutschland, wodurch sich ein trockenes Klima mit lückenhafter Vegetationsdecke einstellte. Die eher seltenen, dafür aber heftigen Starkregen erzeugten Schichtfluten (Exkurs 17), die eine intensive Abtragung der Landoberfläche zur Folge hatten.

Zur Zeit des obermiozänen Flachreliefs traten Schichtfluten vor allem an den Hängen der zunächst noch schwach ausgeprägten Schichtstufen und an den Grabenschultern des Oberrheingrabens auf. Aber auch in das Molassebecken wurden von Norden Grobsedimente geschüttet, die wegen ihrer oft nur mäßigen Rundung einen Transport durch kurzzeitige, starke Schichtfluten sehr wahrscheinlich machen. Diese Ablagerungen haben sich am Nordrand des südwestlichen Molassebeckens als Jüngere Juranagelfluh großflächig erhalten und gehören zum Schichtkomplex der Oberen Süßwassermolasse (Exkurs 18).

Die Ablagerungen der Jüngeren Juranagelfluh belegen eine verstärkte Hebung im Südwesten Deutschlands ab dem Obermiozän. Dadurch beschleunigte sich die Abtragung des Deckgebirges durch ein nach Süden ausgerichtetes Entwässerungssystem. Die große Mächtigkeit und die noch heute flächenhafte Verbreitung der Juranagelfluh im Hegau erklären sich aus der Nähe dieses Gebiets zum Hebungszentrum im südlichen Schwarzwald bei

Exkurs 17

Was sind Schichtfluten?

In semiariden Gebieten fallen die sporadischen Niederschläge häufig als starke Gewitterregen. Der ausgetrocknete und oft nur lückenhaft bewachsene Boden kann die Niederschläge nicht aufnehmen, da die Bodenporen mit Luft gefüllt sind (Benetzungswiderstand). Große Mengen des Wassers laufen an der Oberfläche ab und mobilisieren dabei sehr viel Material. Dies geschieht nicht nur entlang der Tiefenlinien des Reliefs, sondern auch auf größeren Flächen, die überflossen werden. Eine Vorstellung von der Gewalt und Erosionskraft solcher Abflussereignisse geben uns die Nachrichtenbilder aus dem Mittelmeerraum, wo insbesondere im Winterhalbjahr derart katastrophale Ereignisse immer wieder auftreten und tonnenschwere Blöcke bewegen können. Sind solche Prozesse in Gebirgsvorländern wirksam, dann können letztlich weitgespannte Fußflächen entstehen (Exkurs 19).

Abb. 5.18 Ablagerungen eines Schichtflutereignisses in Südostspanien. Die flächenhafte Ablagerung schlecht gerundeter, aber grober Sedimente und die angespülten Holzreste an den Stämmen der Olivenbäume belegen die Dynamik dieses Prozesses (Foto: W. D. Blümel).

gleichzeitig starker Absenkung im westlichen Teil des Molassebeckens. In jener Zeit wurden auch im Süden noch einmal große alpine Schwemmfächer geschüttet – ein Beleg dafür, dass die Alpen im Miozän erneut eine starke Hebung erfuhren und das Molassebecken letztmalig mächtige tertiäre Ablagerungen aufnahm (Tabelle 4.2).

Die Reliefgeneration der Fußflächen

In der Vorderpfalz sind Reste von jungtertiären Gebirgsfußflächen mit aufliegenden Grobsedimenten in besonders modellhafter Ausprägung erhalten geblieben. Bereits 1968 interpretierte Gerhard Stäblein die Grobschüttungen am Ostabfall des Pfälzer Waldes als so genannte Fanger (von engl. *fan* für „Fächer") einer pliozänen Landoberfläche (Abb. 5.21 und Exkurs 19). Unter jüngeren Deckschichten sind an mehreren Stellen Blocklagen anzutreffen, die sich überwiegend aus gebleichten, kantengerundeten Buntsandsteinen und Quarziten zusammensetzen (Abb. 5.22). In jüngeren geomorphologischen Untersuchungen konnten solche Grobsedimente im Vorland vieler Mittelgebirge Süddeutschlands nachgewiesen werden.

Eine genaue Datierung der Grobsedimente und der dazugehörigen Fußflächen am Rand des Oberrheingrabens ist bislang nicht möglich. Die Tatsache, dass im Vorland der südlichen Frankenalb Reste der Fußflächen diskordant, das heißt auf einer durch Abtragung gebildeten Fläche, über Trümmern des Rieseereignisses lagern, belegt jedoch, dass diese Formen erst nach dem Ries-Impakt gebildet wurden. Außerdem lassen sich die Fußflächen im südlichen Franken aufgrund ihrer Höhenlage sehr gut zwischen mio-pliozäne und frühe pleistozäne Schotter des Ur-Mains einordnen. Diese Beobachtungen decken sich mit Untersuchungen am Mittleren Neckar und im Kraichgau. Auch hier sind kantengerundete Grobsedimente beobachtet worden, die eine semiaride Schichtflutaktivität (Exkurs 17) und wegen ihrer Verbreitung über Gesteinsgrenzen hinweg ein jungtertiäres Flachrelief belegen. Wie am Main endete diese Phase mit Hebungsvorgängen und resultierender Talbildung spätestens im Mittleren Pliozän. Am Vogelsberg lassen sich die dort radial angeordneten Fußflächenreste zeitlich relativ

Exkurs 18

Die Jüngere Juranagelfluh

Die Ablagerungen der Jüngeren Juranagelfluh bestehen überwiegend aus schluffig-sandigen Korngrößen und weisen Kalkgehalte von 30 bis 60 Prozent auf. Vor allem im nördlichen Teil des Verbreitungsgebietes sind Geröllagen mit mäßig bis gut gerundeten Komponenten vorhanden, die Durchmesser bis maximal 50 Zentimeter erreichen können. Die Schüttung erfolgte im Obermiozän entlang von Rinnen, die sich schluchtartig in die Weißjurakalke eingeschnitten hatten. Das Einzugsgebiet der westlichen Juranagelfluhschüttungen reichte bis in das Gebiet des nördlichen Schwarzwaldes. Anhand der Zusammensetzung der Gerölle lässt sich der Abtragungszustand des Deckgebirges im Einzugsgebiet rekonstruieren. So fällt auf, dass außer Weißjura auch sehr viele Gesteine des Braunjura und des Muschelkalks auftreten. In den obersten und folglich jüngsten Schichten der Juranagelfluh sind bereits einzelne Buntsandstein- und Grundgebirgsgerölle zu finden (Abb. 5.20). Die Mächtigkeit der Jüngeren Juranagelfluh erreicht im Hegau bei Singen heute noch fast 300 Meter.

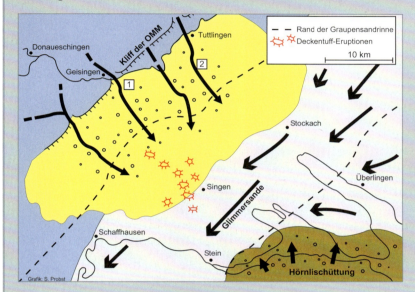

Abb. 5.19 Die Schüttung der Jüngeren Juranagelfluh (gelb) im Hegau erfolgte aus nordwestlicher Richtung in Rinnen, die sich in die Weißjura-Tafel (blau) eingeschnitten hatten. Die Juranagelfluh verzahnte sich am Nordrand des Molassebeckens mit den Deckentuffen, die den Beginn der vulkanischen Aktivitäten im Hegau einleiten. An dieser engsten Stelle des Molassebeckens erreichten die Grobschüttungen aus den Alpen (braun) stellenweise den Nordrand des Sedimentationsraums. Eingezeichnet sind die Aufnahmestandorte der Fotos unten (verändert nach Schreiner 1992).

Weißjuragerölle sind aufgrund einer eher kurzen Transportstrecke weniger gut gerundet als die dunkleren Muschelkalk- und rötlichen Buntsandsteingerölle (Fundort südlich Geisingen auf 805 m ü. M., Nr. 1 in Abb. 5.19).
Bild 2: Auf der Witthoh (Hegaualb, 850 m ü. M.; Nr. 2 in Abb. 5.19) besteht die Jüngere Juranagelfluh ausschließlich aus Weißjuramaterial. Im Einzugsgebiet dieser östlichen Schüttung waren im Miozän offensichtlich keine älteren Schichten des Deckgebirges angeschnitten (Fotos: J. Eberle).

Abb. 5.20 Schüttungen der Jüngeren Juranagelfluh im Hegau.
Bild 1: Die Geröllzusammensetzung zeigt vor allem in den letzten Schüttungsphasen ein buntes Spektrum. Die hellen

Abb. 5.21 Eine typische Fußflächenlandschaft ist am Ostabfall des Pfälzer Waldes entwickelt. Von der Randstufe ziehen die Fußflächen als langgestreckte Flachformen (rote Pfeile) nach Osten in Richtung Oberrheingraben. Diese Flächen bilden vielerorts die Grundlage für den Weinbau in der Vorderpfalz. Junge pleistozäne Täler, wie das Queichtal im Vordergrund, zerschneiden die mio-pliozäne Reliefgeneration (Foto: A. Matheis).

gut einordnen. Da die vulkanischen Ausgangsgesteine hier erst im Mittelmiozän entstanden sind, konnte die Fußflächenbildung dort frühestens ab diesem Zeitpunkt einsetzen.

Auch am Rand des Bayerischen Waldes hat man Reste von Fußflächen identifiziert, die in das ausgehende Miozän gestellt werden können. Solche Flächenreste überprägen tertiäre Rumpfstufen, zum Beispiel südlich Freyung, und leiten auf die obermiozäne Tertiärbucht des Passauer Vorwalds über (Abb. 4.18). In den fränkischen Hassbergen ist der Übergang von der Rumpfflächenbildung zu einer strukturangepassten Abtragung im Verlauf des Jungtertiärs rekonstruierbar. Demnach machen sich ab dem Untermiozän zunehmend die Gesteinsunterschiede des Deckgebirges im Relief bemerkbar. Die nachlassende Intensität chemischer Verwitterung und eine verstärkte Tiefenerosion führten dazu, dass die Bereiche widerständiger Gesteine allmählich als Schwellen und Stufen hervortraten.

Seit wann gibt es Schichtstufen in Süddeutschland?

Die Existenz eines Schichtstufenreliefs wird von manchen Autoren bereits für das Alttertiär angenommen, obwohl es dafür keine Belege gibt. Aus den Restvorkommen geologisch jüngerer Gesteine, z. B. Braunjura im Vulkanschlot des Katzenbuckels oder Weißjura im Schlot von Scharnhausen (Urach-Kirchheimer Vulkankomplex) kann nicht automatisch die damalige Lage oder die geomorphologische Ausprägung einer Schichtstufe abgeleitet werden. Solche Gesteinsfunde belegen lediglich die einstmals weitere Verbreitung der jeweiligen geologischen Schichten. Außerdem wird häufig der Fehler begangen, die Schichtmächtigkeiten an den heutigen Stufen auch für die bereits abgetragenen nördlichen Teilräume vorauszusetzen. Die über 200 Meter mächtigen Weißjurakalke der Mittleren Schwäbischen Alb wurden aber in der Nordhälfte Süddeutschlands sicher nicht in dieser Mächtigkeit abgelagert (Kapitel 3). Die jüngeren Gesteinsschichten des Deckgebirges waren dort bereits lange vor der Entstehung erster Schichtstufen durch die kreidezeitlich bis alttertiäre Tiefenverwitterung abgetragen. Dies wird durch die Basiserkundung im Oberrheingraben belegt (Abschn. 4.2 und Abb. 4.4).

Folgende Fakten sprechen dafür, dass deutliche Schichtstufen in weiten Teilen Süddeutschlands sich erst im Jungtertiär entwickelt haben und im Pleistozän bis zur heutigen Ausprägung weitergebildet wurden:

1. Über die Existenz von Schichtstufen im Alttertiär ist nichts bekannt. Vielmehr sprechen alle bisherigen Befunde für eine flachwellige Rumpfflächenlandschaft in dieser Zeitphase. Schwellen oder kleine Stufen können dabei aber durchaus bereits Gesteinsunterschiede nachgezeichnet haben.
2. Der erste sichere Nachweis einer Schichtstufe findet sich unter Riestrümmern der südlichen Frankenalb. Zum Zeitpunkt des Meteoriteneinschlages vor etwa 15 Millionen Jahren war zumindest dort eine flache Schichtstufe bereits entwickelt. Die Klifflinie des Molassemeeres belegt andererseits, dass noch im Mittelmiozän eine Landschaft ohne nennenswerte Höhenunterschiede existierte, die vom Meer überflutet werden konnte.
3. Die klimatischen Voraussetzungen, verbunden mit der wieder auflebenden Hebung Süddeutschlands, erlaubten eine deutlich akzentuierte Stufenbildung und damit das Entstehen von Strukturlandschaften erst ab dem Mittleren Miozän. Die dadurch entstandenen Höhenunterschiede und die Schichtflutdynamik waren Voraussetzung für eine Entwicklung von Fuß-

Exkurs 19

Fußflächen

Flächen an den Rändern oder im Vorland von Gebirgen semiarider Gebiete werden häufig als Gebirgsfußflächen bezeichnet. In ihrer typischen Ausprägung bestehen sie aus einer Felsfußfläche (Pediment), die direkt am Gebirgsfuß ansetzt, und einer sich anschließenden Aufschüttungsfläche (Glacis). Das Pediment stellt eine Schnittfläche dar, die über Gesteine unterschiedlicher Widerständigkeit hinwegzieht und das Ergebnis flächenhafter Abtragungsprozesse (Schichtfluten, Exkurs 17) ist. Die Ablagerungen im Bereich des Glacis bestehen aus kantengerundeten Grobsedimenten bis hin zu Feinmaterial. Sie liefern den sedimentologischen Beleg für den kurzzeitigen Transport durch heftige Abflussereignisse. In der Diskussion ist, ob die vielen Fußflächenreste, die häufig an die Wende vom Miozän zum Pliozän zu datieren sind, mit dem Austrocknen des Mittelmeeres (Messinian Event, Exkurs 11) zusammenhängen. Der starke Rückgang mediterraner Niederschläge hat sicher zur Trockenheit Mitteleuropas beigetragen und eine ausgesprochen semiaride Geomorphodynamik gefördert.

Abb. 5.22 Beispiele aus Südwestdeutschland, die das obermiozäne Flachrelief sowie die einstige Schichtflutdynamik unter semiariden Klimabedingungen belegen.
Bild 1: Fangersedimente der jungtertiären Fußfläche bei Landau in der Vorderpfalz. Die groben und meist nur an den Kanten gerundeten Buntsandsteine werden von Sandlagen unterbrochen. Gegenüber jüngeren pleistozänen Ablagerungen fällt die starke Bleichung der Sandsteine auf. Viele Steine besitzen Eisenkrusten (Foto: J. Eberle).
Bild 2: Eine grobe Lage nur schwach gerundeter Keupersandsteinblöcke ist im Kraichgau (Lange Furch bei Zeutern) verbreitet anzutreffen. Sie sind die Zeugen heftiger Abtragungsereignisse von Schichtstufenhängen herab und wurden über Gesteingrenzen hinweg auf ein Flachrelief transportiert, das vom Keuper bis zu den Juragesteinen der Langenbrückener Senke (nördlich von Karlsruhe) reichte. Eine Talbildung erfolgte hier also erst nach der Wende vom Miozän zum Pliozän. Die Grobsedimente sind heute nur an wenigen Stellen zugänglich, da eine mächtige pleistozäne Lössdecke die Flächenreste und die tertiären Sedimente verhüllt (Foto: B. Eitel).

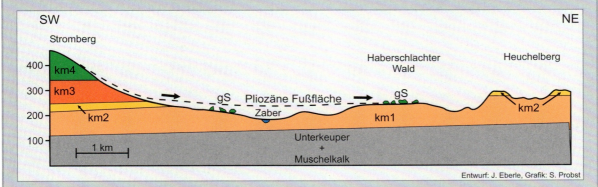

Abb. 5.23 Relikte mio-pliozäner Fußflächenbildung im Keuperbergland: Zwischen Stromberg und Heuchelberg liegen auf lang gestreckten Geländerücken im Gipskeuper (km1) Grobsedimente des Stubensandsteins (km4). Diese Ablagerungen müssen vor der pleistozänen Eintiefung des Zabertals aus südwestlicher Richtung vom Stromberg geschüttet worden sein. Eine Schüttung vom Heuchelberg ist auszuschließen, da dort im Jungtertiär kein Stubensandstein mehr vorhanden war (Darstellung ohne quartäre Deckschichten). Die Flächenreste belegen außerdem, dass bereits zu Beginn des Pliozäns ein Schichtstufenrelief existierte und die Stufenfront seither um weniger als einen Kilometer zurückverlegt wurde.

flächen, die zur Herauspräparierung der Schichtstufen beigetragen haben.
4. In Hebungsgebieten bildeten sich früher Schichtstufen als in Senkungszonen (Abb. 5.24). Eine einheitliche und gleichzeitige Entwicklung von Schichtstufen in ganz Süddeutschland fand nicht statt. Es ist naheliegend und durch die heutigen Höhenunterschiede der wichtigsten Stufen belegt, dass im westlichen Teil Süddeutschlands die Schichtstufenbildung früher einsetzte als im tektonisch weniger beeinflussten Osten.
5. Die Entwicklung des rheinischen Flusssystems war erst im Jungtertiär so weit fortgeschritten, dass eine aktive Zerschneidung der Flachlandschaft und die

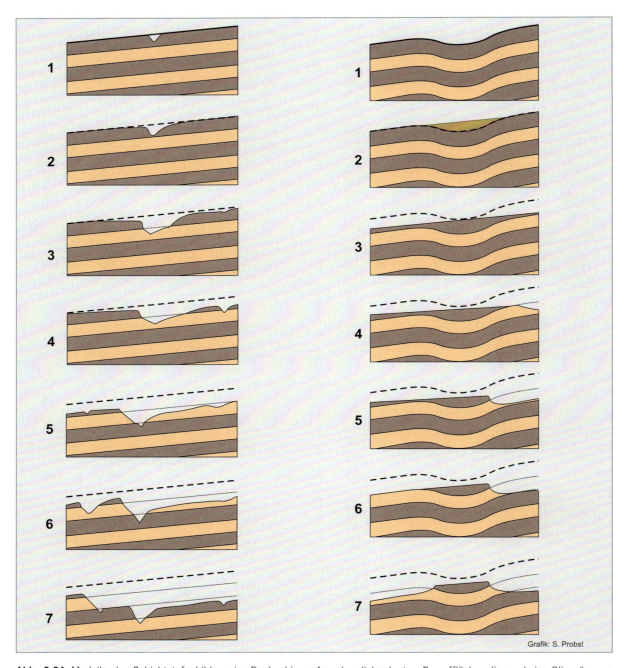

Abb. 5.24 Modelle der Schichtstufenbildung im Deckgebirge. Aus der diskordanten Rumpffläche, die noch im Oligozän vorherrschte, wurden im Lauf des Jungtertiärs durch rückschreitende Erosion der Flüsse und semiaride Geomorphodynamik erste Schichtstufen herauspräpariert. **Modell 1** zeigt die Stufenentwicklung bei gleichmäßiger Schichtneigung, **Modell 2** veranschaulicht die Entstehung eines Zeugenberg-Komplexes im Bereich einer geologischen Muldenstruktur (z. B. Stromberg/Heuchelberg). Die widerständigen Gesteinsschichten (Stufenbildner) sind dunkel dargestellt (verändert nach Simon 1987).

Exkurs 20

Die Mär von den „wandernden" Schichtstufen

Die im Text angeführten Argumente machen deutlich, dass die Vorstellung einer gleichmäßigen Rückverlegung der Stufen nicht haltbar ist. Die tektonisch und klimatisch beeinflusste Herauspräparierung der Schichtstufen aus der alttertiären Rumpffläche verlief nie einheitlich. Während sich vor allem im östlichen Teil Süddeutschlands die Lage der Schichtstufen seit dem Jungtertiär nur wenig veränderte, kam es im Westen zu einer stärkeren Rückverlegung der Stufen, allerdings auch dort nicht nach dem in Schulbüchern häufig dargestellten einfachen Schema. Vielmehr wurden die Stufen – je nachdem, wie sich das Gewässernetz entwickelte – herauspräpariert, zerschnitten, in Ausliegerkomplexe zerlegt und durch Erosion von allen Seiten aufgezehrt. Aufgrund der räumlich und zeitlich sehr individuellen Stufenentwicklung erscheint es nicht sinnvoll, Durchschnittswerte für eine Rückverlegung der Stufen anzugeben, wie sie für geologisch-tektonische Abtragungsberechnungen immer wieder herangezogen wurden.

Abb. 5.25 Das Beispiel der Weißjurastufe der Mittleren Schwäbischen Alb verdeutlicht sehr gut die Bedeutung der Fluss- und Talentwicklung für die Schichtstufengenese. Durch die Nähe zum Neckar haben sich die Nebenflüsse im Lauf der Zeit tief in den Albkörper (schneebedeckt) eingeschnitten und lösen die Stufenfront, auch von den Rückseiten, immer mehr auf. Gleichzeitig mit der Zunahme der Zahl der Hänge, an denen die Abtragung bevorzugt arbeitet, kommt es durch die hohe Reliefenergie zu einer Akzentuierung der Stufenfront. Nirgends ist die Schichtstufenlandschaft prägnanter ausgeprägt, aber nirgends wird sie auch so schnell abgetragen (Foto: O. Braasch 1996, Landesamt für Denkmalpflege, Regierungspräsidium Stuttgart).

Herausmodellierung von markanten Stufenlandschaften erfolgen konnte. Besonders rasch entwickelten sich diese Landschaften in den erosionsstarken Einzugsgebieten der Nebenflüsse des Neckars. Wo aus tektonischen Gründen die rückschreitende Erosion nur langsam voranschritt, blieb es teilweise bis heute bei flachen, kaum zerschnittenen Schichtstufen, wie beispielsweise im Wasserscheidenbereich von Neckar und Donau südlich von Horb am Neckar.

5.4 Obermiozän und Pliozän – Gewässernetz und Karstentwicklung

Die entscheidenden Impulse für die Entwicklung des Gewässernetzes seit dem Oligozän gingen von den Hebungszentren entlang des Oberrheingrabens aus. Mit dem Entstehen einer nach Norden gerichteten Entwässerung im Oberrheingraben war bereits zu Beginn des Miozäns eine wichtige hydrologische Weichenstellung erfolgt. Der Rhein hatte erstmals den nördlichen Oberrheingraben und Teile des unmittelbaren Grabenrandes nach Norden entwässert. Dies belegt die Zusammensetzung teilweise fossilreicher Dinotheriensande und

Kiese im Mainzer Becken. Sie bestehen überwiegend aus kristallinen Komponenten und Buntsandstein des Nordschwarzwaldes und der nördlichen Vogesen. Im Mainzer Becken hatten die ersten Rheinablagerungen sich mit Sedimenten der Nahe verzahnt, die von Westen Gesteine des Rotliegenden herantransportiert hatte. In diesen miozänen Flussablagerungen finden sich fossile Reste einer subtropischen Sumpffauna wie Krokodile und Sumpfschildkröten – das Mainzer Becken war offenbar bis in das Mittlere Miozän ein undurchdringliches Sumpfgebiet gewesen.

Aufgrund der verstärkten tektonischen Absenkung des Oberrheingrabens konnte der noch relativ unbedeutende Rhein seine Wasserscheide in der zweiten Hälfte des Miozäns bis in den Bereich des Kaiserstuhls zurückverlegen (Abb. 5.26). Durch die Hebung der Grabenränder bekam der Rhein immer mehr gefällreiche und damit stark erodierende Nebenflüsse, die in der Folgezeit rasch die Quellgebiete der nach Süden entwässernden Ur-Flüsse erobern konnten. Auffällige Knicke im Lauf zahlreicher Flüsse wie beispielsweise von Main und Neckar markieren noch heute diese Anzapfung und Umlenkung. Vor allem in Südwestdeutschland wird die Landschaftsformung seit acht Millionen Jahren von der Flussgeschichte des Donau- und Rheinsystems geprägt. Dort finden sich in fast allen Teillandschaften Spuren des „Kampfes um die Wasserscheide" zwischen diesen beiden Flüssen.

Die ersten Spuren der Aare-Donau

Die Geschichte der Donau beginnt im **Obermiozän** vor etwa acht Millionen Jahren. War zuvor die Entwässerung des Alpenvorlandes noch nach Westen orientiert, erfolgt sie seit dem Obermiozän über die Aare-Donau nach Osten. Eine solche gegengerichtete Umlenkung ist nur über Bifurkationen in sehr ebenen Gebieten, wie etwa heute an der Orinoco-Amazonas-Verbindung (Südamerika), vorstellbar und belegt noch einmal das extreme **Flachrelief** am Ende des Mittleren Miozäns in Süddeutschland (vgl. Blockbild 4, S. 44). Zwischen dem alpinen Hebungsgebiet und der ebenfalls sich hebenden Süddeutschen Scholle entstand am Nordrand des Molassebeckens ein großer nach Osten fließender Strom, dessen Quellgebiet in den heutigen Schweizer Zentralalpen lag: die **Aare-Donau.** Hauptquellflüsse waren Aare, Reuss und anfangs auch noch die Walliser Rhône sowie im Französischen Jura der obere Doubs. Die Zentralalpen, das gesamte Schweizer Voralpenland und Teile des Faltenjura wurden damals nach Osten zu dem Restmeer der Paratethys im Pannonischen Becken entwässert. Die im Schwarzwald entspringende Donau war ein unbedeutender Nebenfluss dieses gewaltigen Stroms gewesen. Diese Rhône-Aare-Donau durchquerte als mehrere Kilometer breiter, träger und stark verwilderter Fluss eine zunächst noch sehr flache Landschaft. Die bedeutendsten nördlichen Zuflüsse waren in Süddeutschland von West nach Ost: Ur-Eschach, Ur-Lone, Ur-Brenz, N-S orientierte Abschnitte des heutigen Mains und die Ur-Naab. Auch diese Flüsse hatten noch ein sehr geringes Gefälle, entwässerten aber den größten Teil Süddeutschlands. Aus südlicher Richtung waren der Alpenrhein sowie die Vorläufer von Iller, Lech, Isar und Inn die wichtigsten Nebenflüsse der Aare-Donau (Abb. 5.26).

Spuren der obermiozänen Aare-Donau finden sich heute verbreitet am Nordrand des Molassebeckens, etwa

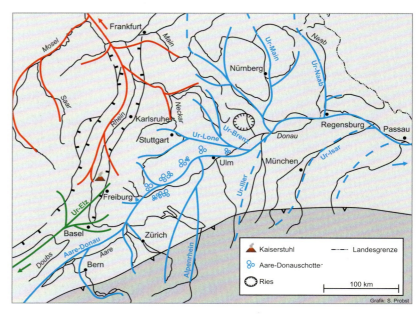

Abb. 5.26 Das Flussnetz in Süddeutschland vor acht Millionen Jahren im Obermiozän. Besondere Merkmale sind die dreifache Wasserscheide bei Freiburg, das riesige Einzugsgebiet der gerade entstandenen Aare-Donau und die noch recht unbedeutenden Einzugsgebiete des Rheins und seiner Nebenflüsse. Die heutige Verbreitung der obermiozänen Aare-Donau-Schotter auf der Schwäbischen Alb ist durch blaue Kreise markiert. Die Streuschotter liegen heute in Höhen zwischen 900 Meter im Südwesten und 720 Meter im Südosten (Ulmer Alb) und damit mehr als 200 Meter über dem gegenwärtigen Höhenniveau der Donau (verändert nach Villinger 1998).

5.4 Obermiozän und Pliozän – Gewässernetz und Karstentwicklung

auf der Schwäbischen Alb zwischen Donaueschingen und Ulm. Hoch über dem Tal der Donau ist dort an vielen Stellen der alte Talboden gut zu erkennen (Abb. 5.27). In einem etwa fünf Kilometer breiten Streifen beiderseits des heutigen Durchbruchstales liegen verstreut quarzreiche Schotter, die eindeutig auf das Einzugsgebiet der Aare in den Schweizer Zentralalpen hinweisen. Die Aare-Donau floss hier auf der Flächenalb in weiten Schlingen parallel zur Klifflinie des Molassemeeres. Ab Ehingen an der Donau treten in den obermiozänen Schottern erstmals Gerölle aus den Ostalpen auf, die durch den Alpenrhein von Süden der Aare-Donau zugeführt worden waren (Abb. 5.26). Östlich von Ulm sind die Spuren der Aare-Donau weitgehend verschwunden.

Nur wenige, meist etwas jüngere Schottervorkommen ließen sich bis in den Raum des Straubinger Beckens verfolgen bzw. sind erst am Rand des Bayerischen Waldes bei Passau wieder nachgewiesen worden.

Im Obermiozän verlief die Wasserscheide zwischen Aare-Donau und Ur-Rhein noch weit im Westen. Der größte Teil Südwestdeutschlands und fast ganz Bayern wurden nach Süden zur Aare-Donau entwässert. Im nördlichen Süddeutschland gehörten schon Spessart, Odenwald und südlicher Vogelsberg zum Einzugsgebiet des Rheins. Auch die Unterläufe des heutigen Main- und Neckarsystems existierten bereits. Ausgehend vom Oberrheingraben hat der Neckar sehr früh das nordwestliche Einzugsgebiet der Ur-Lone angezapft, das

Abb. 5.27 Bild 1: Hoch über dem Durchbruchstal der Donau durch die Schwäbische Alb lässt sich der alte Talboden der Aare-Donau (rote Linie) über viele Kilometer noch deutlich verfolgen. Auf diesem Niveau findet man an zahlreichen Stellen bis zu faustgroße kristalline Restschotter aus dem ehemaligen Einzugsgebiet der Aare in den Westalpen (kleines Bild). **Bild 2:** Durch das von der Echaz bei Reutlingen im Plio-Pleistozän rückschreitend erodierte breite Tal floss noch im Obermiozän die Ur-Lauter, ein großer und wasserreicher Nebenfluss der Aare-Donau (Fotos: J. Eberle).

ursprünglich die Odenwaldflüsse Itter und Elz sowie die Unterläufe von Jagst und Kocher umfasste. Der auffällige Knick des Neckartals bei Eberbach (westlich des Katzenbuckels) und die noch heute nach Süden gerichtete Entwässerung vieler Flüsse im südöstlichen Odenwald belegen diese Entstehungsgeschichte (Abb. 5.26).

Sehr weit entwickelt war auch das Einzugsgebiet von Mosel und Saar. Das Flusssystem der Saarregion hat bis heute nur noch geringfügige Änderungen erfahren. Eine komplexe Dreifachwasserscheide entstand um das Hebungszentrum Südschwarzwald und Kaiserstuhl. An dieser flussgeschichtlichen Schlüsselstelle Süddeutschlands kamen sich die Abflusssysteme von Aare-Donau, Doubs und Rhein sehr nahe, und die pliozäne Umlenkung der Aare kündigte sich hier bereits an (Abb. 5.32).

Flussgeschichte und Talbildung

Vor fünf bis sieben Millionen Jahren lässt sich an verschiedenen Flüssen eine verstärkte Eintiefung nachweisen, die zur Ausbildung so genannter **Breitterrassen** führte (Exkurs 21). Gut belegt sind diese flachen Talböden oberhalb des Mittelrheintals im Rheinischen Schiefergebirge, am Mittellauf des Mains, im Einzugsgebiet des Neckars sowie an der Donau in Niederbayern zwischen Pleinting und Passau.

Im Rheinischen Schiefergebirge lassen sich bis zu drei pliozäne Eintiefungsphasen nachweisen, wobei das oberste Niveau der Generation der Breitterrassen entsprechen dürfte. Auf der nördlichen Frankenalb werden Verebnungen, auf denen Quarzschotter aus dem Fichtelgebirge gefunden wurden, als unterpliozäne Terrasse des nach Süden fließenden Ur-Mains interpretiert. An der Donau kann das bereits beschriebene obermiozäne Aare-Donau-Niveau ebenfalls zur Reliefgeneration der Breitterrassen gerechnet werden (Exkurs 21, Abb. 5.27).

Im Raum Passau, wo die Donau sich in das Grundgebirge des Böhmischen Kristallins eingeschnitten hat, erreichte die Donau-Breitterrasse eine Ausdehnung von stellenweise mehr als fünf Kilometern. Reste dieses miopliozänen Talbodens liegen 120 Meter über dem Niveau des heutigen Durchbruchstals der Donau. Die Breitterrassensedimente sind häufig durch grobe, karbonatfreie Höhenschotter charakterisiert, die den Schichtflutsedimenten der Fußflächen ähneln. Man kann deshalb von einer zeitlich parallel verlaufenden Entwicklung dieser Formenkomplexe ausgehen.

Der **Main** lagerte bis ins mittlere Pliozän im Mainzer Becken die bis zu zehn Meter mächtigen Arvernensis-Schotter ab (Abb. 5.28). Daraus lässt sich das damalige Quellgebiet des Mains westlich des Steigerwaldes im Raum Schweinfurt rekonstruieren. Weiter östlich, fernab des südwestdeutschen Hebungszentrums, verlief die Talentwicklung langsamer. Dennoch ging auch dort spätestens im mittleren Pliozän die Phase der Breitterrassenbildung zu Ende, und die eigentliche Talbildung setzte ein. Bis zum Mittelpliozän war in ganz Süddeutschland die „Fixierung" der heutigen Haupttalsysteme erfolgt. Damit verstärkte sich gleichzeitig die Zerschneidung der alten Flachlandschaften und die Herausmodellierung des Schichtstufenreliefs.

Noch im **mittleren Pliozän** kam es zu dem entscheidenden flussgeschichtlichen Ereignis des Jungtertiärs: Durch rückschreitende Erosion über die „Burgundische Pforte" wurden zunächst der Doubs bei Belfort und dann auch die Aare zum Oberrheingraben und in den Rhônegraben umgelenkt. Die Donau verlor dadurch ihr gesamtes westalpines Einzugsgebiet (Abb. 5.31). Ein klarer Beleg für die Ablenkung der Aare zum Doubs-Saône-Rhône-System sind die **Sundgauschotter**, die noch im Mittelpliozän zwischen Schweizer Jura und Südvogesen in der Burgundischen Pforte abgelagert wurden. Diese bis zu 20 Meter mächtigen Flussablagerungen enthalten

Abb. 5.28 Historische Aufnahme einer Abbaugrube in den unter- bis mittelpliozänen „Arvernensis-Schottern" der Typlokalität Wollbach bei Bad Neustadt an der Fränkischen Saale (Foto: E. Rutte).

Exkurs 21

Breitterrassen – Zeugnisse einer Talanlage im Obermiozän und Unterpliozän

Breitterrassen leiten in Süddeutschland an vielen Orten die Talbildung innerhalb des miozänen Flachreliefs ein. Es handelte sich dabei um bis zu zehn Kilometer breite, aber nicht sehr tiefe Talzüge, in denen die Flüsse vorwiegend grobe Schotter bewegten, was auf das trockene Klima mit seltenen, aber intensiven Niederschlagsereignissen an der Wende Miozän/Pliozän zurückzuführen war. Seit dem mittleren Pliozän führte die anhaltende starke Hebung in weiten Gebieten Süddeutschlands bis heute zur Einschneidung der Flüsse und prägnanter Talbildung. Reste der Breitterrassen sind daher oft nur noch durch grobe Schotter dokumentiert, die auf den Rahmenhöhen der größeren Talzüge erhalten geblieben sind (Abb. 5.27). Die Breitterrassen bilden eine eigenständige Reliefgeneration, die die geomorphologische Wende von der miozänen Flachlandschaft zu den pliozän-pleistozänen Tallandschaften kennzeichnet.

Am Unterlauf der Enz konnten auf der Grundlage älterer Höhenschotterkartierungen bis zu fünf Kilometer breite Talbodenreste der Ur-Enz nachgewiesen werden (Abb. 5.29). Diese Breitterrassen gehen im Norden direkt in die Keuperstufe des Strombergs über, eine Verzahnung mit den dort vorhandenen Fußflächenresten ist daher wahrscheinlich (Abb. 5.22). Nördlich der Enz setzen sich die Flachformen in der Höhe entlang des Neckars fort. Sie belegen, dass der Fluss bereits im Unterpliozän die Enz an das Rheinsystem angebunden hatte. Auffallend ist dabei die sehr unterschiedliche Höhenlage der Schotter. Im Bereich der heutigen Enzmündung in den Neckar liegen sie bis zu 140 Meter, bei Heilbronn dagegen nur 30 Meter über der Neckaraue. Darin wird die tektonische Verstellung zwischen Hessigheimer Sattel und Heilbronner Mulde deutlich, die folglich erst stattgefunden haben kann, nachdem die Breitterassen gebildet wurden.

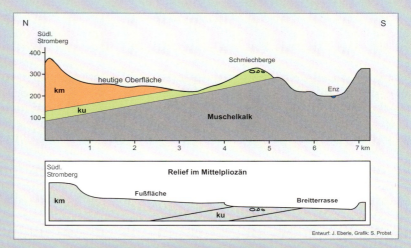

Abb. 5.29 Rekonstruktion der miopliozänen Landoberfläche mit Breitterrassen und Fußflächen zwischen Stromberg und Enz. Auf den Schmiechbergen bei Vaihingen/Enz liegen Höhenschotter, die als älteste Flussablagerungen des Enz-Neckarsystems interpretiert werden. Die Höhenschotter bestehen überwiegend aus gebleichten Buntsandsteingeröllen, die häufig eine Eisenkruste aufweisen. Daneben treten Bohnerze sowie Hornsteine aus dem Mittleren Muschelkalk auf. Die Erosion im Einzugsgebiet der Enz hatte folglich bereits den Buntsandstein erreicht, zuvor aber noch Verwitterungsreste des Muschelkalks entfernt, die einst unter tropischen Klimabedingungen gebildet worden waren. Karbonatische Gerölle fehlen vollständig – ein Hinweis auf das hohe Alter der Ablagerungen (Foto: W. D. Blümel).

Abb. 5.30 Die verstärkte Hebung führte im mittleren Pliozän zu einer deutlichen Eintiefung vieler Flüsse. Zwischen den Massenkalkfelsen des Oberen Donautals bei Beuron liegen Trockentäler, die etwa 80 bis 100 Meter über dem heutigen Donauniveau ausstreichen. Diese Täler wurden im Pliozän gebildet und waren in Richtung und Gefälle auf die Aare-Donau eingestellt. Aufgrund der fortschreitenden Verkarstung des Untergrundes fielen sie irgendwann trocken und sind daher als Reliktform erhalten geblieben (Foto: J. Eberle).

die gleichen Leitgesteine (kristalline Geröllle aus dem heutigen Aare-Gotthard-Massiv) wie die obermiozänen Schotter der Aare-Donau. Während die Donau im Oberlauf zum Mittelgebirgsfluss wurde, verwandelte sich der untere Doubs vorübergehend in ein alpines Abflusssystem. Das Quellgebiet der Donau lag östlich des Hebungszentrums im südlichen Schwarzwald. Sie kann ab diesem Zeitpunkt als „Feldberg-Donau" bezeichnet werden.

Die Anzapfung der Donau-Nebenflüsse ging auch von Norden her weiter. Die Einzugsgebiete von Neckar und Main haben sich auf Kosten der alten Donauzuflüsse ständig vergrößert. Die mittelpliozäne Neckarquelle lag bereits im Raum Stuttgart, der Main hat sich

rückschreitend bis zum Oberlauf der Ur-Altmühl eingeschnitten. Weiter östlich waren die Veränderungen weniger ausgeprägt (Abb. 5.31).

Im **Oberpliozän** gelang es dem Rhein, die Wasserscheide am Kaiserstuhl zu durchbrechen, die Aare anzuzapfen und nach Norden zu führen. Von diesem Zeitpunkt an entwässerte erstmals ein Teil des Molassebeckens nach Norden, und der Rhein wurde zum Alpenfluss (Abb. 5.32). Auch für dieses wichtige flussgeschichtliche Ereignis steht ein gutes Archiv zur Verfügung: Oberpliozäne Ablagerungen des Rheins im Mainzer Becken und in der Niederrheinischen Bucht lassen erstmals ein alpines Mineralspektrum erkennen (Abb. 5.33).

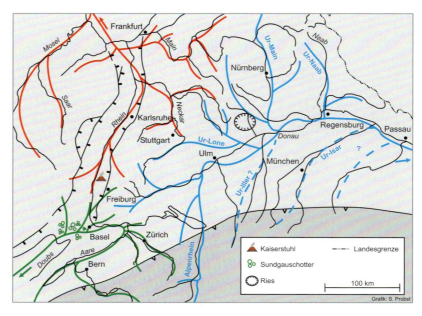

Abb. 5.31 Das Flussnetz Süddeutschlands vor 3,5 Millionen Jahren im Mittelpliozän. Durch die Umlenkung der Aare zum Doubs verlor die Donau das gesamte Einzugsgebiet im Schweizer Mittelland und wurde im Oberlauf zum Mittelgebirgsfluss. Im Sundgau, westlich von Basel, lagerte die Aare alpine Geröllle ab (grüne Kreise), die eine Umlenkung durch die Burgundische Pforte belegen. Die Einzugsgebiete der Rhein-Nebenflüsse hatte sich vergrößert: Der Neckar erreichte bereits den Raum Stuttgart, der Main hatte sich bis zur Steigerwaldschwelle östlich von Schweinfurt zurück geschnitten. In der Osthälfte Süddeutschlands hatte sich seit dem Obermiozän nur wenig verändert (verändert nach Villinger 1998).

5.4 Obermiozän und Pliozän – Gewässernetz und Karstentwicklung

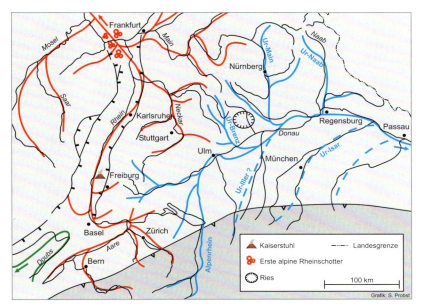

Abb. 5.32 Das Flussnetz Süddeutschlands vor 2,5 Millionen Jahren am Ende des Pliozäns. Die Wasserscheide am Kaiserstuhl ist gefallen, die Aare ist zum Quellfluss des Rheins geworden. Erstmals fließt jetzt ein alpiner Strom durch den Oberrheingraben nach Norden. Alpine Gerölle dieser Zeit sind aus dem Mainzer Becken belegt. Die Einzugsgebiete der Rhein-Nebenflüsse haben sich weiter vergrößert: Der Neckar hat auch den südlichen Oberlauf der Lone erobert, der Main konnte die Steigerwaldschwelle überwinden. Der Verlauf der Alpenvorlandsflüsse ist unsicher, da die nachfolgende quartäre Überformung Spuren jungtertiärer Talsysteme beseitigt hat (verändert nach Villinger 1998).

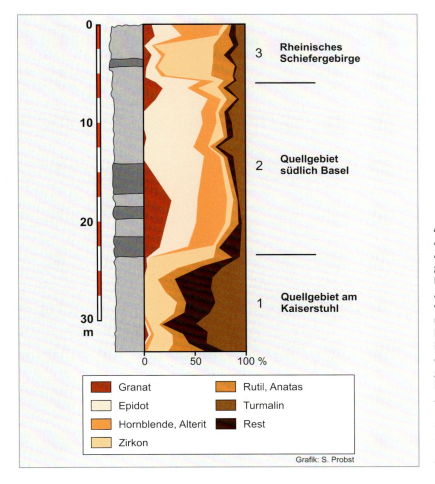

Abb. 5.33 Schwermineralspektrum in Ablagerungen des Rheins bei Köln. Die Ablagerungen des Abschnitts 1 belegen, dass die Wasserscheide am Kaiserstuhl noch vorhanden ist. Im Abschnitt 2 nimmt der Anteil der leicht verwitterbaren Minerale Epidot, Granat und Hornblende stark zu. In dieser Phase hat der Rhein sein Einzugsgebiet in den Alpenraum ausgedehnt. Durch eine Datierung von Tonlagen (dunkelgraue Abschnitte) kann dieses Ereignis in das Oberpliozän gestellt werden. Im Abschnitt 3 dominieren phasenweise lokale Schüttungen aus dem Rheinischen Schiefergebirge (Zirkon vorherrschend). Dies könnte mit einer geringeren Wasserführung des Rheins erklärt werden (verändert nach Boenigk 1983).

Exkurs 22

Wie kommt es zur Anzapfung eines Flusses?

Tektonische Aktivitäten führen häufig dazu, dass Flüsse sich tiefer einschneiden und durch „rückschreitende" Erosion ihr Einzugsgebiet, besonders schnell über bereits vorhandene Talzüge, vergrößern. Dabei verlagert sich die Wasserscheide auf Kosten eines benachbarten Flusses, was häufig mit der Anzapfung von Zuflüssen verbunden ist. Solche Anzapfungen vollziehen sich sehr langsam. So kann eine bereits flache Wasserscheide während eines extremen Hochwasserereignisses erstmals überwunden werden. Im Lauf der Zeit wird die neue Abflussrichtung immer häufiger und schließlich auch bei normaler Wasserführung „gewählt". Die Umlenkung ist damit vollzogen und nur bei Hochwasserereignissen wird anfangs noch die alte Abflussrichtung benutzt (Exkurs 36). Solche Veränderungen prägen die Flussgeschichte von Rhein und Donau, wobei fast immer die Donau und ihre Nebenflüsse das Nachsehen hatten, da hier weniger Gefälle vorliegt (Erosionsbasis weit entfernt im Schwarzen Meer). In Karstlandschaften erfolgt die Anzapfung oft unterirdisch über Kluft- und Höhlensysteme.

Der Neckar hatte sein Einzugsgebiet weiter in Richtung auf die Weißjurastufe der Mittleren Schwäbischen Alb vergrößert. In östlicher Richtung hat sich das Neckareinzugsgebiet gegenüber dem Mittelpliozän kaum ausgedehnt. Hier dominierte noch das Abflusssystem der Ur-Brenz. Auch am Main verlagerte sich die Wasserscheide nur allmählich nach Osten und verlief am Ende des Pliozäns im Bereich des Steigerwaldes zwischen Würzburg und Nürnberg (Abb. 5.32). Die Analyse des Gewässernetzes zeigt deutlich, dass die Entwicklung in der Nähe des Oberrheingrabens viel schneller voranschritt als fernab des Hebungszentrums im östlichen Teil Süddeutschlands.

Die Entwicklung der Karstlandschaften

In den meisten Kalksteinlandschaften überwogen bis in das **Mittlere Pliozän** oberflächennahe Lösungsprozesse. Tief eingeschnittene Täler gab es noch nicht, und damit auch kein sehr ausgeprägtes Karstwassergefälle. Tiefreichende Karstspalten oder Höhlensysteme konnten sich folglich kaum entwickeln (Exkurs 23). Das alte, kreidezeitliche Karstrelief der nördlichen Frankenalb war noch immer verschüttet (Kapitel 3, Abb. 3.7). Auch die südliche Flächenalb wurde, wie bereits dargestellt (Abschn. 5.3), im Miozän weiträumig von Ablagerungen der Oberen Süßwassermolasse überdeckt. Dadurch konnte die Verkarstung dort erst nach der Ausräumung dieser Decksedimente wieder einsetzen. Die nördlich anschließende Kuppenalb weist folglich einen Abtragungsvorsprung und einen reiferen Karstformenschatz auf, da dort bereits seit der Oberkreide ohne Unterbrechung Kalklösung stattgefunden hatte (Abschn. 4.3).

Die meist oberflächennahe Lösung der Kalksteine führte zu einer kontinuierlichen Abtragung der Landoberfläche. In dieser Phase seichter Verkarstung konnte das Wasser an der Oberfläche in flachen Talböden nach Süden abfließen. Fast alle heutigen Trockentäler der Schwäbisch-Fränkischen Alb haben daher eine fluviale Entstehungsgeschichte, die mindestens bis in das Jungtertiär zurückreichen (Abb. 5.35). Waren zu Beginn des Pliozäns die Kalksteinlandschaften noch durch ein Flachrelief mit muldenförmigen und kaum eingeschnittenen Tälern geprägt, überragte die markant entwickelte Weißjurastufe das Vorland bereits um mehr als hundert Meter.

Mit der Eintiefung der Donau und des Neckarsystems spätestens ab dem Mittleren Pliozän änderten sich die karsthydrologischen Bedingungen grundlegend. Der Karstwasserspiegel folgte den sich immer tiefer einschneidenden Flüssen. Damit waren die Voraussetzungen für ein Vordringen der Verkarstung in den Untergrund gegeben. Die Entwicklung eines solchen Tiefenkarstes mit seinen sich ständig vergrößernden Klüften und Höhlen führte seit der Mitte des Pleistozäns dazu, dass nur noch wenig Wasser an der Oberfläche abfloss. Die alten Flusstäler wurden zu Trockentälern, die nachfolgend nur noch in den Kaltzeiten des Pleistozäns Wasser führten (Kapitel 6), ansonsten aber mit Sedimenten verfüllt wurden (Abb. 5.30 und 5.35).

Aufgrund der geschilderten Landschaftsentwicklung wird deutlich, dass der heutige Karstformenschatz Südwestdeutschlands überwiegend das Ergebnis pliozäner und pleistozäner Formung ist (Abb. 5.36). Die Formen zeigen Merkmale eines gemäßigt-humiden Klimas, wie es ab dem Jungtertiär, unterbrochen von Trocken- bzw. Kaltzeiten, in Süddeutschland vorherrschend war. In ihrer Anlage älter sind jedoch die größeren Karstwannen auf der Schwäbischen Ostalb und südlichen Frankenalb. Sie haben sich teilweise in den oligozänen Ur-Tälern entwickelt.

Eine ganz andere und viel weiter zurückreichende Geschichte hat das Turmkarstrelief der nördlichen Frankenalb, das bereits in der Unterkreide entstand und während der Oberkreide wieder verschüttet worden war (Kapitel 3). Die pliozäne und pleistozäne Abtragung führte dort dazu, dass dieses alte Karstrelief teilweise wieder aufgedeckt wurde (Abb. 3.8).

Exkurs 23

Verkarstung

Die Karstentwicklung ist an relativ leicht lösliche Karbonat- und Sulfatgesteine gebunden. Dazu gehören insbesondere die Weißjura-Kalksteine und Dolomite der Schwäbisch-Fränkischen Alb sowie die Gesteine des Muschelkalks. Karstbildung beruht auf der Lösung von Kalk durch CO_2-reiches Wasser, das in Spalten und Klüfte eindringt. Dabei wird Kalziumkarbonat in etwa zehnmal leichter lösliches Kalziumhydrogenkarbonat umgewandelt und weggeführt. Daraus resultiert ein charakteristischer Formenschatz mit Karstwannen, Dolinen, Karstspalten und Höhlensystemen (Abb. 5.34). Die Bildung tief reichender Karstsysteme setzt ein Einschneiden der größeren Flüsse voraus, auf die sich der Karstwasserspiegel einstellen kann. Dies war in Süddeutschland besonders ab dem Mittleren Pliozän der Fall, nachdem neue Hebungsprozesse eingesetzt hatten.

Abb. 5.34 Das Portal der Falkensteiner Höhle im Bereich gebankter Weißjura-Kalke bei Bad Urach. Die Höhle erreicht eine Länge von über 4 km. Solche langen und tief reichenden Höhlensysteme konnten erst entstehen, nachdem sich tiefere Täler gebildet hatten und dadurch auch der Karstwasserspiegel abgesunken war.

Fazit – Süddeutschland am Ende des Tertiärs

Für das Ende des Tertiärs lässt sich anhand der landschaftsgeschichtlichen Befunde folgendes Bild skizzieren: Nach der oligozänen Hebungsphase hatte sich bis in das Obermiozän hinein in Süddeutschland ein Flachrelief entwickelt, über das sich die Schwäbisch-Fränkische Alb als Schichtstufe ca. 100–200 m und die Grundgebirgskomplexe als weitgespannte, flache Schwellen erhoben. Im Pliozän setzte eine neuerliche entscheidende Hebung Süddeutschlands ein. Die Schichtstufen entwickelten sich sehr schnell und lagen bereits im mittleren Pliozän unweit ihrer heutigen Position. Die Stufenhänge waren aber noch länger gestreckt und flacher. In ihrem Vorfeld breiteten sich ausgedehnte Fußflächen mit den dazugehörigen Fanglomeraten aus. Die Abtragung alttertiärer Verwitterungsrelikte, wie der Saprolite im Rheinischen Schiefergebirge oder im Bayerischen Wald, war weit fortgeschritten. Die klimatischen Verhältnisse

Abb. 5.35 Das Heutal, ein breites Trockental auf der Reutlinger Alb. Die Entstehung dieses von quartären Sedimenten verfüllten Tals reicht bis in das Jungtertiär zurück, als Flüsse durch eine flache Landschaft in Richtung Donau entwässerten. Zum Trockental wurde das Heutal erst im Verlauf des Quartärs, als die Nebenflüsse des Rheins sich von Norden in die Schichtstufenlandschaften einschnitten und dadurch ein tief reichendes Karstsystem entstehen konnte. Auf den Kuppen im Hintergrund sind Reste der kreidezeitlich-alttertiären Verwitterungsdecken durch Bohnerzfunde belegt (Foto: J. Eberle).

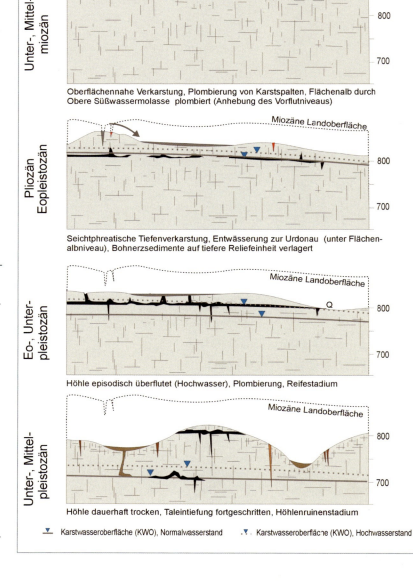

Abb. 5.36 Eine Untersuchung von Fossilien und Tropfsteinen der Bärenhöhle bei Erpfingen auf der Mittleren Schwäbische Alb ergab neue und sehr schlüssige Hinweise auf die Entwicklung der dortigen Karstlandschaft. Danach ist die heute im oberen Teil einer Kuppe verlaufende Höhle nur etwa fünf Millionen Jahre alt. Die Höhle war bis zum Ende des Pliozäns eine aktive Flusshöhle, später sank der Karstwasserspiegel langsam ab. Folglich kann das umgebende Relief erst danach und damit vor allem im Pleistozän entstanden sein. Dies steht keineswegs im Widerspruch zur nachgewiesenen mittelpliozänen Eintiefungsphase der Donau, da die rückschreitende Erosion der Nebentäler und das Absinken des Karstwasserspiegels als Reaktion darauf durchaus mit einer erheblichen zeitlichen Verzögerung erfolgt sein können (nach Ufrecht et al. 2003).

waren zeitweise sehr verschieden von den heutigen, vor allem an der Wende von Miozän zum Pliozän war es deutlich trockener (Auswirkungen der Mittelmeer-Austrocknung). Die Vegetation war durch offene Grasländer mit Galeriewäldern und Sumpfgebieten in den Senken gekennzeichnet. Besonders trockene Gebiete stellten die Kalksteinlandschaften dar.

Das Quellgebiet der Donau lag im Feldberggebiet (Feldberg-Donau). Der Anschluss des Alpenrheins an den Hochrhein war noch nicht erfolgt. Das Neckarsystem hatte bereits große Teile des Einzugsgebiets der Ur-Lone erobert, während der Main noch in den Keuperbergen des Steigerwaldes entsprang. Die Flüsse hatten sich bis zum Ende des Pliozäns vor allem in den Hebungsgebieten Südwestdeutschlands deutlich eingetieft. Dadurch war die Zertalung am Westabfall des Schwarzwaldes weit fortgeschritten, und auch die Durchbruchstäler der Donau hatten sich markant in den Albkörper und die Böhmische Masse Ostbayerns eingeschnitten. Es kann daher am Ende des Pliozäns von einer **Fixierung der Talzüge** gesprochen werden. Im Bereich von Muschelkalk und Weißjura hatte die Entwicklung eines Tiefenkarstes eingesetzt. Die intensive, klimatisch und tektonisch erklärbare Landformung während des

Jungtertiärs hatte dazu geführt, dass der Rohbau Süddeutschlands an der Wende vom Tertiär zum Quartär vollendet war (Blockbild S. 78).

Literatur

Bayerisches Geologisches Landesamt [Hrsg.] (1996): Erläuterungen zur Geologischen Karte von Bayern 1:500 000. –München, 329 S.

Bleich, K. E. & Kuhn, K. (1990): Bodenrelikte in Beziehung zu alten Landoberflächen der Schwäbischen Alb (SW-Deutschland). – Tübinger Geographische Studien, **105**: 123–160.

Blümel, W. D. (1983): Höhenschotter an Enz und Neckar – ein Beitrag zur Reliefgeneration der Breitterrassen. – Geoökodynamik, **4**: 209–226.

Boenigk, W. (1983): Schwermineralanalyse. – Stuttgart (Enke), 158 S.

Boldt, K. (1997): Entwicklung von Schichtstufenlandschaften durch restriktive Flächenbildung - das Beispiel der fränkischen Haßbergstufe und ihres westlichen Vorlandes. – Petermanns Geogr. Mitt., **141**: 263–278.

Buchner, E. (1998): Die süddeutsche Brackwassermolasse in der Graupensandrinne und ihre Beziehung zum Ries-Impakt. – Jber. Mitt. oberrhein. Geol. Ver., N.F., **80**: 399–459.

Bundesanstalt für Geowissenschaften und Rohstoffe [Hrsg.] (1982): Inventur der Paläoböden in der Bundesrepublik Deutschland. – Geolog. Jb, Reihe F, **14**: 363 S.

Burger, D. (1989): Dolomite weathering and micromorphology of paleosoils in the franconian Jura. – Catena Suppl., **15**: 261–267.

Dongus, H. (2000): Die Oberflächenformen Südwestdeutschlands. – Stuttgart (Borntraeger), 189 S.

Eitel, B. (1989): Morphogenese im südlichen Kraichgau unter besonderer Berücksichtigung tertiärer und pleistozäner Decksedimente. – Stuttgarter Geogr. Stud., **111**: 205 S.

Eitel, B. (1990): Die Bohnerze der Gäuflächen NW-Baden-Württembergs: Geoökologische Zeugnisse des Jungquartärs. – Z. Geom., N.F., **34**: 355–368.

Eitel, B. (1991): Jungtertiäre Grobsedimente im Kraichgau: Entstehung, geomorphologische und paläoklimatische Deutung. – Jh. geol. Landesamt Baden-Württemberg, **33**: 75–95.

Eitel, B. (1996): Der tertiäre Rotlehm bei Nußloch/nördlicher Kraichgau: Untersuchungsergebnisse und landschaftsgeschichtliche Interpretation. – Heidelberger Geogr. Arbeiten, **104** (Barsch-Festschrift): 121–132.

Eitel, B. (2001): Flächensystem und Talbildung im östlichen Bayerischen Wald (Großraum Passau-Freyung). – In: Ratusny, A. [Hrsg.]: Landschaften an Inn und Donau. – Passauer Kontaktstudium Erdkunde, **6**: 1–16.

Eitel, B. (2003): Geomorphogenese zwischen Rhein und Neckar: Stand der Forschung und offene Fragen. – GeoArchaeoRhein, **4**: 127–152.

Geyer, O. F. & Gwinner, M. P. (1984): Die Schwäbische Alb und ihr Vorland. – Samml. Geol. Führer, **67**, Stuttgart (Borntraeger), 275 S.

Geyer, O. F. & Gwinner, M. P. (1990): Geologie von Baden Württemberg. – 4. Aufl., Stuttgart (Schweizerbart), 482 S.

Geologisches Landesamt Baden-Württemberg [Hrsg.] (1981): Erläuterungen zur Geologischen Karte von Freiburg im Breisgau und Umgebung 1:50 000. – Stuttgart, 354 S.

Heizmann, E. P. J. (1998): Vom Schwarzwald zum Ries. – München (Pfeil), 288 S.

Heizmann, E. P. J. & Reiff, W. (2002): Der Steinheimer Meteorkrater. – München (Pfeil), 160 S.

Hüttner, R. & Schmidt-Kaler, H. (2003): Meteoritenkrater Nördlinger Ries. – München (Pfeil), 160 S.

Kavasch, J. (1997): Meteoritenkrater Ries. – Ein geologischer Führer. – Stuttgart (Auer), 112 S.

Kleber, A. (1987): Die jungtertiäre und ältestquartäre Entwicklung von Flächen und Tälern im nördlichen Vorland der Südlichen Frankenalb. – Bayreuther Geowissenschaftliche Arbeiten, **10**: 106 S.

Kubinok, J. (1988): Kristallinvergrusung an Beispielen aus Südostaustralien und deutschen Mittelgebirgen. – In: Kölner Geographische Arbeiten, **48**, 178 S.

Lorenz, V. (1982): Zur Vulkanologie der Tuffschlote der Schwäbischen Alb. – Jber. Mitt. oberrhein. geol. Ver., N.F., **64**: 167–200.

Pfeffer, K.-H. (1990): Relief und Reliefgenese – Wichtige Parameter im Geoökosystem der Frankenalb. – Tübinger Geogr. Studien, **105**: 247–266.

Pösges, G. & Schieber, M. (1994): Das Rieskrater-Museum Nördlingen – Museumsführer und Empfehlungen zur Gestaltung eines Aufenthaltes im Ries. – Akademiebericht, **253**, 112 S.

Prinz-Grimm, P. & Grimm, I. (2002): Wetterau und Mainebene. – Samml. Geol. Führer, **93**, Stuttgart (Borntraeger), 167 S.

Reiff, W. (1992): Zur Entwicklung des Steinheimer Beckens. – Jh. geol. Landesamt Baden Württemberg, **34**: 305–318.

Rothe, P. (2005): Die Geologie Deutschlands. – 48 Landschaften im Porträt. – Darmstadt (Wissenschaftliche Buchgesellschaft), 240 S.

Schreiner, A. (1992): Erläuterungen zur geologischen Übersichtskarte 1:50 000, Blatt Hegau und westlicher Bodensee. – Stuttgart, 290 S.

Schweigert, G. (1998): Alles schon mal dagewesen – Vegetationsgeschichte Süddeutschlands von der Tertiärzeit bis heute. – In: Heitzmann, E. P. J [Hrsg.]: Erdgeschichte mitteleuropäischer Regionen, Bd. 2, Vom Schwarzwald zum Ries. – München (Pfeil), S. 199–208.

Semmel, A. (1996): Geomorphologie der Bundesrepublik Deutschland. – Erdkundliches Wissen, **30**, 5. Aufl., Stuttgart (Steiner), 199 S.

Simon, T. (1987): Zur Entstehung der Schichtstufenlandschaft im nördlichen Baden-Württemberg. – Jh. geol. Landesamt Bad.-Württ., **29**: 145–167.

Simon, T. (2005): Fluss- und Landschaftsgeschichte im Taubertal und Osthohenlohe (Exkursion G am 1. April 2005). - Jber. Mitt. oberrhein. geol. Ver., N.F., **87**: 199–215.

Stäblein, G. (1968): Reliefgenerationen der Vorderpfalz. – Würzburger Geogr. Arb., **23**, 191 S. Villinger, E. (1998): Zur Flußgeschichte von Rhein und Donau in Südwestdeutschland. – Jber. Mitt. oberrhein. geol. Ver., N.F., **80**: 361–398.

Ufrecht, W., Abel, T. & Harlacher, C. (2003): Zur plio-pleistozänen Entwicklung der Bären- und Karlshöhle bei Erpfingen (Schwäbische Alb) unter Berücksichtigung der Sinterchronologie. – Laichinger Höhlenfreund, **38 (2)**: 39–106.

Westphal, F. (1963): Ein fossilführendes Jungtertiär-Profil aus dem Randecker Maar (Schwäbische Alb). – Jber. Mitt. oberrhein. geol. Ver., N.F., **45**: 27–43.

Süddeutschland im Pliozän vor etwa drei Millionen Jahren

Die anhaltende Hebung im Jungtertiär und der markante klimatische Wandel haben zur Herausbildung einer typischen Schichtstufenlandschaft geführt. Die Schichtstufen befinden sich vielerorts bereits unweit ihrer heutigen Position, die Stufenhänge sind aber noch langgestreckter und flacher und haben meist Fußflächencharakter. Besonders am Ostabfall des Pfälzer Waldes und der Vogesen sind solche Flächen deutlich ausgeprägt (gelbe Färbung). Die Abtragung der alttertiären Verwitterungsdecken, wie zum Beispiel der Saprolite im Rheinischen Schiefergebirge, ist weit fortgeschritten.

Die Jahresmitteltemperaturen sind nicht sehr viel höher als heute, doch ist es wesentlich trockener (Auswirkungen des Messinian Event/Mittelmeeraustrocknung). Viele Mittelgebirgsflüsse führen nur in den Regenzeiten Wasser. Die Vegetation ist durch offene Grasländer, Galeriewälder und Sumpfgebiete gekennzeichnet – Verhältnisse, wie sie heute in manchen Teilen der Iberischen Halbinsel herrschen. Besonders trockene Gebiete stellen die Kalksteinlandschaften im Muschelkalk und Weißjura dar, wo sich aufgrund der Hebung eine zunehmend tiefer reichende Verkarstung entwickeln kann.

Das Gewässernetz zeigt ebenfalls auffällige Veränderungen. Die Aare hat sich von der Donau getrennt und fließt über die Burgundische Pforte in den Doubs. Die Überwindung der Wasserscheide am Kaiserstuhl – und damit die Anbindung der Aare an den Oberrhein – wird noch im Pliozän erfolgen. Das Quellgebiet der Donau liegt im Feldberggebiet (Feldbergdonau). Das Neckarsystem hat bereits große Teile des Einzugsgebietes der Ur-Lone erobert, der Main entspringt im Keupergebiet des Steigerwaldes. Die Zertalung am Westabfall des Schwarzwaldes ist weit fortgeschritten und auch das Durchbruchstal der Donau ist stellenweise bereits mehr als hundert Meter tief in den Albkörper eingeschnitten. Am Ende des Pliozäns kann von einer Fixierung der großen Talzüge gesprochen werden. Der Rohbau Süddeutschlands ist an der Wende vom Tertiär zum Quartär vollendet.

6 Von der Waldsteppe zur ersten Kaltzeit – die Landformung im frühen Pleistozän

Das Eiszeitalter oder Pleistozän dauerte nach derzeitigem Wissensstand von 2,6 Millionen bis 11 600 Jahre vor heute (Tabelle 6.1). Die Abgrenzung gegen das Jungtertiär orientiert sich dabei an der so genannten Gauss-Matuyama-Grenze, die eine Umkehr des Magnetfeldes der Erde markiert. Nach einem letzten Kälterückschlag in der Jüngeren Tundrenzeit (Exkurs 41) endete das Pleistozän, und es begann die heutige Warmphase des Holozäns (Kapitel 8 und 9).

6.1 Das Pleistozän – Überblick und Gliederung

Erstmals seit fast 300 Millionen Jahren wurden im Verlauf des Eiszeitalters wieder Teile der Mittleren Breiten durch Eis und frostgesteuerte Prozesse überformt. Der klimatische Übergang vom Jungtertiär zum Pleistozän erfolgte indes nicht abrupt, sondern leitete mit zahlreichen Klimaschwankungen ganz allmählich in das Eiszeitalter über.

In der ersten Hälfte des Unterpleistozäns (2,6–1,8 Mio. J. v. h.) dominierten zunächst noch die Warmzeiten, die von meist kürzeren Kaltphasen unterbrochen wurden. In Süddeutschland bildeten sich damals noch keine Gletscher, es blieb zunächst eher trocken und die mittleren Sommertemperaturen lagen mit Sicherheit noch über 15 °C. Es ist folglich nicht richtig, das Pleistozän mit „Eiszeit" gleichzusetzen, denn tatsächlich bestimmten Kaltzeiten erst die zweite Hälfte dieser erdgeschichtlichen Epoche. Im Mindel-Komplex (ca. 1 Mio. J. v. h.) und im anschließenden Mittel- und Oberpleistozän erreichte die Vereisung auf der Nordhalbkugel ihre größte Ausdehnung. Die Kaltzeiten dauerten jetzt durchschnittlich etwa 90 000 Jahre, während die Warmzeiten jeweils bereits nach 10 000 bis 15 000 Jahren von der nächsten Kaltzeit abgelöst wurden (Tabelle 6.1). Auch innerhalb einer Kaltzeit traten beträchtliche Klimaschwankungen auf, die als Stadiale (sehr kalte Abschnitte) und Interstadiale (wärmere Abschnitte) bezeichnet werden.

Um eine bessere Vorstellung von der pleistozänen Landschaft zu bekommen, wird häufig der Vergleich mit den heutigen Polargebieten herangezogen. Ein solcher aktualistischer Vergleich ist jedoch auch für die Hochphase der jüngeren Kaltzeiten problematisch, da nördlich des Polarkreises damals wie heute ein völlig anderer Sonnenstand und folglich unterschiedliche strahlungsklimatische Bedingungen vorherrschen (Exkurs 24).

Historischer Abriss der Eiszeitforschung in Süddeutschland

Süddeutschland kann als Wiege der Eiszeitforschung bezeichnet werden. Erstmals verwendete der Mannheimer Botaniker Karl Schimper im Jahr 1833 den Begriff „Eiszeit" in einer Vorlesung. Durch die Schriften der Schweizer Naturforscher Jean Louis Agassiz und Johann von Charpentier wurde Mitte des 19. Jahrhunderts die Vergletscherung der Alpen und ihres Vorlandes von der Wissenschaft erkannt. Wichtige Belege waren große Blöcke, die wegen ihrer wenig gerundeten Form nicht von Flüssen transportiert worden sein konnten und aus Gesteinsmaterial bestanden, das in der Fundregion nicht vorkam. Solche von Gletschern transportierte Gesteinsblöcke bezeichnet man deshalb auch als Erratica (Irrblöcke) oder Findlinge.

Im Jahr 1882 veröffentlichte der junge Albrecht Penck seine bahnbrechende Arbeit über die Vergletscherung der deutschen Alpen, in der er nachweisen konnte, dass auch Teile des Alpenvorlandes mindestens dreimal von Gletschern bedeckt gewesen waren. Mit seinem Modell der „Glazialen Serie" erklärte Penck die regelhafte räumliche Anordnung verschiedener glazialer und glazifluvialer Sedimente und Formen (Exkurs 32). Außerdem führte er die noch heute gebräuchlichen Bezeichnungen „Riß" und „Würm" für die beiden jüngsten Kaltzeiten ein. In dem noch bekannteren Werk „Die Alpen im Eiszeitalter", das Albrecht Penck im Jahr 1909 zusammen mit Eduard Brückner veröffentlicht hatte, beschreiben die Forscher erstmals vier eigenständige alpine Vereisun-

Exkurs 24

Wie kommt es zu Kaltzeiten?

Diese Frage diskutieren die Forscher bis heute kontrovers. Man kennt zwar die wesentlichen Auslöser, aber es gibt immer noch unterschiedliche Vorstellungen über ihre Gewichtung und Wechselwirkungen. Grundsätzlich scheint es auf der Erde immer dann kälter zu werden, wenn Kontinentplatten sich in polarer Lage befinden. Die Vereisung der Antarktis und Grönlands wie auch die Lage des Nordpols in einem von Landmassen umschlossenen Meer werden als wichtige Voraussetzungen für die Entstehung der quartären Kaltzeiten angesehen. Außerdem spielen junge Hochgebirgsplateaus (Altiplano/Anden, Tibet) eine große Rolle, indem sie die atmosphärische Zirkulation stark beeinflussen und sich dort sehr schnell großräumige Eiskörper aufbauen können. Die ausgedehnten Eis- und Schneeflächen erhöhen die Rückstrahlung des auf die Erde treffenden Sonnenlichts und stabilisieren die Kältehochs im Hochgebirge. Diese sich selbst verstärkenden Prozesse bewirken, dass sich die Erdatmosphäre weiter abkühlt.

Ein wesentlicher Faktor für den Wechsel von Warm- und Kaltzeiten sind zudem Veränderungen der Erdbahnparameter. So pendelt die Neigung der Erdachse gegenüber der Erdumlaufbahn zwischen 21,5° und 24,5°. Außerdem ändert sich die Umlaufbahn der Erde um die Sonne (Exzentrizität) im Zeitraum von etwa 100 000 Jahren von einer fast kreisförmigen zu einer schwach elliptischen Bahn. Und schließlich taumelt die Erde auf dieser Bahn wie ein Kreisel (Präzession), wodurch sich die Jahreszeitenpunkte verschieben und erst nach etwa 22 000 Jahren wieder ihre Ausgangslage erreichen. Durch diese zyklischen Schwankungen der Erdbahnelemente verändert sich auch die Menge der auf die Erde auftreffenden Sonnenenergie, was den Beginn und die Dauer von Kaltzeiten gut erklärt. Markante Klimaschwankungen haben immer auch Auswirkungen auf die stoffliche Zusammensetzung der Atmosphäre, auf die Meeresströmungen oder auf die Produktion der Biomasse. Dabei treten komplexe Wechselwirkungen, Synergien und Selbstverstärkungseffekte auf, an deren Erfassung und Modellierung Klimaforscher heute arbeiten.

---

gen, die sie nach den Flüssen Günz, Mindel, Riß und Würm des schwäbisch-bayerischen Alpenvorlandes benannten. Barthel Eberl ergänzte 1930 noch die Donau-Kaltzeit, und Ingo Schaefer führte 1953 die Biber-Kaltzeit ein. Die Typlokalitäten dieser beiden ältesten Kaltzeiten befinden sich auf den Schotterfeldern der Iller-Mindel-Lech-Platte (Abschn. 6.2). Der Biber-Komplex markiert die älteste pleistozäne Vergletscherung der Alpen, bei der das Eis aber noch nicht in das Alpenvorland vorgestoßen war.

Mit Hilfe von Sauerstoff-Isotopenuntersuchungen an Tiefseebohrkernen (Exkurs 6) konnten in den vergangenen Jahrzehnten die globalen Klimaschwankungen der letzten 900 000 Jahre weiter differenziert werden. Auch die Eiszeitengliederung Süddeutschlands hat zahlreiche Ergänzungen erfahren, die Grobeinteilung Pencks findet sich darin aber bis heute. Um immer neue Namen für jede weitere nachgewiesene Kaltphase zu vermeiden, spricht man heute von „Komplexen". So umfasst etwa der mittelpleistozäne Riß-Komplex zwei, möglicherweise auch drei eigenständige Kaltzeiten (Tabelle 6.1).

Geoarchive des Pleistozäns

Die Anzahl verwertbarer Geoarchive aus dem Pleistozän ist gegenüber früheren Abschnitten der Erdgeschichte sehr viel größer (Abb. 6.3). Gründe dafür sind der geringere Verwitterungsgrad und eine bessere Konservierung der Sedimente und Böden dieser Epoche. Auch die Datierungsmöglichkeiten verbessern sich mit abnehmendem Alter der Sedimente.

Süddeutschland erfuhr im Verlauf des Pleistozäns vor allem durch Flusserosion und Talbildung eine starke Prägung. Hinzu kamen die glazialen und periglazialen Formungsprozesse während der Kaltzeiten (Kapitel 7), die neue Ablagerungen und Oberflächenformen schufen.

Abb. 6.1 Albrecht Penck (hier eine Aufnahme aus dem Jahr 1906) gilt zusammen mit Eduard Brückner als Pionier der Eiszeitforschung. Die von ihm eingeführte Gliederung der Kaltzeiten im Alpenvorland besitzt bis heute Gültigkeit (Foto: Geographische Gesellschaft in München).

6.1 Das Pleistozän – Überblick und Gliederung

Tabelle 6.1 Gliederung des Quartärs in Süddeutschland (verändert nach: Landesamt für Geologie und Rohstoffe Baden-Württemberg 2005). Das Unterpleistozän umfasst die Komplexe Biber, Donau, Günz, Haslach und Mindel. Das Mittelpleistozän schließt Hoßkirch- und Riß-Komplex ein, das Oberpleistozän wird vom Würmkomplex bestimmt.

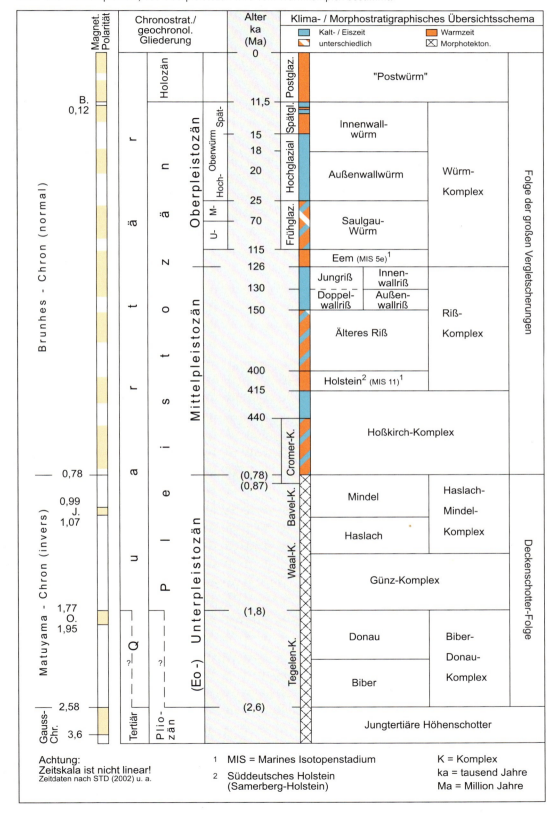

Abb. 6.2 Die Sande von Mauer am Neckar lieferten mit dem im Jahr 1907 gefundenen Unterkieferknochen des *Homo heidelbergensis* den bis heute ältesten Nachweis des Menschen in Mitteleuropa. Das Fundstück wird im Geologisch-Paläonthologischen Institut der Universität Heidelberg aufbewahrt (Foto: Reiss-Engelhorn-Museen Mannheim).

Abb. 6.3 Wichtige Geoarchive des Pleistozäns. Die meisten und am besten erhaltenen Geoarchive liefern die Warm- und Kaltzeiten des Mittel- und Oberpleistozäns. In erosionsgeschützten Lagen und tektonischen Mulden sind aber auch Sedimente, Böden oder Fossilien aus dem Unterpleistozän erhalten geblieben (Fotos: J. Eberle).

Zu den wichtigsten pleistozänen Geoarchiven gehören **fluviale Sande und Kiese**, die in Flussterrassen zugänglich oder aus Bohrungen bekannt sind. Vor allem an Neckar, Donau und Main sowie im Alpenvorland konnten in Flussterrassen unterschiedlichen Alters datierbare organische Lagen, Paläoböden oder Fossilien gefunden werden. Sie geben Hinweise auf die wechselnden Klimabedingungen während des Pleistozäns. Das bekannteste Archiv dieser Art sind die Sandablagerungen von Mauer am unteren Neckar, wo durch den Fund eines Unterkiefers des *Homo heidelbergensis* der erste Nachweis des Menschen in Mitteleuropa gelang (Exkurs 29, Abb. 6.2).

Weitere wichtige Geoarchive des Pleistozäns sind **Lössablagerungen**, in denen häufig Bodenbildungen aus verschiedenen Warmzeiten erhalten geblieben sind. Vor allem in den zentralen Becken der Gäulandschaften, wie im Kraichgau oder auf höheren Terrassen der Alpenvorlandsflüsse (z. B. Donau und Inn), liefert die Löss-Stratigraphie sehr differenzierte Ergebnisse (Exkurs 35, Kapitel 7). **Periglaziale Fließerden** sind dagegen vor allem aus der letzten Kaltzeit überliefert und lassen sich häufig nur schwer datieren. Gleiches gilt für **Moränen** und **Sander**, die meist nur relativ, d. h. durch Verknüpfung mit entsprechenden fluvialen oder Lössdecksedimenten zeitlich zugeordnet werden können.

Seeablagerungen und **Moore** bilden dagegen meist ausgezeichnete Archive vor allem für die letzten 15 000 bis 20 000 Jahre. In den Karstlandschaften der Schwäbisch-Fränkischen Alb haben **Höhlen** viele eiszeitliche Funde geliefert. Im kalkhaltigen Milieu und eingebettet in tonige Höhlenlehme sind unzählige Knochenreste und auch frühe menschliche Artefakte erhalten geblieben (Abschn. 7.4). Die meisten Funde stammen aus den letzten 20 000 Jahren, doch wurden an einigen Stellen mehrere Fossilien führende Lagen freigelegt, die in den letzten Jahren neu datiert und paläoklimatisch interpretiert wurden und bis in das Unterpleistozän zurückreichen. Auch sekundäre Kalkausfällungen wie **Travertin** oder **Kalktuff** liefern Informationen über die Umweltbedingungen zur Zeit ihrer Entstehung (Exkurs 30, Kapitel 7).

Klimawandel verändert Lebensräume

Im Unterpleistozän sanken die Jahresmitteltemperaturen während der Kaltzeiten noch kaum unter den Gefrierpunkt. In den besonders kalten Hochglazialen des Mittel- und Oberpleistozäns dagegen lagen sie zwischen minus zwei und minus vier Grad Celsius. In klimatisch günstigeren Phasen während einer Kaltzeit, den so genannten Interstadialen, pendelten die mittleren Jahrestemperaturen in den Tieflagen Süddeutschlands um etwa fünf Grad, in echten Warmzeiten wurden mit bis zu zehn Grad Celsius teilweise höhere Werte als heute erreicht. Die markanten Klimaschwankungen führten dazu, dass die Umweltbedingungen in Süddeutschland während des Pleistozäns mehrmals zwischen einer Kältesteppe und dichten Nadel- oder Laubmischwäldern wechselten.

Die ältesten Hinweise auf die **Pflanzenwelt** des Quartärs finden sich in Ablagerungen des mittleren Oberrheingrabens. Bei Tiefbohrungen stieß man dort an einigen Stellen auf organische Sedimente aus dem Unterpleistozän. Die darin enthaltenen Pflanzenreste (Pollen) zeigen eine markante Veränderung gegenüber dem Jungtertiär: Es überwiegen die Pollen von Kiefern und Kräutern, unter denen insbesondere *Artemisia* (Beifuß) und *Thalictrum* (Wiesenraute) als typische Vertreter einer baumarmen Kältesteppe gelten. Es konnten aber auch einige Reliktarten jungtertiärer Sumpfwälder (u. a. Sumpfzypresse) nachgewiesen werden. Aus einer Warmphase zwischen Donau- und Günz-Komplex stammt ein Pollenprofil, in dem neben Nadelbäumen auch Laubhölzer sowie eine artenreiche Sumpfwaldgesellschaft überliefert sind. Neuere Arbeiten ordnen die bekannten Profile mindestens drei verschiedenen Warmzeiten im Unterpleistozän zu.

Während in feuchten Niederungen offenbar Sumpfwälder dominierten, zeigte die Waldzusammensetzung außerhalb der Feuchtgebiete im Unterpleistozän deutliche, klimatisch bedingte Veränderungen: In trocken-kühlen Abschnitten traten bevorzugt Waldsteppen mit Tanne und Kiefer auf, in den feuchteren und wärmeren Phasen wuchsen dagegen Mischwälder mit Buche und Eiche. Waldfreie Areale waren zu Beginn des Pleistozäns wohl eher auf Wassermangel als auf niedrige Temperaturen zurückzuführen. Wegen der insgesamt tieferen Temperaturen seit dem Unterpleistozän dürften in Süddeutschland unterschiedliche Höhenstufen der Vegetation deutlicher ausgeprägt gewesen sein als im Jungtertiär. Nadel- und Laubwälder traten folglich zeitgleich in unterschiedlicher Höhe auf.

Auch die **Fauna** änderte sich an der Wende vom Pliozän zum Pleistozän. Einerseits existierten immer noch Tierarten, die offene, steppenartige Landschaften als Lebensraum bevorzugten, wie beispielsweise Steppenelefant, Löwe, Pferd und Nashorn. Andererseits erschienen vermehrt Waldbewohner wie Waldbison, Waldelefant, Reh und Hirsch, die sich vor allem vom Laub der Bäume und Büsche ernährten. Besonders interessant ist der Fund eines Affenknochens in einer Höhle der Mittleren Schwäbischen Alb, da diese Art recht hohe klimatische Ansprüche stellt. Bis zum Beginn des Mindel-Komplexes im Unterpleistozän waren in Süddeutschland offenbar auch während der Kaltzeiten zeitgleich Lebensräume für Steppen- und Waldbewohner vorhanden. Eine typisch kaltzeitliche Fauna lässt sich erst ab dem Mittelpleistozän (ca. 780 000 J. v. h.) nachweisen.

Die klimatischen Gegensätze zwischen Kalt- und Warmzeiten verschärften sich im Mittel- und Oberpleistozän erheblich. Für diesen Zeitraum ist das hervorragend an Kälte angepasste sibirische Mammut in Süddeutschland nachgewiesen (Abb. 6.6). Über weit verbreitetem Permafrost war in den Kaltzeiten eine Gras- und Krautvegetation („Mammutsteppe") entwickelt. Wichtige Großsäuger der jüngeren Kaltzeiten waren Wollnashorn, Pferd, Riesenhirsch und Rentier.

Die Verbreitung dieser recht anspruchsvollen Pflanzenfresser belegt, dass die kaltzeitliche Landschaft Süddeutschlands keine karge „polare" Tundra war, sondern eine weitgehend baumlose Kältesteppe, die diesen Säugetieren und damit auch Räubern wie Löwe, Bär und Hyäne ausreichend Nahrung bot. Nur in den nicht vergletscherten Höhenlagen der Mittelgebirge dürften

Exkurs 25

Pollenanalyse

Bei einer Pollenanalyse wird fossiler Blütenstaub (Pollen) von Pflanzen untersucht. Pollenkörner besitzen eine äußerst widerstandsfähige Hülle, die sie vor chemischen und mechanischen Einflüssen schützt. Sie werden in großer Zahl durch Wind, Wasser und Tiere transportiert und können fast überall auf der Erdoberfläche zur Ablagerung kommen. Besonders günstige Erhaltungsbedingungen bestehen unter Luftabschluss, beispielsweise in Seeablagerungen oder Mooren. Werden in Bohrungen solche fossilen Ablagerungen angetroffen, können Pollenkörner, nach chemischer Aufbereitung im Labor, unter dem Mikroskop analysiert werden. Anhand ihrer Gestalt lassen sie sich bestimmten Pflanzengattungen, manchmal auch Arten, zuordnen (Abb. 6.4). Die Ergebnisse der Bestimmung und Auszählung werden in einem Pollendiagramm (Abb. 9.4) dargestellt und geben aufgrund der spezifischen Artenzusammensetzung im Vergleich mit anderen Pollenprofilen einen Hinweis auf die einstigen Vegetationsgesellschaften und damit die ökologischen Rahmenbedingungen der Landschaft. Detaillierte Aussagen zur Umweltgeschichte sind dort möglich, wo es gelingt, das Alter der Sedimente zu bestimmen, in denen die Pollenkörner eingeschlossen sind (Abb. 6.10). Durch Ferntransport der Pollenkörner mit Wind und Wasser können allerdings auch Probleme bei der Interpretation auftreten.

Abb. 6.4 Pollenkörner unter dem Rasterelektronenmikroskop. **Links** das Pollenkorn einer Salweide (*Salix caprea*, Länge des Korns ca. 0,05 mm), **rechts** das einer Malve (*Malva sylvestris*, Durchmesser des Korns ca. 0,1 mm). Als natürliche Baumart ist die Weide bereits im Pleistozän nachweisbar. Die Malve ist eine der ältesten bekannten Nutzpflanzen und erscheint folglich erst ab der Mitte des Holozäns in Pollenprofilen (vgl. Abb. 9.4, beide Fotos: B. Frenzel).

6.1 Das Pleistozän – Überblick und Gliederung

Abb. 6.5 Bild 1: In den Ablagerungen des Mittelmains wurden unzählige Knochen gefunden, die eine gute Vorstellung der Lebewelt am Ende des Hoßkirch-Komplexes (Mittelpleistozän) vermitteln. Die reichen Skelettfunde am Schalksberg bei Würzburg dokumentieren wahrscheinlich die Tierwelt im Umfeld einer ehemaligen Tränke. Bestimmt wurden zahlreiche Knochen von Hirsch, Bison, Steppenwolf, Nashorn, Pferd und Elefant sowie von Wasserbewohnern wie Flusspferd und Biber. Sie zeigen, dass in Süddeutschland zu jener Zeit verbreitet steppenartige Bedingungen herrschten und geschlossene Wälder sich wohl nur entlang von Flüssen oder Seen entwickeln konnten (Foto: E. Rutte).
Bild 2: Rekonstruktion eines Waldelefanten (*Elephas antiquus*) in einer warmzeitlichen Landschaft des Mittelpleistozäns. Im Oberpleistozän verschwand diese Art und wurde durch das Mammut ersetzt (Reiss-Engelhorn-Museen Mannheim; angefertigt durch Wildlife Art, Breitenau).

während der Hochglaziale tundrenartige Bedingungen geherrscht haben.

In den Warmzeiten verschwanden die sibirischen Arten aus Mitteleuropa, an ihre Stelle traten mediterrane Einwanderer wie Flusspferd, Wasserbüffel oder Waldnashorn. Paläontologen bezeichnen diesen Wechsel als Faunentausch zwischen warmzeitlicher und kaltzeitlicher Fauna. Die Tierpopulationen reagierten auf Klimaveränderungen mit großräumigen Arealverschiebungen, wodurch es zu einem lokalen Aussterben von Spezies kam. Für viele Arten war Süddeutschland im Pleistozän kein dauerhafter, sondern nur ein temporärer Lebensraum.

Abb. 6.6 Backenzahn eines Würmzeitlichen Mammuts. Fundort ist der Neckarschwemmfächer bei Heidelberg (Präparat und Foto: W. D. Blümel).

6.2 Das Unterpleistozän – eine Hochphase der fluvialen Landformung

Das Unterpleistozän umfasst den Zeitraum zwischen 2,6 und 0,78 Mio. J. v. h. und damit die ersten zwei Drittel des Eiszeitalters. In der neuen süddeutschen Eiszeitengliederung werden dem Unterpleistozän der Biber-, Donau-, Günz-, Haslach- und Mindel-Komplex zugeordnet (Tabelle 6.1). Wie viele Kalt- und Warmzeiten sich in diesen Komplexen tatsächlich verbergen, ist noch unklar.

Durch diese klimatischen Wechsel fand ein ständiges „Recycling" von Sedimenten und Böden statt, so dass aus der Frühphase des Pleistozäns nur wenige Geoarchive erhalten geblieben sind. Die ältesten gesicherten Reste von Moränen im Alpenvorland stammen aus dem Günz-Komplex und sind etwa 1,6 Millionen Jahre alt. Zuvor endeten die Gletscher wohl unmittelbar am Alpenrand, anfangs sogar noch in den inneralpinen Tälern. Andere kaltzeitliche Ablagerungen wie Fließerden oder Lösse sind nur ganz vereinzelt in abtragungsgeschützter Position erhalten geblieben. Die intensive glaziale und periglaziale Überformung der Landschaft während des Mittel- und Oberpleistozäns hat fast alle Spuren älterer Kaltzeiten verwischt oder beseitigt.

Oberrheingraben und Molassebecken

Besonders aussagekräftige Archive des Unterpleistozäns liefern Schotter, Sande und organische Sedimente, die in tektonischen Senkungsgebieten der Abtragung entzogen waren. Erneut sind deswegen der Oberrheingraben und das Molassebecken wichtige Teilräume für die Rekonstruktion der süddeutschen Landschaftsgeschichte. In beiden Ablagerungsgebieten fand phasenweise allerdings auch Abtragung statt, wie größere Schichtlücken in den Sedimentkörpern zeigen. Die Ablagerungen in diesen Beckenlandschaften unterscheiden sich im Pleistozän vor allem dadurch, dass im Oberrheingraben überwiegend fluviale Schüttungen vorkommen, während im Molassebecken eine große Vielfalt fluvialer, glazifluvialer und seit der Günz-Kaltzeit auch glazialer Ablagerungen entstanden ist.

Im Verlauf des Pleistozäns hielt die Absenkung des zentralen **Oberrheingrabens** an, so dass dort ältere Ablagerungen immer wieder von jüngeren Schüttungen überlagert wurden (Abb. 6.7). Im „Heidelberger Becken", einem Hauptabsenkungsgebiet am östlichen Grabenrand, erreichen die quartären Sedimente eine Mächtigkeit von bis zu 400 Metern. Eine bessere Differenzierung dieser Ablagerungen erhofft man sich aus einer neuen Tiefbohrung, mit der 2006 bei Heidelberg begonnen wurde.

Mit der Überwindung der Wasserscheide am Kaiserstuhl und der Umlenkung der Aare durch den Nordseerhein im ausgehenden Tertiär war der Rhein zu einem alpinen Fluss geworden (Abb. 6.13). Die Ablagerungen des Oberrheingrabens bestehen deshalb im Unterpleistozän aus überwiegend karbonatreichen, alpinen Geröllen aus dem Einzugsgebiet der Aare. Entlang des Oberrheingrabens ist eine markante Sortierung in den pleistozänen Flussablagerungen zu beobachten: Die Sedimente im südlichen Grabenbereich sind sehr viel gröber als nördlich des Kaiserstuhls. Dies erklärt sich aus der nachlassenden Schleppkraft des Flusses im flachen Mittel- und Nordabschnitt des Oberrheingrabens. Lokale Schüttungen aus dem Schwarzwald und den

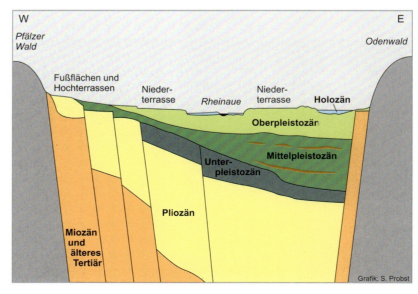

Abb. 6.7 Die pleistozäne Füllung des Oberrheingrabens gliedert sich in drei Kieslager (Grüntöne), die vor allem im Mittelpleistozän von feinkörnigeren, möglicherweise warmzeitlichen Zwischenhorizonten (braun) unterbrochen werden. Größere Schichtlücken zu Beginn des Pleistozäns können dadurch erklärt werden, dass nach Überwindung der Wasserscheide am Kaiserstuhl im Oberpliozän eine Phase verstärkter Erosion einsetzte (verändert nach Geyer & Gwinner 1991).

Vogesen modifizieren diese Abfolge am Grabenrand. Die Kiese und Sande im Oberrheingraben belegen eine aktive, zunächst vorwiegend fluviale Abtragung der südwestdeutschen Mittelgebirgslandschaften. Dies bedeutet, dass im frühen Pleistozän die Eintiefung der Täler rasch voranschritt und die Reliefgeneration der jungtertiären Breitterrassen weitgehend zerstört wurde (Kapitel 5).

Das **Molassebecken** diente ebenfalls als Sedimentationsraum. Östlich der Aare waren die alpinen Abflüsse noch ausnahmslos auf die Donau ausgerichtet. Dies gilt auch für den Alpenrhein und den Bereich des künftigen Bodensees bis zum Ende der Donau-Kaltzeit. Die aus meist engen Alpentälern austretenden Flüsse breiteten ihre Sedimente in ausgedehnten Schwemmfächern über den größten Teil des Alpenvorlandes aus. Da sich diese Schotterfluren seitlich miteinander verzahnen, entstand eine flache Aufschüttungsebene, die von zahlreichen verwilderten Flussläufen durchquert wurde (Abb. 6.8). Wegen ihrer ursprünglich flächenhaften Verbreitung werden die Schotter des Unterpleistozäns in der Eiszeitengliederung als **Deckenschotter** bezeichnet (Tabelle 6.1). Reste dieser Ablagerungen findet man heute noch auf der Iller-Mindel-Lech-Platte zwischen Biberach und Augsburg. Weiter südlich wurden diese alten Schotterfelder durch die Gletschervorstöße im Mittel- und Oberpleistozän fast vollständig abgetragen (Abb. 6.10, Exkurs 26).

Flussgeschichte und Talentwicklung

Als Folge der seit dem Pliozän anhaltenden Hebung Süddeutschlands schnitten die meisten Flüsse sich immer tiefer in die Landschaft ein. Die Täler wurden dabei durch Seitenerosion auch breiter, und in widerständigen Gesteinen entwickelten sich kastenförmige Tal-Querprofile. Obwohl ältere Flussablagerungen im Zuge dieser Erosion größtenteils beseitigt wurden, sind an einigen Talhängen Reste früherer Talböden in Form von Flussterrassen und Schottern erhalten geblieben. An Gleithängen und anderen abtragungsgeschützten Stellen sind mancherorts sogar ganze Abfolgen solcher Terrassen oder Terrassenreste vorhanden. Anhand von Höhenlage, Schotterspektrum und Verwitterungsgrad lassen sich solche Sedimente in eine relative zeitliche Abfolge einordnen, die Aufschluss über die verschiedenen Phasen der Eintiefung eines Flusssystems gibt (Exkurs 29, Abschn. 7.1). Wie auf den Deckenschottern des Alpenvorlandes sind auch in solchen Terrassensedimenten vielerorts fossile Warmzeitböden erhalten geblieben, die besonders aussagekräftige Informationen zur Landschaftsentwicklung liefern können.

Flussterrassen dokumentieren in ihrem Aufbau einen Wechsel zwischen Schotterablagerung und Erosion. Neben tektonischen Ursachen sind die Klimaschwankungen des Pleistozäns dafür verantwortlich. Früher wurde fälschlicherweise angenommen, dass Tiefenerosion vor allem in den Warmzeiten stattfand. Aufgrund zahlreicher Untersuchungen in den typisch ausgeprägten Terrassenlandschaften von Mittelrhein, Main und Neckar sowie im Alpenvorland vertreten viele Geomorphologen heute eine andere Vorstellung. Danach waren die Warmzeiten geomorphologisch relativ stabile Phasen, in welchen unter einer geschlossenen Vegetationsdecke Verwitterung und Bodenbildung stattfand. Tiefenerosion und Sedimentation traten während einer Warmzeit eher selten, wie etwa bei Hochwasser, auf. Die kühlen und feuchten Abschnitte zu Beginn (Frühglaziale) und am Ende einer Kaltzeit (Spätglaziale) begünstigten dagegen die Tiefenerosion, da viel Wasser zur Verfügung stand und die schüttere Pflanzendecke weniger Schutz vor Abtragung bot. In den kalten und trockenen Hochglazialen ging die Wasserführung und damit die

Abb. 6.8 Sanderschüttung auf Spitzbergen. Sander (von isländ.: *sandur*) sind schwemmfächerähnliche, flache Aufschüttungen von Schmelzwasserflüssen. Die Schmelzwässer treten am Gletscherrand aus und lagern die mitgeführten Sedimente als „Sander" ab. So ähnlich könnte es am Alpenrand während des Biber- oder Donau-Komplexes ausgesehen haben, als die Gletscher noch nicht sehr weit in das Alpenvorland vorgestoßen waren (Foto: U. Glaser).

Exkurs 26

Deckenschotter und Paläoböden der Iller-Mindel-Lechplatte

Die Folge der Deckenschotter umfasst alle fluvialen und glazifluvialen Schüttungen des Unterpleistozäns. Nach der heute gültigen Quartärgliederung (Abschn. 6.1) spricht man von ältester (Biber- und Donau-Komplex), älterer (Günz-Komplex) und jüngerer (Mindel-Komplex) Deckenschotter-Formation. Die Deckenschotter lassen sich nach ihrer Höhenlage, durch Geröllanalysen und Entkalkungstiefe sowie teilweise anhand von Paläoböden gliedern. Die ältesten

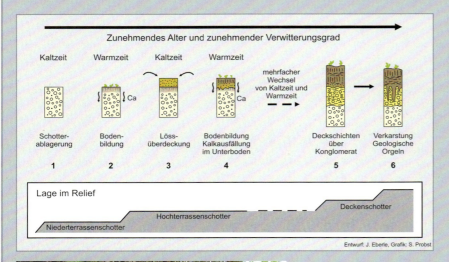

Abb. 6.9 Modell der Entstehung von Nagelfluh und von „Geologischen Orgeln". Während der Warmzeiten findet Verwitterung und Bodenbildung statt, Kalk wird im Oberboden gelöst und fällt im Unterboden wieder aus. Durch Kalklösung und Ausfällung im Zuge mehrerer Warm- und Kaltzeiten entstehen im Untergrund verfestigte Schotterpakete, die als Konglomerate oder auch als Nagelfluh bezeichnet werden. Im Verlauf jüngerer Kaltzeiten wurden die Konglomerate durch Talbildung zerschnitten, und Sickerwasser ermöglicht entlang von Klüften und Wurzelbahnen eine Lösung der Nagelfluh. Die daraus resultierenden röhrenartigen Karstformen bezeichnet man als „Geologische Orgeln". Am Standort Bossarts südlich von Memmingen sind solche Formen in Deckenschottern des Günz-Komplexes in typischer Weise entwickelt (Foto: J. Eberle).

6.2 Das Unterpleistozän – eine Hochphase der fluvialen Landformung

Sedimente findet man auf der Staufenberg- und Staudenplatte westlich von Augsburg, etwas jünger sind die Ablagerungen der Zusamplatte (Abb. 6.10). Diese „Schotter" sind alle zu massiven Konglomeraten verfestigt (Nagelfluh). So genannte Geologische Orgeln entstehen aus der röhrenartigen Verkarstung der karbonatischen Sedimente (Abb. 6.9).

Die Deckenschotter werden meist überlagert von jüngeren pleistozänen Sedimenten, die sich durch Paläoböden weiter untergliedern lassen. Neben der Verkarstung ist die große Entkalkungstiefe der Böden im Bereich der alten Schuttkörper ein Hinweis auf ihr hohes Alter.

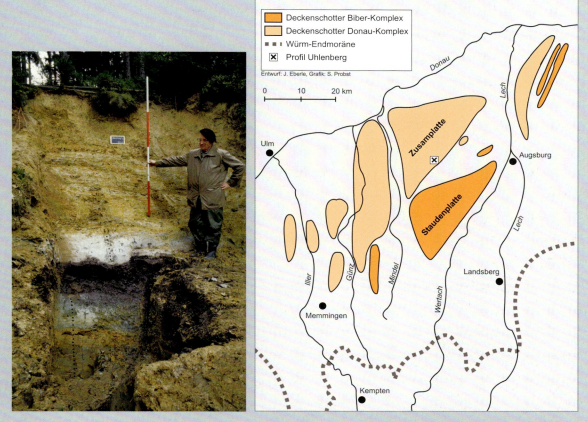

Abb. 6.10 Die Verbreitung der Ältesten Deckenschotter auf der Iller-Mindel-Lechplatte und Lage des Profils Uhlenberg. Im Bild Lorenz Scheuenpflug und das von ihm entdeckte Profil am Uhlenberg. In der dort entwickelten torfartigen Schieferkohle konnten Pollen von Nadelbäumen und Wärme liebenden Laubholzarten nachgewiesen werden. Neue pollenanalytische Untersuchungen ordnen das Profil einer Warmzeit am Ende des Unterpleistozäns zu (evtl. Haslach-Mindel Interglazial; s. Tabelle 6.1). Die Interpretation der örtlichen Paläo-Umweltbedingungen passt gut zu Pollenprofilen aus dem Oberrheingraben und macht für diese Zeitphase eine geschlossene Waldlandschaft wahrscheinlich (Foto: Bayerisches Geologisches Landesamt).

Tabelle 6.2 Für die Rekonstruktion der Landschaftsentwicklung wichtige Ablagerungen des Unterpleistozäns in unterschiedlichen Flussgebieten Süddeutschlands. Grün markiert sind Sedimente, die paläontologisch zeitlich zugeordnet wurden (zusammengestellt nach Villinger 1998, Müller 1996, Benda 1995).

Mio. J. v. Heute	Chronologie	Morphostratigraphische Einheiten	Alpenvorland	Oberrheingraben	Maintal	Neckartal und Nebenflüsse
	Mittelpleistozän	Hoßkirch-Komplex			*Mosbacher Sande*	*Kiese / Sande von Frankenbach und Mauer*
0,79		Mindel- und Haslach-Komplex	*Uhlenberg-Flora* **Jüngere Deckenschotter**	*Untere Zwischenschicht*	*Fauna vom Schalksberg*	
					Aufschüttungsterrasse	*Goldshöfer Sande*
	Unter-	Günz-Komplex	**Ältere Deckenschotter** → *Gletscher erreichen Alpenvorland*	**Unteres**		
1,77		Donau-Komplex	→ *Gletscher bis Alpenrand (?)*	**Kieslager**	Hauptterrassen	*Hochschotter von Rottenburg mit Schneckenfauna*
	pleistozän	Biber-Komplex	**Älteste Deckenschotter**			
2,6	*Pliozän*			Iffezheim-Formation	Breittalphase *Arvernensisschotter*	Breitterrassen *Höhenschotter von Enz und Neckar*
5,3	*Obermiozän*		Aare-Donau Hochschotter			

Schleppkraft der Flüsse zurück, so dass es bevorzugt zur Ablagerung der mitgeführten Sedimente und damit zu einer teilweisen Verschüttung der frühglazialen Täler kam.

Das Ausmaß der Talbildung im Unterpleistozän war an den einzelnen Flüssen sehr unterschiedlich und hing wesentlich von den lokalen tektonischen Aktivitäten ab, die wiederum das Gefälle bestimmten. Vor allem im westlichen Teil Süddeutschlands spielte dabei der Oberrheingraben als Auslöser und „Motor" der Tiefenerosion eine entscheidende Rolle. Die anhaltende Absenkung des Grabens bei gleichzeitiger Hebung der Grabenschultern führte zu einem starken Einschneiden der Nebenflüsse des Rheins. Dieser Zusammenhang lässt sich insbesondere an Main und Neckar eindrucksvoll belegen. Die beiden Flüsse konnten ihre Einzugsgebiete bereits im frühen Quartär weit nach Osten und Süden ausdehnen und damit der Donau immer mehr Zuflüsse entziehen (Abb. 6.13). Nach mehr als einhundert Millionen Jahren wurde dadurch die nach Süden gerichtete Entwässerung vor allem im Westen und Norden Süddeutschlands beendet. Auch die Donau schnitt sich mit ihren verbliebenen Nebenflüssen weiter ein, konnte aber mit den Rheintributären nicht Schritt halten. So „eroberte" zum Beispiel der Neckar bis zum Ende des Unterpleistozäns große Teile des Lone-Systems und war maßgeblich an der weiteren Formung der Schichtstufenlandschaft im Südwesten beteiligt (Abb. 6.13).

Am Mittellauf des **Mains** kam es im frühen Pleistozän zu einem mehrfachen Wechsel von Tiefenerosion und Aufschüttung. Besonders auffallend ist eine starke Erosionsphase im Unterpleistozän, die unter das heutige Talniveau des Mittelmaintals hinabreichte. Unmittelbar darauf wurde das Tal wieder mit über fünfzig Meter mächtigen Ablagerungen verfüllt. Klimaschwankungen können dafür nicht die alleinige Ursache gewesen sein. Die starke Tiefenerosion wurde wahrscheinlich durch eine rasche Absenkung des Mainzer Beckens, bei gleichzeitiger Aufwölbung entlang einer Achse Stuttgart–Nürnberg, am Ende des Unterpleistozäns ausgelöst. Daraus resultierte eine starke rückschreitende Erosion des Mains und seiner Nebenflüsse. Der Main konnte des-

6.2 Das Unterpleistozän – eine Hochphase der fluvialen Landformung

Abb. 6.11 Eine interessante frühe Zeitmarke liefern durch Schneckenfunde datierbare Schotter bei Rottenburg am Neckar. An der Oberkante des kastenförmigen Engtals liegen stark verfestigte Schotter etwa 70 Meter über dem heutigen Neckar. Die darin gefundene artenreiche Schneckenfauna stammt wahrscheinlich aus einer Warmzeit zwischen Donau- und Günz-Komplex. Das bedeutet, dass ein Nebenfluss der Urlone bereits vor etwa 1,7 Millionen Jahren in einem flachen Tal entlang der Keuperschichtstufe bei Rottenburg verlief. Auch an dieser Stelle wurde die Schichtstufe seither offenbar kaum zurückverlegt, sondern nur herauspräpariert und von Nebenflüssen zerschnitten (Foto: J. Eberle).

wegen im frühen Unterpleistozän die Steigerwaldschwelle westlich von Bamberg durchbrechen und sein Einzugsgebiet Richtung Frankenwald und Fichtelgebirge ausdehnen (Abb. 6.12). Dadurch wurden einige Flüsse Mittelfrankens (u. a. Regnitz und Pegnitz) nach Norden umgelenkt – die Geschichte des zur Donau ausgerichteten Ur-Mains war damit beendet.

Am Ende des Unterpleistozäns kam es zu gravierenden Veränderungen an der **Donau**. Sie verlor nicht nur die Einzugsgebiete von Ur-Main und Lone an Main und Neckar, sondern auch ihren wasserreichsten alpinen Zufluss: den Alpenrhein. Dieser wurde wahrscheinlich vor etwa 1,8 Mio. Jahren, am Ende der Donau-Kaltzeit, über das Bodenseebecken nach Westen abgelenkt und an den Aare-Rhein angeschlossen. Durch Bohrungen und Schotterfunde konnte der ursprüngliche Verlauf des Alpenrheins entlang der Schussen-Federseelinie bis zur Mündung in die Donau bei Ehingen gut rekonstruiert werden (Abb. 6.14).

Eines der eindrucksvollsten Beispiele für einer Flussumlenkung vom Donau- zum Rheinsystem während des Unterpleistozäns liefern die Goldshöfer Sande bei Aalen (Exkurs 27). Mit diesen flussgeschichtlichen Veränderungen hatte sich die „Zange" von Rhein und Neckar um den Oberlauf der Donau weiter geschlossen (Abb. 6.13).

Trotz der großen Wasserverluste an den Rhein und seine Nebenflüsse konnte sich auch die Donau, dank noch verbliebener alpiner Schmelzwasserflüsse, im Lauf des Unterpleistozäns weiter einschneiden. Der Lauf der Donau orientierte sich bereits damals über weite

Abb. 6.12 Blick flussaufwärts in das Durchbruchstal des Mains bei Zeil (nahe Haßfurt). Im Hintergrund rechts die Keuperhöhen des Steigerwaldes, im Vordergrund die bewaldete Schichtstufe der Haßberge. Durch rückschreitende Erosion konnte der Main diese Schwelle im Unterpleistozän überwinden und sein Einzugsgebiet nach Osten ausdehnen (Foto: E. Rutte).

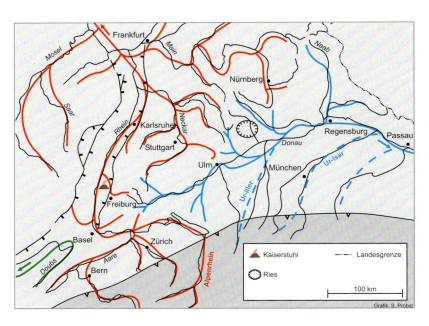

Abb. 6.13 Das Flussnetz in Süddeutschland am Ende des Unterpleistozäns. Die wichtigste Veränderung ist die Anbindung des Alpenrheins an das Aare-Rheinsystem. Dadurch wurde die erosive Ausräumung des Bodenseebeckens wesentlich beschleunigt, denn die neue Erosionsbasis lag im Hochrheingebiet 200 bis 300 Meter tiefer als an der ursprünglichen Mündung des Alpenrheins in die Donau bei Ehingen. Die Gletscher des Mittel- und Oberpleistozäns folgten später dem neuen Alpenrheintal und schürften dabei das Bodenseebecken immer tiefer aus (verändert nach Villinger 1998).

Strecken am Nordrand des Molassebeckens. Einige Abschnitte des Flusses verliefen noch weiter nördlich und schnitten im Zuge anschließender Hebungsprozesse markante Täler in die Kalkgesteine der Schwäbisch-Fränkischen Alb ein. Dazu gehören das ehemalige Tal der Altmühl-Donau zwischen Wellheim und Kehlheim sowie das Blautal westlich von Ulm (Abb. 7.9). Auch das noch heute von der Donau benutzte Durchbruchstal zwischen Tuttlingen und Sigmaringen wird von Schlingen begleitet, die der Fluss im Unterpleistozän geformt hat. Sie liegen bis zu fünfzig Meter über dem heutigen Donauniveau.

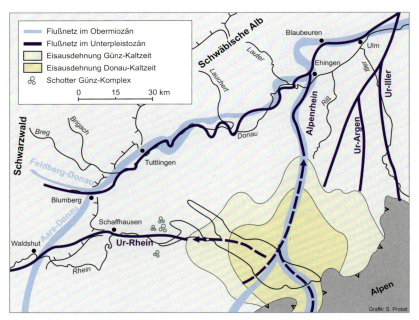

Abb. 6.14 Die Ablenkung des Alpenrheins am Ende des Unterpleistozäns. Während der Donau-Kaltzeit erreichten Gletscher wohl erstmals das Alpenvorland. Als dieses Eis wieder abschmolz, bildeten sich anfangs größere Seen, vor allem im Bereich des späteren Bodenseebeckens. Ein solcher Schmelzwassersee könnte irgendwann zum Aare-Rhein übergelaufen sein und dem Alpenrhein den Weg nach Westen geöffnet haben. Gleichzeitig war der ursprüngliche Abfluss nach Norden möglicherweise durch Moränen einer Donau-Kaltzeit blockiert. Nach dem Donau-Komplex sind daher bei Ehingen (südlich von Ulm) keine Schotter des Alpenrheins mehr abgelagert worden. Dafür tauchen die Sedimente des Alpenrheins im nachfolgenden Günz-Komplex erstmals im westlichen Bodenseebecken auf – ein Beleg für die Umlenkung gegen Ende des Unterpleistozäns (verändert nach Villinger 1998).

Abtragung an Hängen und Schichtstufen der Mittelgebirge

Neben der Entfernung zum Vorfluter bestimmten zwei weitere Faktoren wesentlich die Intensität der pleistozänen Abtragung in den Mittelgebirgslandschaften: die anhaltende tektonische Hebung in Teilen der Grundgebirgsmassive und Schichtstufenlandschaften sowie Schwankungen des Klimas. Während in den Warmzeiten geomorphologisch relativ stabile Verhältnisse vorherrschten, waren die feuchtkalten Früh- und Spätphasen der Kaltzeiten besonders formungsaktive Abschnitte. Bereits in den frühen Kaltzeiten wurden höher gelegene Landschaften durch periglaziale Prozesse überprägt. Dabei spielte der Wechsel von Gefrier- und Tauprozessen über einem dauernd gefrorenen Untergrund (Permafrost) eine entscheidende Rolle. Eine in den Hochlagen fehlende oder lückenhafte Vegetationsdecke begünstigte diese Form der Abtragung. Die daraus hervorgegangenen Hangschuttdecken und Fließerden (Exkurs 34) wurden während der jüngeren Kaltzeiten abgetragen oder wieder aufgearbeitet und blieben daher in ihrer ursprünglichen Ausprägung in der Regel nicht erhalten. Das Gleiche gilt für Rutschungen, die insbesondere an den tonreichen Unterhängen der Schichtstufen sicher schon im frühen Pleistozän verbreitet auftraten. Die Zerschneidung der Stufenhänge und damit auch der unter-

Exkurs 27

Die Goldshöfer Sande – Zeugen für die Umlenkung der Ur-Brenz

Die Goldshöfer Sande sind unterpleistozäne Flussablagerungen der Ur-Brenz, die bei Aalen vor dem Trauf der Juraschichtstufe abgelagert wurden. Durch Fossilfunde ist ihre Altersstellung gesichert. Bis zum Mindel-Komplex bildete die Ur-Brenz einen wichtigen nördlichen Zufluss zur Donau. Ihr Einzugsgebiet reichte damals noch bis in das Hohenloher Land. Die bis zu zwanzig Meter mächtigen, teilweise auffällig orange gefärbten Sande wurden von Norden in Richtung der Albpforte bei Aalen geschüttet. Sie liegen dort etwa vierzig Meter über dem heutigen Tal des Kocher (Abb. 6.16).

Durch den Verlust von Teilen ihres Einzugsgebiets an Jagst und Kocher verringerte sich die Wasserführung der Ur-

Abb. 6.15 Goldshöfer Sande am Bürgle nördlich von Aalen. Die Goldshöfer Sande bestehen überwiegend aus Keupermaterial, das die Ur-Brenz vor dem Durchbruch durch die Weißjurastufe bei Aalen ablagerte (Abb. 6.18). Ihre auffallende Färbung erhielten sie am Ort der Ablagerung durch die Zufuhr von Oxiden aus Eisensandsteinen des Braunjura, die bei Aalen weit verbreitet sind. Im Hintergrund der Albtrauf mit dem ehemaligen Durchbruchstal der Ur-Brenz.
Rechts: Die fein geschichteten und rostbraun bis weiß gefärbten Sande erreichen bei Aalen eine Mächtigkeit von bis zu acht Metern. Die Basis der Sande liegt etwa fünfzig Meter über dem Tal des heutigen Kocher. Um dieses wichtige Archiv der Landschaftsgeschichte vor dem vollständigen Abbau zu bewahren, wurden inzwischen zwei der ehemaligen Sandgruben als Naturdenkmal ausgewiesen (Fotos: J. Eberle).

Fortsetzung

Fortsetzung

Brenz, so dass der Fluss die anhaltende Hebung der Schwäbisch-Fränkischen Alb im Unterpleistozän mangels Erosionskraft nicht ausgleichen konnte und sich an der Schichtstufe aufstaute. Die Goldshöfer Sande wurden dadurch in einem Binnendelta vor der Engstelle des Durchbruchstales abgelagert. Die rückschreitende Erosion der Neckar-Nebenflüsse Jagst und Kocher beendete endgültig die nach Süden gerichtete Entwässerung. Spätestens seit dem Ende des Mindel-Komplexes wurden die Sande durch diese beiden Flüsse teilweise wieder zurück nach Norden transportiert und sind heute entlang der Jagst in Flussterrassen zu finden. Wegen ihrer tieferen Lage und der nach Norden gerichteten Schüttung bezeichnete man diese Ablagerungen früher als Untere Goldshöfer Sande. Die Goldshöfer Sande sind damit eines der eindrucksvollsten Zeugnisse des „Kampfes um die Wasserscheide" zwischen Donau und Rhein.

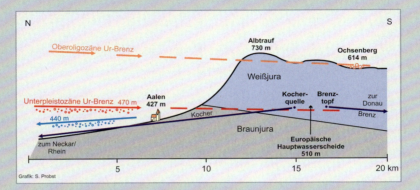

Abb. 6.16 Schematische Skizze der Flussgeschichte im Raum Aalen. Durch die Funde oligozäner Schotter (rot) bei Ochsenberg (Exkurs 11) ist die Ur-Brenz einer der ältesten belegbaren Flüsse Süddeutschlands. Mit Hilfe der Goldshöfer Sande konnte auch die pleistozäne Entwicklung dieses Flusssystems rekonstruiert werden. An der heutigen Wasserscheide wurde der mindelzeitliche Talboden unter fünfzig Meter mächtigen Schuttdecken erbohrt. Die Lage der Sande unmittelbar vor dem Albtrauf belegt außerdem, dass dieser seit dem Ende des Unterpleistozäns nicht nennenswert zurückverlegt wurde (verändert nach Reiff & Simon 1990).

---

pliozänen Fußflächen war im Unterpleistozän bereits weit fortgeschritten. Flüsse und Bäche führten vor allem während der Schneeschmelze sehr viel Wasser und konnten dadurch eine beachtliche Erosionsarbeit leisten.

In den kristallinen Mittelgebirgen trifft man häufig mächtige Blockhalden oder so genannte Blockmeere an. Auch sie sind größtenteils das Ergebnis der Verwitterung und Abtragung während mehrerer Kaltzeiten (Abb. 6.17). Die Wiederaufbereitung von Sedimenten im Verlauf jeder Kaltzeit hat die Spuren der vorangegangenen kaltzeitlichen Hangformung stets gründlich beseitigt. Die periglaziale (Über-)Formung der Landschaft kann daher nur am Beispiel der jüngsten Kaltzeit (Würm) genauer differenziert werden (Abschn. 7.3).

Fazit zur Landformung im Unterpleistozän

Wie bereits im Pliozän dominierten unter den klimatischen Bedingungen des frühen Quartärs physikalische Verwitterungsprozesse, die an den Hängen Gesteinsunterschiede immer stärker hervortreten ließen. Die Bildung von Schichtstufen als strukturelle, von Gesteinswechseln bestimmte Landformen wurde dadurch gefördert. Gleichzeitig konnten die Flüsse der Mittelgebirge sich in die flache jungtertiäre Reliefgeneration der Breitterrassen und Fußflächen weiter einschneiden und markante Täler schaffen. In den harten Gesteinen des Buntsandsteins, des Muschelkalks und des Weißjura entstanden erste ausgeprägte Talschlingen (Mäander). Mit dem Einschneiden der Flüsse konnten die Abtragung der durchflossenen Mittelgebirgslandschaften und die Herauspräparierung der Schichtstufen weiter voranschreiten. Durch die endgültige Fixierung der großen Talsysteme war auch die Lage der Hauptabtragungsgebiete innerhalb der Schichtstufenlandschaft weitgehend festgelegt. Neckar und Main leisteten dabei die Hauptarbeit und trugen maßgeblich zur weiteren Auflösung der Stufenfronten bei. Die früher diskutierte gleichmäßige Rückverlegung der Schichtstufen kann daher auch in dieser Phase nicht erfolgt sein (Abschn. 5.3). Das abgetragene und überwiegend durch Flüsse transportierte Lockermaterial wurde im Molassebecken und im Oberrheingraben sowie in lokalen tektonischen Senkungsgebieten in Form mächtiger Schotterkörper akkumuliert.

Abb. 6.17 Blockmeer am Schafstein (Rhön). Blockmeere bestehen aus großen Steinblöcken und treten vor allem auf widerständigen Kristallingesteinen (Granit, Basalt) auf. Das bei der Verwitterung anfallende Feinmaterial wird ständig durch Spalten und Hohlräume ausgespült, so dass sich keine Bodendecke entwickeln kann. Auch höhere Pflanzen können diese extremen, teilweise sehr trockenen Lebensräume kaum besiedeln (Foto: J. Eberle).

Eine Formung durch Gletscher fand in der ersten Hälfte des Eiszeitalters nur im südlichsten Alpenvorland statt, im Mindel-Komplex erreichten die alpinen Vorlandgletscher jedoch bereits die Größenordnung der mittel- und jungpleistozänen Vereisungen.

Literatur

Adam, K. D. (1952): Die unterpleistozänen Säugetierfaunen Südwestdeutschlands. – N. Jb. Geol. u. Paläont., Mh., **5**: 229–236.

Bayerisches Geologisches Landesamt [Hrsg.] (1996): Erläuterungen zur Geologischen Karte von Bayern 1:500 000. – München, 329 S.

Benda, L. [Hrsg.] (1995): Das Quartär Deutschlands. – Stuttgart (Borntraeger), 408 S.

Bludau, W. (1995): Unterpleistozäne Warmzeiten im Alpenvorland und im Oberrheingraben – Ein Beitrag der Palynologie zum „Uhlenberg Problem". – Geologica Bavarica, **99**: 119–133.

Deutsche Quartärvereinigung e.V. (2007): Stratigraphie von Deutschland – Quartär. – Eiszeitalter und Gegenwart, **56**: 138 S.

Dongus, H. (2000): Die Oberflächenformen Südwestdeutschlands. – Stuttgart (Borntraeger), 189 S.

Doppler, G. & Jerz, H. (1995): Untersuchungen im Alt- und Ältestpleistozän des bayerischen Alpenvorlands. – Geologische Grundlagen und stratigraphische Ergebnisse. – Geologica Bavarica, **99**: 7–53.

Frenzel, B. (1983): Die Vegetationsgeschichte Süddeutschlands im Eiszeitalter. – In: Müller-Beck, H. [Hrsg.]: Urgeschichte in Baden-Württemberg. – Stuttgart (Theiss), S. 91–165.

Geyer, G. (2002): Geologie von Unterfranken und angrenzenden Regionen. – Arbeiten zur Geographie von Franken, Bd 2. – Gotha, Stuttgart (Klett-Perthes), 588 S.

Graul, H. (1968): Beiträge zu Exkursionen anläßlich der DEUQUA-Tagung August 1968 in Biberach an der Riß. – Heidelberger Geogr. Arbeiten, **20**: 124 S.

Habbe, K. A. (1989): Die pleistozänen Vergletscherungen im süddeutschen Alpenvorland – ein Resumé. – Mitt. d. Geogr. Ges. München, **74**: 27–51.

Heim, D. (1970): Zur Petrographie und Genese der Mosbacher Sande. – Mainzer naturwissenschaftliches Archiv, **9**: 83–117.

Jerz, H. (1993): Das Eiszeitalter in Bayern. – Geologie von Bayern, Teil II. – Stuttgart (Schweizerbart), 243 S.

Landesamt für Geologie, Rohstoffe und Bergbau Baden-Württemberg [Hrsg.] (2005): Symbolschlüssel Geologie Baden-Württemberg. Verzeichnis geologischer Einheiten. – Aktual. Ausgabe Mai 2005 (Bearb. E. Villinger).

Müller, J. (1996): Grundzüge der Naturgeographie von Unterfranken. – Gotha (Perthes), 324 S.

Müller-Beck, H. (1983): Urgeschichte in Baden-Württemberg. – Stuttgart (Theiss), 543 S.

Koenigswald, W. v. (2000): Säugetiere des quartären Eiszeitalters. – In: Hansch, W. [Hrsg.]: Eiszeit – Mammut, Urmensch und wie weiter? – Museo, **16**: 52–75.

Körber, H. (1962): Die Entwicklung des Maintals. – Würzburger Geogr. Arbeiten, **10**: 170 S.

Rähle, W. & Bibus, E. (1992): Eine Unterpleistozäne Molluskenfauna in den Höhenschottern des Neckars bei Rottenburg, Württemberg. – Jh. geol. Landesamt Baden-Württemberg, **34**: 319–341.

Rathgeber, T. (2003): Die quartären Säugetier-Faunen der Bären- und Karlshöhle bei Erpfingen im Überblick. – Laichinger Höhlenfreund, **38(2)**: 107–144.

Reiff, W. & Simon, T. (1990): Die Flussgeschichte der Urbrenz und ihrer Hauptquellflüsse (Exkursion L am 21. April 1990). – Jber. Mitt. oberrhein. geol. Ver., N.F., **72**: 209–225.

Reiff, W. (1993): Geologie und Landschaftsgeschichte der Ostalb. – Karst und Höhle 1993, S. 71–94.

Schaeffer, I. (1995): Das Alpenvorland im Zenit des Eiszeitalters. – Stuttgart (Steiner), 405 S.

Scheuenpflug, L. (1979): Der Uhlenberg in der östlichen Iller-Lech-Platte (Bayerisch Schwaben). – Geologica Bavarica, **80**: 159–164.

Schreiner, A. (1992): Einführung in die Quartärgeologie. – Stuttgart (Schweizerbart), 257 S.

Villinger, E. (1998): Zur Flußgeschichte von Rhein und Donau in Südwestdeutschland. – Jber. Mitt. oberrhein. geol. Ver., N.F., **80**: 361–398.

Das sommerliche Süddeutschland während der Würm-Kaltzeit

Vor 20 000 Jahren herrschen letztmalig kaltzeitliche Bedingungen in Süddeutschland. Die höheren Lagen der Mittelgebirge und das Alpenvorland werden von Eismassen überformt, wobei die Gletscher nicht mehr ganz das Ausmaß der mittelpleistozänen Vereisungen erreichen. Die Flüsse lagern im Alpenvorland und im Oberrheingraben erneut Schmelzwassersedimente in Form von Sandern ab, aus denen Feinsand und Schluff als Löss in die angrenzenden Landschaften ausgeweht werden kann. Der größte Teil Süddeutschlands wird durch periglaziale Prozesse geprägt. Es dominiert die physikalische Verwitterung, vor allem Frostverwitterung. Das so bereit gestellte Material wird als Hangschutt abgelagert oder durch Solifluktion und Abluation (Abspülung) mobilisiert, feine Korngrößen werden ausgeweht. Die fluviale Dynamik zeigt einen markanten Jahresgang. Während im Winter das Wasser in Form von Eis und Schnee gebunden ist, erhöht sich der Abfluss und damit auch die Erosionsleistung der Fließgewässer in den Sommermonaten. Das Gewässernetz entspricht bereits weitgehend dem der Gegenwart, lediglich die Umlenkung der Feldbergdonau durch die Wutach steht noch aus. Südlich von Straßburg zeigt der Rhein einen so genannten anastomosierenden Verlauf aus verflochtenen kleinen Rheinarmen, während sich im Norden aufgrund des geringeren Gefälles Schlingen entwickeln.

Die Vegetation hat sich an die kaltzeitlichen Bedingungen angepasst. Baumwuchs gibt es nur in klimatisch begünstigten Tieflagen und entlang einiger Flüsse. In den mittleren Höhenlagen dominiert eine Strauchtundra, die in den Hochlagen der Mittelgebirge von einer artenarmen und lückenhaften Grastundra abgelöst wird. Fast frei von Vegetation (Kältewüsten) waren windexponierte Lagen und gletschernahe Bereiche sowie die Sanderflächen.

7 Landformung während der großen Kaltzeiten – das Mittel- und Oberpleistozän

Im Mittel- und Oberpleistozän (790 000 bis 11 600 J. v. h.) fand die bedeutendste kaltzeitliche Überformung Süddeutschlands statt. Unterschiedliche Ablagerungen und Formen der beiden letzten Kaltzeit-Komplexe, Riß und Würm, prägen weite Teile der heutigen Landoberfläche. Die unmittelbare Wirkung von Gletschern blieb allerdings auf das Alpenvorland und die höchsten Bereiche der Mittelgebirge beschränkt (Abschn. 7.1). Im Vorfeld der Gletscher hinterließen die Schmelzwässer – wie bereits im Unterpleistozän – Schotterflächen und Sander.

Der größte Teil Süddeutschlands wurde während der Kaltzeiten durch periglaziale Prozesse überformt (Abschn. 7.3). Kennzeichnend für Periglazialgebiete ist das Auftreten von **Permafrost** – dauernd gefrorenem Untergrund – und eine lückenhafte, meist baumlose Tundrenvegetation (u. a. Wermut, Heidekraut, Gräser). An den periglazial geprägten Hängen der Mittelgebirge entstanden verbreitet Frostschuttdecken und Fließerden, während in den Beckenlandschaften vor allem in den trockenen Phasen der Kaltzeiten äolische (durch Wind transportierte) Staubsedimente als Löss abgelagert wurden (Abb. 7.30). Lösse und andere periglaziale Lockersedimente bildeten das Ausgangsmaterial der heutigen Böden, prägen den Wasserhaushalt der Landschaft wesentlich mit und sind deswegen von großer Bedeutung für den darauf heute wirtschaftenden Menschen (Kapitel 9). In Lössablagerungen sind aber häufig auch Bodenbildungen aus früheren Warmzeiten hervorragend konserviert worden. Solche Paläoböden liefern wichtige und zeitlich gut differenzierbare Archive der quartären Klima- und Landschaftsgeschichte (Exkurs 35). Periglaziale Hangschuttdecken und Fließerden sind dagegen wesentlich schwieriger zu gliedern, denn diese Ablagerungen wurden in jeder nachfolgenden Kaltzeit weitgehend umgelagert, vermischt oder auch vollständig abgetragen. Lediglich die Deckschichten der letzten Kaltzeit entgingen bis zum Eingreifen des Menschen diesem natürlichen Recyclingprozess. Aus diesem Grund wird die periglaziale Überformung Süddeutschlands erst am Beispiel des Würm-Komplexes ausführlich behandelt (Abschn. 7.3).

Im Mittelpleistozän erreichte auch die Landformung durch Fließgewässer noch einmal größere Bedeutung. Verstärkte tektonische Aktivitäten und die mehrfachen Klimawechsel führten dazu, dass die Flüsse rasch in die Tiefe erodierten und die Schichtstufen dadurch weiter herauspräpariert wurden. Als die tektonischen Hebungsvorgänge gegen Ende des Riß-Komplexes nachließen, konnten sich viele Flüsse mangels Gefälle nicht mehr tiefer in den Untergrund einschneiden, und im Oberpleistozän kam es häufig sogar wieder zu einer Aufschüttung der mittelpleistozänen Talböden (Abschn. 7.3).

7.1 Maximalvereisung und Talentwicklung während des Mittelpleistozäns

Nach neueren Erkenntnissen erlebte Süddeutschland während des Riß-Komplexes (400 000 – 130 000 J. v. h.) mindestens zwei, vielleicht auch drei eigenständige Kaltzeiten (Tabelle 6.1, Abb. 7.1). In den dazwischen liegenden Warmphasen waren die Alpengletscher möglicherweise bis auf ihre heutige Größe zurückgeschmolzen, und es herrschten warm-gemäßigte Klimabedingungen wie in der Gegenwart (Abschn. 7.2).

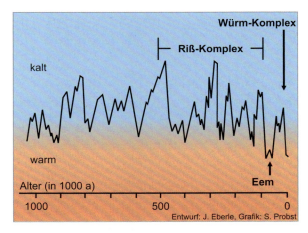

Abb. 7.1 Schematische Rekonstruktion der Klimaschwankungen in der zweiten Hälfte des Pleistozäns. Riß- und Würm-Komplex werden durch die ausgeprägte Eem-Warmzeit getrennt. Der Riß-Komplex des süddeutschen Alpenvorlandes wird inzwischen in mehrere eigenständige Kaltzeiten untergliedert (vgl. Tabelle 6.1).

Die Vergletscherung des Alpenvorlandes

In weiten Teilen des **Alpenvorlandes** wird der Maximalstand der Vergletscherung von Moränen des Riß-Komplexes gebildet. Lediglich zwischen den Flusstälern von Riß und Iller sowie östlich von München stießen die mindelzeitlichen Gletscher noch etwas weiter nach Norden vor. Die größten Vorlandgletscher entwickelten sich während des Mittel- und Oberpleistozäns vor den Ausgängen der alpinen Haupttäler. Die in den Gebirgstälern stark kanalisierten Gletscherströme konnten im Alpenvorland ungehindert ausfließen und sich großflächig ausbreiten. Die plastisch fließenden Eismassen benutzten und überformten die vorhandenen Schmelzwassertäler und Zungenbecken vorhergehender Gletschervorstöße. Dabei beseitigten sie einerseits weitgehend die Spuren älterer Kaltzeiten, andererseits kam es auf diese Weise zu mehrfacher intensiver Abtragung, subglazialer Übertiefung und erneuter Verschüttung der großen Becken des Alpenvorlandes. Tiefbohrungen in Zungenbecken, die heute meist von Seen oder Mooren eingenommen werden, belegen die komplexe und mehrphasige Entstehung dieser kaltzeitlichen Großformen.

Die Eismächtigkeit erreichte am Alpenrand über eintausend Meter, verringerte sich am Außenrand der Gletscherzungen aber auf weniger als hundert Meter (Blockbild 6, S. 96). Besonders mächtig war das Eis des Rheingletschers über dem Bodenseebecken, weshalb es dort auch zur intensivsten Abtragung und Übertiefung durch Eis und vor allem durch subglaziale, an der Sohle von Gletschern unter hohem Druck abfließende Schmelzwässer kam.

Außerhalb der Alpen gelangte kaum noch Verwitterungsmaterial auf die Eisoberfläche. Die Gletscher erschienen daher mit zunehmender Entfernung vom Alpenrand als weitgehend schuttfreie Eisströme. Ausnahmen bildeten einzelne Obermoränen-Stränge sowie Seitenmoränen, die sich zwischen den einzelnen Gletscherzungen häufig zu lang gestreckten und teilweise mächtigen Mittelmoränen vereinigten. Vor und unter dem Eiskörper wurden die Sedimente durch Schmelzwasser bewegt und dabei abgeschliffen und gerundet. Zusammen mit groben Kiesen und Sanden gelangten auch große Mengen an Feinmaterial in das Vorfeld der Gletscher und konnten dort als Löss ausgeweht werden. Darin zeigt sich die enge Verzahnung von glazialen, glazifluvialen und periglazialen Prozessbereichen. Die Gletscher trafen während der Vorstoßphasen auf die zuvor abgelagerten Schmelzwassersedimente und überformten diese zu Moränen. Daher bestehen viele Moränenwälle des Alpenvorlandes – im Gegensatz zu inneralpinen Ablagerungen – fast ausschließlich aus gut gerundeten Schottern und Sanden (Abb. 7.2). Die wenigen kantigen Blöcke wurden auf oder im Eis transportiert und entgingen so der Bearbeitung durch die Schmelzwässer.

Moränen des Riß-Komplexes prägen im Alpenvorland die **Altmoränenlandschaft**, die im Süden von den Jungendmoränen (Würm) scharf begrenzt wird. Während des Oberpleistozäns (Würm-Komplex) wurde die Altmoränenlandschaft zwar nicht mehr glazial, wohl aber periglazial überprägt (Abschn. 7.3, Abb. 7.5). Aus diesem Grund werden die kaltzeitlichen Ausgangsformen des Riß-Komplexes häufig von jüngeren periglazialen Deckschichten (Fließerden, Lösslehm) überzogen. Die Altmoränen wurden dadurch bereits stärker abgetragen und sind deswegen vielfach nicht mehr markant

Abb. 7.2 Bild 1: Typische Altmoränenlandschaft im nördlichen Rheingletschergebiet zwischen Riedlingen und Biberach. Der Blick geht vom Bussen in Richtung Federseebecken und zeigt eine intensiv genutzte Agrarlandschaft. Die Waldgebiete befinden sich meist auf Riß-kaltzeitlichen Endmoränen oder auf besonders staunassen Standorten. **Bild 2:** Die meisten Moränensedimente des Alpenvorlandes bestehen aus überwiegend mäßig bis gut gerundeten Kiesen. Das vielfältige Schotterspektrum belegt ein alpines Einzugsgebiet. Im Aufschluss unterscheiden sich die glazialen Ablagerungen häufig nur durch ihre fehlende Schichtung oder eine vorhandene Stauchung von (glazi-)fluvialen Sedimenten (vgl. Abb. 7.6; Fotos: J. Eberle).

7.1 Maximalvereisung und Talentwicklung während des Mittelpleistozäns

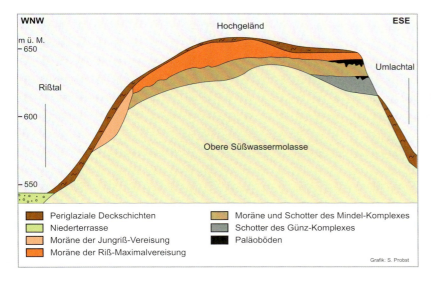

Abb. 7.3 Am Hochgeländ bei Biberach (Position 5 in Abb. 7.5) hat der Riß-zeitliche Gletschervorstoß ältere, stark verfestigte Schotter und Moränen nicht vollständig beseitigt. In den steilen Schluchten des Molasseberges konnte Albrecht Penck Ende des 19. Jahrhunderts wichtige Belege für seine Kaltzeitgliederung erarbeiten. Zwischen den Schottern und Moränen der unterschiedlichen Kaltzeit-Komplexe sind teilweise Reste warmzeitlicher Böden erhalten geblieben (verändert nach Graul 1968).

ausgeprägt. Das flachwellige Relief und die weit verbreiteten Lösslehme machen die Altmoränenlandschaft zum agrarökologischen Gunstraum des Alpenvorlandes (Abb. 7.2). Die größte Ausdehnung hat die Altmoränenlandschaft im Verbreitungsgebiet des ehemaligen Rheingletschers zwischen Hochrhein und Iller. Hier reichen die äußersten Endmoränen des Riß-Komplexes noch bis zu zwanzig Kilometer über die Würm-zeitlichen Endmoränen nach Norden hinaus (Exkurs 28 und Abb. 7.2). Diesem größten Vorlandgletscher folgten im Osten der Iller-

Exkurs 28

Der Rheingletscher im Mittelpleistozän

In mehreren großen Teilzungen stieß das Eis ausgehend vom Bodenseebecken, ..., nach Westen bis zum mittleren Hochrhein und nach Norden bis auf die südliche Schwäbische Alb vor. Dadurch wurde die Donau bei Sigmaringen verschüttet und das obere Donautal zeitweise in einen Eisstausee verwandelt. Die westliche Zunge des Rheingletschers schürfte das Bodenseebecken aus und modellierte die markanten, harten Schlotfüllungen der Hegauvulkane aus der sie umgebenden, leicht erodierbaren Molasse (Abb. 7.4).

Abb. 7.4 Feuer und Eis haben die Hegaulandschaft des westlichen Bodenseebeckens geformt. Die vulkanische Aktivität fand im Miozän statt (Abschn. 5.2), ihre heutige Form verdanken die markanten Phonolithkegel jedoch einer mehrfachen glazialen Überprägung durch den Rheingletscher, der während des Mittel- und Oberpleistozäns über das Bodenseebecken weit nach Westen vorstieß. Die steile Ostflanke des Hohentwiel war dem Gletscher zugewandt und wurde stärker durch Eis und Schmelzwässer erodiert als die leeseitige Westflanke. Im Hintergrund das Bodenseebecken (Untersee), das links vom Bodanrück und rechts vom Schienerberg begrenzt wird (Foto: J. Eberle).

Fortsetzung

Fortsetzung

Im östlichen Rheingletschergebiet befinden sich die klassischen Lokalitäten des Mittelpleistozäns, die bei Biberach durch Albrecht Penck und Eduard Brückner bereits Ende des 19. Jahrhunderts wissenschaftlich untersucht wurden (Abschn. 6.1). Der Maximalstand wird hier vom „Zungen-Riß" gebildet, unmittelbar südlich folgt bei Biberach das so genannte Doppelwall-Riß und schließlich in etwas größerem Abstand die Endmoräne der Jungriß-Kaltzeit (Abb. 7.5). Die besonders differenzierte Abfolge Riß-zeitlicher Ablagerungen in diesem Raum ist dadurch zur erklären, dass sich mit der Ablenkung des Alpenrheins nach Westen zum Bodenseebecken im Unterpleistozän (Abschn. 6.2, Abb. 6.14) auch der Eisabfluss in dieser Richtung verstärkte. Von Kaltzeit zu Kaltzeit floss daher immer mehr Rheingletschereis nach Westen statt nach Norden ab. Die älteren Moränen der Riß-Kaltzeit wurden bei Biberach folglich nicht mehr von jüngeren Eisvorstößen erreicht und blieben daher erhalten (Abb. 7.5). Auch die nordwestliche Ausrichtung der Längsachse des Bodensees spiegelt diese Verlagerung der Hauptabflussrichtung der Eismassen wider.

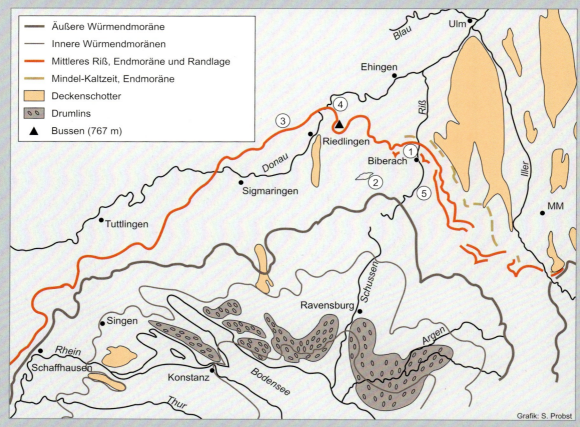

Abb. 7.5 Das Rheingletschergebiet im Mittel- und Oberpleistozän. Der Verlauf der Endmoränen belegt die zunehmende Verlagerung der Hauptabflussrichtung nach Westen zum Hochrhein. Die Hauptverbreitungsgebiete der Drumlins liegen südlich der Inneren Würmendmoränen. Sie sind daher wahrscheinlich erst während der letzten Vorstoßphase des Rheingletschers entstanden. Die eingetragenen Zahlen (1–5) bezeichnen die Lage wichtiger Standorte/Aufschlüsse, auf die im Text bzw. in anderen Abbildungen Bezug genommen wird (verändert nach Geyer & Gwinner 1991).

Abb. 7.6 Moränen des Rheingletschers aus der Riß-Kaltzeit. **Bild 1:** Die große Kiesgrube Scholterhaus bei Biberach gehört zu den wenigen heute noch gut zugänglichen Aufschlüssen aus der frühen Phase der Eiszeitforschung (Position 1 in Abb. 7.5). Die leicht gestauchten Geschiebemergel einer Grundmoräne trennen als helles Band die beiden mächtigen Vorstoßschotter des Riß-Komplexes. An dieser Stelle gelang Penck und Brückner der Nachweis, dass es während der Riß-Kaltzeit nicht nur einen, sondern mehrere Eisvorstöße gab.
Bild 2: Grobblockige Riß-zeitliche Moräne über Oberer Süßwassermolasse am Federseekliff bei Seekirch (Position 2 in Abb. 7.5). Hier ist zu erkennen, dass der Vorstoß des Rheingletschers ältere pleistozäne Ablagerungen vollständig bis auf die Molassebasis erodiert hat.
Bild 3: Profil in der äußersten Endmoräne des Riß-kaltzeitlichen Rheingletschers auf der Schwäbischen Alb westlich von Riedlingen (Position 3 in Abb. 7.5). In der blockigen Moräne dominieren kantige Gesteine des Weißjura gegenüber verschiedenen alpinen Geröllen. In der Regel bestehen die Ablagerungen der Endmoränen von Vorlandgletschern überwiegend aus gut gerundeten, glazial gestauchten Schmelzwassersedimenten (Abb. 7.2). Vermutlich ist der Gletscher an dieser Stelle in periglaziale Deckschichten vorgestoßen und hat diese gestaucht (Fotos: J. Eberle).

Wertachgletscher, der Ammersee- und Isargletscher sowie der Inn-Chiemsee- und Salzachgletscher.

Durch die abnehmende Eismächtigkeit im Randbereich der Vorlandvereisung ragten höher liegende Molasserücken teilweise aus dem Eis heraus oder wurden nur schwach glazial überformt (Blockbild 6, S. 96). An einigen Stellen, wie etwa am Hochgeländ südlich von Biberach, blieben innerhalb der Riß-zeitlichen Moränenlandschaft sogar Reste älterer Moränen und Deckenschotter erhalten (Abb. 7.3). Dies zeigt, dass die erosive Wirkung der Vorlandgletscher außerhalb der großen Zungenbecken und Abflussrinnen oft nicht sehr groß war.

Vergletscherung der Mittelgebirge

Ältere Vorstellungen gingen von einer großräumigen Vergletscherung fast aller süddeutschen Mittelgebirge aus. Ursache für diesen Irrtum war vermutlich eine Fehldeutung der heute bekannten periglazialen Ablagerungen als Moränen. Inzwischen ist jedoch zweifelsfrei belegt, dass es in Süddeutschland nur im Schwarzwald und im Bayerischen Wald während des Riß- und Würm-Komplexes zu einer bedeutenden Vergletscherung kam. Möglicherweise waren beide Mittelgebirge erst zu Beginn des Mittelpleistozäns weit genug über die Schneegrenze herausgehoben, und frühere Vereisungen fanden daher nicht statt. Andererseits kann es schon während des Mindel-Komplexes kleinere Eisfelder oder auch Gletscher gegeben haben, deren Spuren im Zuge der Geomorphodynamik in den nachfolgenden Kaltzeiten wieder komplett beseitigt wurden. Auch wenn sich in anderen süddeutschen Mittelgebirgen keine Gletscher entwickelten, so deuten flache, konkave Hangmulden in Schattlagen darauf hin, dass mehrjährige Firnfelder existierten. Besonders zahlreich sind solche ehemaligen Firnmulden oberhalb von etwa 800 Metern auf der Schwäbischen Kuppenalb und im Fichtelgebirge anzutreffen.

Der **Südschwarzwald** war besonders großflächig vergletschert. Von einem plateauartigen Vereisungszentrum am Feldberg strömten Talgletscher radial ab und erreichten während der Riß-Vereisungen bis zu 30 Kilometer Länge (Abb. 7.7). Die Schneegrenze lag damals in einer Höhe von 700 bis 800 Metern. Im **Nordschwarzwald** erreichten Talgletscher nur eine Länge von wenigen Kilometern, hier herrschte eine typische Karvergletscherung vor. Die dazugehörigen sesselförmigen Hohlformen treten im Schwarzwald in großer Zahl auf und sind mit ihren häufig noch vorhandenen Seen charakteristische und sehr reizvolle Elemente der Landschaft (Abb. 7.8).

Kare entstanden bevorzugt an steilen schattigen Hängen, wo zunächst Schnee über mehrere Jahre erhalten blieb und dabei zu Firn und Eis umgewandelt wurde. An der Grenze zwischen Eis und Felsoberfläche waren, aufgrund intensiver Durchfeuchtung, Verwitterungsprozesse besonders wirksam. Im Lauf der Zeit entstanden flache Hangnischen, in denen immer mehr Schnee akkumuliert werden konnte. Mit zunehmender Mächtigkeit der Firn- und Eisschichten setzte schließlich eine Hangabwärtsbewegung des Eises ein. Erst ab diesem Zeitpunkt kann von Kargletschern gesprochen werden. Die Kare sind genau wie Zungenbecken und Trogtäler das Ergebnis einer mehrfachen Vergletscherung während des Mittel- und Oberpleistozäns.

Die glazial überprägten Mittelgebirgsbereiche weisen einen sehr markanten Formenschatz auf, der trotz nachfolgender periglazialer und fluvialer Überformung in weiten Teilen noch gut erhalten ist. Insbesondere am flachen, der Donau zugewandten Ostabfall des Südschwarzwaldes sind verschiedene glaziale Formen eindrucksvoll zu erkennen (Abb. 7.8). Zeugen der glazialen Prägung sind die zahlreichen Kare, Endmoränenwälle und Rundhöcker sowie erratische Blöcke. Die ehemaligen Zungenbecken der größeren Talgletscher bilden mit ihren Seen und Mooren ebenfalls Relikte der einstigen Glaziallandschaft. Ein bekanntes Beispiel ist das Becken des Titisees. Am Westabfall des Schwarzwaldes erfolgte

Tabelle 7.1 Tabellarische Übersicht der Vergletscherung im Schwarzwald und im Hinteren Bayerischen Wald während des Mittel- und Oberpleistozäns. Eine genauere zeitliche Zuordnung des Formenschatzes ist nur bei einigen Moränenwällen der Talgletscher möglich (verändert nach Rother 1995).

Mittelgebirge	Gletschertyp	Längster Talgletscher (Riß/Würm) in km	Tiefste Lage der Schneegrenze (m ü. M.)		Tiefste Lage Endmoräne (m ü. M.)
			Riß	Würm	
Südschwarzwald (1493 m)	Plateau-Vereisung Talgletscher Kargletscher	35/25	700–800	900–1100	500
Nordschwarzwald (1164 m)	Kargletscher Talgletscher	7/5	?	850	700
Hinterer Bayerischer Wald (1456 m)	Kargletscher Talgletscher	?/7	>1000	700–1100	720

7.1 Maximalvereisung und Talentwicklung während des Mittelpleistozäns

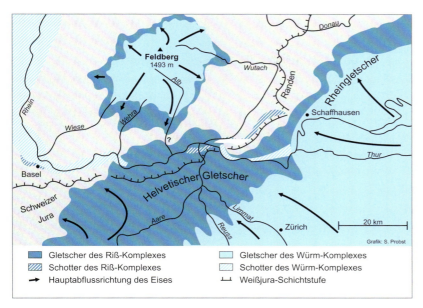

Abb. 7.7 Vergletscherung im südwestlichen Süddeutschland im Mittel- und Oberpleistozän. Noch nicht endgültig geklärt ist die Frage, ob es während der Riß-kaltzeitlichen Maximalvereisung im Bereich des Hotzenwaldes eine Verbindung zwischen Schwarzwald- und Alpeneis gegeben hat (verändert nach Schreiner 1992).

Abb. 7.8 Spuren glazialer Formung im Schwarzwald. **Bild 1:** Am Feldberg (1493 m), dem höchsten Punkt des Schwarzwaldes, ist die glaziale Überprägung durch das kuppige Relief und die glazialen Sedimente belegt. Ausgehend von der im Mittel- und Oberpleistozän vorhandenen Eiskappe flossen zahlreiche Gletscher in alle Richtungen ab und überprägten beispielsweise das trogartige Tal von Menzenschwand (**Bild 2**; Fotos: J. Eberle). In diesem Tal sind die Endmoränen der Würm-Kaltzeit besonders gut erhalten geblieben (**Bild 3**; Foto: M. Wieland). **Bild 4:** Übersteilte Karwände prägen den Nordabfall der Hornisgrinde (1164 m) im Nordschwarzwald. Die sesselförmigen Hohlformen entwickelten sich im Verlauf mehrerer Kaltzeiten während des Mittel- und Oberpleistozäns (Foto: F. Scharfe).

dagegen durch die steil zum Oberrheingraben abfließenden Gewässer eine stärkere Überformung und Abtragung des kaltzeitlichen Reliefs.

Trotz vergleichbarer Höhenlage erreichte die Vergletscherung im **Hinteren Bayerischen Wald** nicht das gleiche Ausmaß wie im Südschwarzwald. Die Größe der Eisflächen betrug hier maximal fünf Quadratkilometer, die längsten Gletscher erstreckten sich über rund sieben Kilometer (Tabelle 7.1). Eine Erklärung dafür ist die östliche und damit kontinentalere Lage dieses Mittelgebirges mit dementsprechend geringeren Niederschlägen. Der Schwarzwald dürfte während der Hochglaziale aus Westen deutlich mehr Schneeniederschläge empfangen haben, wodurch der Eisaufbau begünstigt wurde. Vereisungszentren im Bayerischen Wald waren das Arbermassiv und die Region um Rachel und Lusen (Exkurs 33). In den anderen Gebieten fanden vor allem periglaziale Prozesse statt (Abschn. 7.3).

Die Hauptphase der pleistozänen Talbildung

Im Mittelpleistozän kam es nicht nur zu den geschilderten klimatischen Schwankungen, sondern auch zu verstärkten tektonischen Aktivitäten. In Hebungsgebieten fand ein markantes Einschneiden der Flüsse statt, während in Senkungsgebieten die Verschüttung der Landschaft anhielt. Viele Täler erhielten dadurch im Mittelpleistozän ihre entscheidende geomorphologische Ausgestaltung. Dabei waren die an Schmelzwasser reichen Früh- und Endphasen der Kaltzeiten Abschnitte besonders starker Erosion, während in den trockenen Hochglazialen Sedimentation und Verschüttung vorherrschten (Abb. 7.32).

Auch in den Warmzeiten mit ihrer geschlossenen Pflanzendecke war das Ausmaß der Tiefenerosion eher gering (Abschn. 7.2). Diese klimatische Sichtweise klammert allerdings tektonische Aktivitäten aus, die durch Abflussbeschleunigung lokal oder regional zu erheblichen Abweichungen oder gar zu einer Umkehrung dieses Prinzips führen können.

Die ehemaligen Riß-kaltzeitlichen Talböden treten heute als Hochterrassen an Rhein, Neckar, Main und Donau sowie an vielen anderen Flüssen auf. Vor allem im westlichen Alpenvorland und am Hochrhein sind verbreitet mehrgliedrige Hochterrassenkomplexe anzutreffen, die mit den Gletscherständen des Riß-Komplexes verknüpft werden können. Die Schotterkörper der Hochterrassen sind fast immer von jüngeren periglazialen Sedimenten, meist Löss oder Lösslehm, überdeckt. An manchen Stellen können diese Ablagerungen durch Paläoböden gegliedert sein (Abb. 7.31).

In Senkungsgebieten wie dem Oberrheingraben fehlen Riß-kaltzeitliche Terrassen weitgehend. Lediglich auf den weniger stark abgesunkenen Randschollen der Vorderpfalz und des Mainzer Beckens haben die Nebenflüsse des Rheins mehrgliedrige pleistozäne Terrassentreppen hinterlassen. In anderen Bereichen war die tektonische Absenkung über lange Zeiträume stärker als die Tiefenerosion der Flüsse. Folglich kam es in diesen Gebieten zur Aufschotterung und Stapelung fluvialer Ablagerungen. So liegen die mittelpleistozänen Schotter im Oberrheingraben als so genanntes Mittleres Kieslager unter den oberpleistozänen Schottern begraben und sind nur aus Bohrungen bekannt (Abb. 6.7).

Erosionsphasen hinterlassen in den Abtragungsgebieten nur wenige und meist schlecht verwertbare Geoarchive. In tektonischen Senkungsgebieten wie der Heilbronner Mulde kam es dagegen zur Ablagerung fluvialer Sedimente. Der Neckar hat hier zu Beginn des Mittelpleistozäns, während des Hoßkirch-Komplexes, die bis zu 35 Meter mächtigen Frankenbacher Schotter und Sande abgelagert (Exkurs 29). Die dortigen Fossilfunde zeigen große Übereinstimmung mit denjenigen von Mauer (Fundort *Homo Heidelbergensis*), vom Main bei Würzburg (Abb. 6.5) sowie mit den Mosbacher Sanden bei Wiesbaden. In den Mosbacher Sanden wurden über 60 Säugetierarten identifiziert. Sie gehören damit zu den bedeutendsten mittelpleistozänen Geoarchiven Europas.

Die tektonischen Aktivitäten wirkten sich auch auf die nach Süden gerichtete danubische Entwässerung aus. Die **Donau** selbst konnte sich weiter einschneiden, die Durchbruchstäler im Bereich der Schwäbisch-Fränkischen Alb erhielten weitgehend ihre heutige Form. Daneben kam es durch die Aufgabe von längeren Talabschnitten wie dem Blautal zwischen Ehingen und Ulm und dem Tal der Altmühldonau auf der südlichen Frankenalb zu beträchtlichen Laufverkürzungen der Donau. Sie fließt seither über weite Strecken an der geologischen Grenze zwischen Weißjura und Molasse und dient dort als Sammelader überwiegend alpiner Flüsse. Lediglich im Oberen Donautal sowie in der Weltenburger Talenge verläuft der Fluss heute noch innerhalb der widerständigen Weißjurakalke (Abb. 7.9).

Mit dem Einschneiden der Donau musste sich der Karstwasserspiegel auf die tiefere Lage des Flusses einstellen. Die Verkarstung der Schwäbisch-Fränkischen Alb erreichte folglich zunehmend tiefere Stockwerke, kleinere Seitentäler verloren immer mehr Wasser in den Untergrund, konnten sich dadurch nicht weiter eintiefen und wurden zu Trockentälern. Auch jungtertiäre Flusshöhlen wie die Bärenhöhle der Schwäbischen Alb fielen dabei endgültig trocken (Abschn. 5.4). Diese Prozesse dauern bis heute an und lassen sich aktuell am Oberlauf der Donau bei Tuttlingen beobachten. Das Donauwasser versickert hier während der meisten Zeit des Jahres im Untergrund, wodurch das Donautal über mehrere Kilometer zum Trockental wird. Bis zu dieser Eintiefungsphase waren weite Bereiche der süddeutschen Karstlandschaften noch durch ein sehr viel dichteres Netz an Oberflächen-

7.1 Maximalvereisung und Talentwicklung während des Mittelpleistozäns

Abb. 7.9 Das Engtal der Donau zwischen Kehlheim und Regensburg. Auf diesem kurzen Abschnitt verläuft die Donau noch heute in den Massenkalken der Frankenalb (Foto: E. Eberle).

gewässern geprägt. Mit dem Trockenfallen vieler Täler endet die fluviale Formung in weiten Teilen der Karstlandschaften. Dies erklärt auch, warum gerade in diesen Landschaften so viele ältere Sedimente und Oberflächenformen als Geoarchive erhalten geblieben sind.

Gleichzeitig haben sich im Verlauf des Mittelpleistozäns die Nebenflüsse des **Rhein-Main-Neckar-Systems** weiter rückschreitend in das Schichtstufenland eingeschnitten. Besonders ausgeprägt zeigt sich die Zerschneidung der Weißjurastufe am Trauf der Mittleren Schwäbischen Alb, wo der Neckar heute teilweise weniger als zehn Kilometer von dieser Stufe entfernt fließt und seine südlichen Nebenflüsse auf dieser kurzen Distanz Höhenunterschiede von bis zu 600 Metern überwinden. Außerhalb der Alpen gibt es in Süddeutschland steilere Längsprofile der Flüsse nur noch am Westabfall des Schwarzwaldes, wo die rückschreitende Erosion, ausgehend vom Oberrheingraben, ebenfalls sehr rasch voranschreiten konnte.

Die Tiefenerosion der Flüsse fand nicht kontinuierlich statt. Vor allem **Flüsse des Alpenvorlandes** mit ihren vergletscherten Einzugsgebieten waren großen Abflussschwankungen unterworfen. So kam es etwa beim Rückschmelzen der Riß-kaltzeitlichen Gletscher häufiger zu einzelnen, extremen Abflussereignissen. Im Raum Riedlingen lässt sich der Ausbruch eines großen Zungenbeckensees des Rheingletschers nachweisen. Die dabei entstandene Flutwelle riss mehrere Kubikmeter große Blöcke aus tertiären Süßwasserkalken kilometerweit talabwärts (Abb. 7.10). Solche extremen Ereignisse haben mit Sicherheit wesentlich zu Veränderungen der Flussläufe beigetragen. Im Fall des Seeausbruchs von Riedlingen wurde durch die Flutwelle wahrscheinlich die Laufverkürzung der Donau zwischen Munderkingen und Ulm vollzogen.

Abb. 7.10 Kiesgrube Zwiefaltendorf nördlich von Riedlingen an der Donau (Nr. 4 in Abb. 7.5). Die großen Blöcke aus Kalken der Süßwassermolasse (E) gelangten durch einen Bergrutsch in das Riedlinger Zungenbecken des zurückschmelzenden Rheingletschers und verursachten den Ausbruch eines großen Schmelzwassersees. Über den Blöcken liegen Vorstoßschotter (D), eine feinkörnige Grundmoräne (C) und die Endmoräne des Riß-kaltzeitlichen Maximalstandes (B), der die Blocklage überfahren hat. Den Abschluss bilden Reste periglazialer Deckschichten des Würm-Komplexes mit der holozänen Bodenbildung (A) (Fotos: J. Eberle).

Exkurs 29

Was „erzählen" die Schotter und Sande am Neckar?

Eine ehemalige Kiesgrube in Heilbronn-Frankenbach erschließt fluviale Ablagerungen des Neckars aus dem Mittelpleistozän sowie eine etwa 15 Meter mächtige Deckschichtenabfolge aus dem Mittel- und Jungpleistozän (Abb. 7.11). In den bis zu 35 Meter mächtigen Schottern und Sanden der Grube hat man zahlreiche Knochenreste von Großsäugern gefunden, die eine gute Vorstellung der mittelpleistozänen Umwelt vermitteln. Die Knochen von Wald- und Steppenelefanten, Löwe, Nashorn sowie unterschiedlicher Paarhufer (Waldbison, Rothirsch, Wildschaf, Wildpferd) belegen eine offene Waldlandschaft oder Waldsteppe mit sehr differenzierten Teillebensräumen.

Noch bekannter sind die Neckarablagerungen von Mauer südlich von Heidelberg. In diesen Sanden wurden Tausende von Knochen gefunden, darunter auch der etwa 600 000 Jahre alte Unterkiefer des *Homo heidelbergensis*, der bis heute älteste menschliche Knochen Mitteleuropas (Abb. 6.2). Da die Ablagerungen von Mauer feinkörniger sind als die Schotter von Frankenbach, ist der Erhaltungszustand der Fossilien dort noch sehr viel besser. Eine genaue zeitliche Parallelisierung der Sedimente von Mauer und Frankenbach ist bis heute nicht möglich, doch scheint ihre Stellung im Hoßkirch-Komplex gesichert.

Im Bereich der Aufwölbung des Hessigheimer Sattels zwischen Stuttgart und Heilbronn hat sich der Neckar dagegen im Lauf des Pleistozäns bis zu einhundert Meter tief in den harten Muschelkalk eingeschnitten. Während an den flachen Gleithängen oft mehrgliedrige Terrassentreppen entwickelt sind, fallen die steilen Prallhänge vom Niveau der pliozänen Höhenschotter direkt zur heutigen Flussaue ab. Das in seinem Querschnitt kastenförmige Neckartal weist in diesem Abschnitt zahlreiche ausgeprägte Flussschlingen auf, die nur teilweise noch vom Neckar durchflossen werden. Die abgeschnittenen Schlingen lassen sich anhand der Höhenlage ihrer Schotterbasis oder mehrgliedriger periglazialer Deckschichten chronologisch ordnen und erlauben so eine ungefähre Rekonstruktion der Eintiefung des Neckars im Pleistozän (Abb. 7.12).

Abb. 7.11 Die Ablagerung der Frankenbacher Schotter (FS) in der Umgebung von Heilbronn begann im Mittelpleistozän (Hoßkirch-Komplex). Die Kiese und Sande im unteren Abschnitt des Profils (Bildausschnitt) lieferten zahlreiche Reste von Großsäugern. Über diesen Schottern liegen Löss-Deckschichten, in denen mehrere fossile Warmzeitböden entwickelt sind. Der markante braune Horizont ist der Eem-zeitliche Boden, darüber folgt die dunkelgraue Mosbacher Humuszone (MH). Sie gehört bereits zum Deckschichten-Komplex der Würm-Kaltzeit (s. Abb. 7.31; Foto: S. Mailänder).

7.1 Maximalvereisung und Talentwicklung während des Mittelpleistozäns

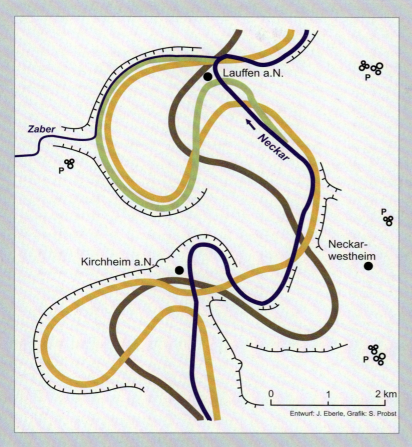

Abb. 7.12 Laufveränderungen und Mäanderdurchbrüche am mittleren Neckar südlich von Heilbronn. Als älteste Flussablagerungen des Neckars gelten die pliozänen Höhenschotter (P, Buntsandstein- und Keupergerölle), die vor allem auf den Hochflächen östlich des Neckars zu finden sind (Exkurs 21). Sie liegen etwa hundert Meter über dem heutigen Neckar. Die Schlinge von Neckarwestheim wurde spätestens zu Beginn des Mittelpleistozän vom damaligen Neckar (braun) verlassen, während die Kirchheimer Schlinge noch bis gegen Ende des Riß-Komplexes benutzt wurde (orange). Die Hänge beider Schlingen sind stark periglazial überformt, und auch in den Tiefenlinien sind mächtige Lössablagerungen anzutreffen. Nördlich von Kirchheim ist bereits ein neuer Prallhang entstanden. Erst vor etwa 2 000 Jahren verließ der Neckar die markant ausgeprägte Schlinge bei Lauffen (grün), deren Talboden bis heute von Resten eines Auwaldes eingenommen wird. Noch 1824 folgte der Neckar während eines Hochwassers dieser Abflussbahn (verändert nach Wild 1955).

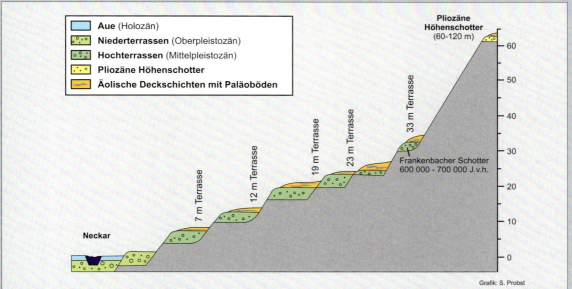

Abb. 7.13 Sammelprofil der Flussterrassen am mittleren Neckar. Hebung und pleistozäne Klimaschwankungen überschneiden sich im Zuge der Terrassenbildung, wodurch eine sichere Zuordnung zu Kalt- und Warmzeiten sehr schwierig ist, so lange keine zuverlässige Datierung der Terrassenniveaus geglückt ist. Es wird jedoch deutlich, dass die mittelpleistozäne Eintiefung am Neckar beachtlich gewesen sein muss. So liegen die Frankenbacher Schotter bei Heilbronn 33 Meter über der heutigen Neckaraue (verändert nach Bibus & Wesler 1995).

Die anhaltende tektonische Hebung während des Mittelpleistozäns führte in weiten Teilen des Alpenvorlandes dazu, dass sich die Flüsse immer weiter in die zuvor flächenhaft abgelagerten Deckenschotter einschneiden konnten. Auf diese Weise begann die Entstehung des ausgeprägten Schachtelreliefs, das letztlich durch die immer wieder neue Zerschneidung alter Talböden zu erklären ist und dessen Entwicklung sich bis in das Holozän fortsetzt (Kapitel 8).

Fazit zur Talbildung am Ende des Mittelpleistozäns

Am Ende des Riß-Komplexes war das Flussnetz in Süddeutschlands weitgehend ausgebildet. Die Haupteintiefung war erfolgt, und mit nachlassender Schleppkraft der Flüsse setzte vielerorts sogar eine Phase der Aufschüttung ein. Die Mindel- und Riß-Komplexe waren daher die Abschnitte der intensivsten Formung im Verlauf des Quartärs. Während dieser beiden Kaltzeit-Komplexe hatte das Relief Süddeutschlands in großen Teilen bereits seine heutige Gestalt bekommen: Das Schichstufenrelief war voll entwickelt, die Zerschneidung der Mittelgebirge entsprach weitgehend der aktuellen Situation. Die Veränderungen in den letzten 130 000 Jahren des Quartärs waren – ausgenommen die nochmals vergletscherten Teilräume – vergleichsweise gering, was wohl vor allem auf die Abnahme tektonischer Aktivitäten in dieser Zeit zurückzuführen ist (Abschn. 7.3 und Kapitel 8).

7.2 Das Eem – die Warmzeit zwischen Riß- und Würm-Komplex

Die nach einem Fluss in den Niederlanden benannte Eem-Warmzeit umfasste einen Zeitraum von etwa 15 000 Jahren. Diese jüngste Warmzeit des Pleistozäns endete mit dem Beginn der Würm-Kaltzeit vor etwa 115 000 Jahren. Die Geoarchive des Eems sind trotz nachfolgender, erneuter kaltzeitlicher Überprägung an vielen Stellen sehr gut erhalten geblieben. Häufig ist ihre Konservierung sogar einer Würm-zeitlichen Verschüttung zu verdanken. Dies gilt beispielsweise für Seesedimente, Torfe oder auch für Paläoböden, die man heute mit Hilfe moderner Datierungsmethoden zeitlich sehr genau einordnen kann. An dieser Stelle werden, stellvertretend für frühere und bislang nur kurz gestreifte Warmzeiten, einige wesentliche Aspekte interglazialer Landformung beschrieben.

Vegetationscharakter der Eem-Warmzeit

Von Interglazialen oder Warmzeiten wird dann gesprochen, wenn die klimatischen Verhältnisse mindestens so günstig waren wie in der gegenwärtigen Warmzeit des Holozäns. Im Zuge der Forschungsbohrung Samerberg (Abb. 7.14) südlich von Rosenheim konnten Wissenschaftler mit Hilfe pollenanalytischer Untersuchungen an Seesedimenten und Torflagen die Vegetationsentwicklung während des Eem-Interglazials modellhaft rekonstruieren. Demnach begann diese Warmzeit im Alpenvorland mit Birken-Kiefernwäldern, gefolgt von einer klimatisch besonders günstigen Phase mit Eichenmischwäldern und Eiben. Danach treten wieder ver-

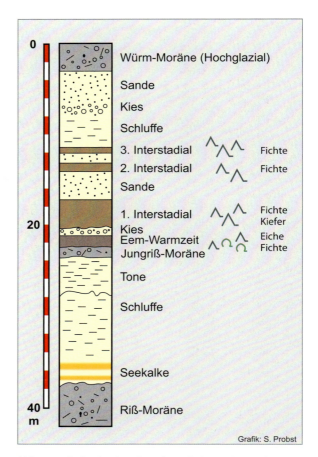

Abb. 7.14 Befunde einer Forschungsbohrung in den Seesedimenten des Beckens Samerberg südöstlich von Rosenheim. Zwischen Riß- und Würm-zeitlichen Sedimenten liegt der Eemzeitliche Horizont, der ein warmzeitliches Pollenspektrum (Mischwälder) aufweist. Während der drei Interstadiale des Würmkomplexes kam es ebenfalls zu einer Klimaverbesserung und zur Wiederbewaldung in Teilen des Alpenvorlandes. Echte warmzeitliche Bedingungen herrschten jedoch nur im Eem (verändert nach Schreiner 1992).

7.2 Das Eem – die Warmzeit zwischen Riß- und Würm-Komplex

Exkurs 30

Der Travertin von Bad Cannstatt

Ein warmzeitliches Phänomen, das weitgehend auf Tiefenlinien des Reliefs beschränkt bleibt, ist die Bildung sekundärer Kalksteine. Dazu gehören Quelltuffe, Kalksinter und Travertine (Sauerwasserkalke), deren Vorkommen an den Austritt von Wasser mit hohen Gehalten an Hydrogenkarbonat und Kohlensäure gebunden ist. An der Oberfläche entweicht die Kohlensäure, die Karbonate fallen aus und überziehen Vegetation sowie Pflanzenreste mit Krusten. Durch Oxidation von Eisen gebildete bräunliche Bänder verleihen dem wertvollen Baustein seine charakteristische Feinschichtung und Farbe (Abb. 7.15). Während der Kaltzeiten verhinderte dagegen Permafrost das Austreten flüssigen Wassers an der Oberfläche und damit auch das Ausfällen der Karbonate.

Die Travertin-Komplexe von Stuttgart und Bad Cannstatt sind bis zu 30 Meter mächtig und überlagern unterschiedlich alte pleistozäne Flussterrassen des Neckars. Ihre Bildung kann daher zeitlich mit der Eintiefung des Neckartals korreliert werden. So liegen die Eem-zeitlichen Travertine etwa sechs bis zehn Meter über dem heutigen Neckar auf und in den Schottern einer kaltzeitlichen Terrasse des Riß-Komplexes (Abb. 7.15). Die Quellaustritte sind an das Störungssystem des Fildergrabens gebunden und wurden schon zur Römerzeit genutzt. Heute schütten die Mineralquellen insgesamt 225 Liter in der Sekunde und speisen drei Heilbäder. Das Vorkommen bei Stuttgart ist nach Budapest das zweitgrößte Europas.

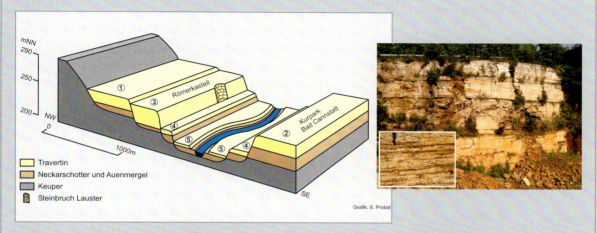

Abb. 7.15 Eine besonders eindrucksvolle Abfolge von pleistozänen Travertinterrassen ist an Gleithängen des Neckars bei Stuttgart und Bad Cannstatt entwickelt. Die ältesten Travertine (Nr. 1) werden aufgrund von Fossilfunden dem Hoßkirch-Komplex zugeordnet, die jüngsten stammen aus dem Holozän (Nr. 5). Dazwischen liegen die Travertine der Holstein- (Nr. 2 und 3) und Eem-Warmzeit (Nr. 4). Die Travertine überlagern Schotterkörper und Hochflutlehm der jeweils vorangegangenen Kaltzeit. Die Einschneidung des Neckars in die warmzeitlichen Kalkablagerungen erfolgte vor allem im Früh- und Spätglazial der anschließenden Kaltzeit. Nicht dargestellt ist die Lössbedeckung der Stufen 1 bis 4 (verändert nach Reiff 1994).
Rechts: Bad Cannstatter Travertin im Steinbruch Lauster (Lage s. Grafik). Auffallend ist die feine Schichtung des widerständigen Kalksteins. Geschliffen wird der begehrte Baustein vor allem als Wandverkleidung in öffentlichen Gebäuden verwendet (Foto: J. Eberle).

mehrt Pollen von Nadelbäumen, insbesondere von Fichte und Tanne, auf, und schließlich dominierten erneut Kiefern und Birken. Gegen Ende des Eems verschwand der Wald offenbar recht abrupt, was durch die starke Dominanz von Nichtbaumpollen in diesem Teil des Profils deutlich wird. Auffallend ist hier wie auch in anderen Eem-zeitlichen Leitprofilen, dass Pollenkörner der heute weit verbreiteten Rotbuche weitgehend fehlen.

In höher gelegenen, klimatisch ungünstigeren Höhenstufen dominierten im Eem die Nadelbäume gegenüber den Laubbäumen. Klimatische Gunsträume mit Wärme liebenden Laubhölzern waren bereits zur Riß-Kaltzeit die von Löss bedeckten Beckenlandschaften wie der Kraichgau oder der Oberrheingraben. Dies zeigt, dass es damals wie heute Höhenstufen und regionale klimatische Unterschiede gab, die bei der Interpretation von Pollenprofilen beachtet werden müssen. Im Oberrheingraben wurden lange Zeit die Ablagerungen des „Oberen Zwischenhorizontes" in das Eem gestellt. Inzwischen konnten jedoch aus diesen Ablagerungen sehr unterschiedliche Pollenspektren gewonnen werden, die verschiedenen Warmzeiten zuzuordnen sind.

Reliefentwicklung und Bodenbildung

Warmzeiten waren und sind die geomorphologisch stabilsten Abschnitte innerhalb des Quartärs. Durch eine weitgehend geschlossene Waldbedeckung und das gemäßigt-feuchte Klima ging die Abtragung der Landschaft nur langsam vonstatten. Eine Störung der Ökosysteme durch menschliche Eingriffe fand während der Eem-Warmzeit noch nicht statt. Dennoch wäre es falsch, die Warmzeiten des Pleistozäns als Phasen vollständiger geomorphologischer Ruhe anzusehen. Ausgeprägte Höhenunterschiede waren bereits vorhanden, und die vorangegangenen Kaltzeiten hatten verbreitet große Mengen an Lockermaterial zurückgelassen. Sicher ereigneten sich an Schichtstufen und anderen steilen Hängen lokale Rutschungen und fanden lineare Erosionsprozesse statt, so wie dies auch gegenwärtig noch beobachtet werden kann (Kapitel 9). Die damalige Dynamik der Flussauen und Täler ist jedoch mit heutigen Verhältnissen kaum zu vergleichen. Die Eem-zeitlichen Flüsse hatten große Überschwemmungsflächen zur Verfügung, änderten häufig ihre Abflussrinnen und lagerten verbreitet Hochflutsedimente ab. Nennenswerte linienhafte Tiefenerosion fand dabei jedoch nicht statt. Bezogen auf den Gesamtraum wurden die Talauen während einer Warmzeit am intensivsten umgestaltet, während vegetationsbedeckte Hänge und Flächen nur punktuell Veränderungen erfuhren.

Während des Riß-Komplexes waren in den Beckenlandschaften mächtige Lösse abgelagert worden. Darin entwickelten sich während der Eem-Warmzeit Böden, die hinsichtlich Verwitterungsgrad und Mächtigkeit große Ähnlichkeit mit den Böden des Holozäns aufweisen. In Lössprofilen und auf Riß-kaltzeitlichen Flussterrassen ist der Eem-Boden unter Deckschichten des Würm-Komplexes meist sehr gut erhalten geblieben (Abb. 7.11). Es handelt sich überwiegend um Parabraunerden mit einem ausgeprägten rötlich-braunen und oft mehr als einen Meter mächtigen Tonanreicherungshorizont (Bt-Horizont). Die Entstehung eines solchen Bodenhorizontes erfordert feucht-gemäßigte Klimabedingungen und dauert mehrere tausend Jahre. Deswegen sind diese Paläoböden gute Klimazeiger, und sie belegen, dass die letzte Warmzeit der heutigen recht ähnlich gewesen sein muss. Außerhalb der lössreichen Beckenlandschaften ist der Eemboden kaum erhalten geblieben, da dort die periglaziale Überformung der nachfolgenden Würmkaltzeit ältere Spuren weitgehend beseitigt hat (Abschn. 7.3).

7.3 Die Würm-Kaltzeit – der letzte Schliff für Süddeutschland

Etwa 100 000 Jahre lang (115 000–15 000 J. v. h.) herrschte in Süddeutschland die letzte große Kaltzeit. Der kälteste Abschnitt während des Würm-Hochglazials mit jährlichen Durchschnittstemperaturen von ungefähr –4 °C dauerte allerdings nur etwa 7000 Jahre (25 000–18 000 J. v. h.). Es war dabei nicht nur etwa 12 °C kälter als heute, sondern auch wesentlich trockener. Die jährlichen Niederschlagsmengen erreichten in Süddeutschland nur etwa die Hälfte der heutigen Werte (600 bis 2000 mm) und gingen überwiegend als Schnee nieder. Unter diesen kalt-trockenen Bedingungen entwickelte sich außerhalb der vergletscherten Gebiete ein Dauerfrostboden, der für die Wirksamkeit der periglazialen Abtragungsprozesse von großer Bedeutung war. Die Prozesse der Landformung während der Würm-Kaltzeit entsprachen weitgehend denen des Riß-Komplexes. Die Sedimente und Oberflächenformen der letzten Kaltzeit sind allerdings besser und vollständiger erhalten geblieben. Dies gilt insbesondere für den periglazialen Formenschatz, der daher in diesem Kapitel ausführlicher zu behandeln sein wird. Aufgrund nachlassender tektonischer Aktivitäten erreichte die glaziale Übertiefung sowie die erosive Zerschneidung und Talbildung während der Würm-Kaltzeit nicht mehr die Ausmaße des Riß-Komplexes.

Gliederung des Würm-Komplexes

Der Würm-Komplex begann mit der langen Phase des **Frühglazials** (115 000–25 000 J. v. h.), das durch den mehrfachen Wechsel kühler, waldloser Zeiten (Stadiale) und wärmerer Abschnitte (Interstadiale) mit Nadelwäldern gekennzeichnet war. Im Verlauf des Frühglazials wurde es in Schüben zunehmend kälter, bis schließlich vor etwa 28 000 Jahren der Temperatursturz zum **Hochglazial** stattfand. Es gilt heute als sicher, dass die hochglaziale Phase mit der Vergletscherung des Alpenvorlandes nur wenige tausend Jahre andauerte und bereits vor 18 000 Jahren ihren Höhepunkt überschritten hatte.

Im anschließenden **Spätglazial** (15 000–11 500 J. v. h.) setzte ein rascher Eiszerfall ein, der aber von kurzen Kälterückschlägen mit Gletschervorstößen oder Haltephasen unterbrochen wurde (Kapitel 8). Dies zeigt sich deutlich im westlichen Rheingletschergebiet, wo mit den Endmoränenständen von Singen und Konstanz mindestens zwei solche Phasen hinter dem Maximalstand von Schaffhausen in Erscheinung treten (Abb. 7.5). Spätestens vor 15 000 Jahren war das Alpenvorland wieder eisfrei, und auch die Vergletscherung der Mittelgebirge

Exkurs 31

Radiokohlenstoff-Altersbestimmung oder ^{14}C-Datierung

Mit dieser Methode, die im Jahr 1946 von Willard Frank Libby entwickelt wurde, lässt sich das Alter von abgestorbenem organischem Material bestimmen. Das Verfahren basiert auf dem Zerfall des radioaktiven Kohlenstoff-Isotops ^{14}C und erlaubt zuverlässige Datierungen für die letzten etwa 35 000 Jahre. Die Kohlenstoff-Isotope ^{12}C, ^{13}C und ^{14}C bilden natürliche Bestandteile der Luft. Die Isotope ^{12}C und ^{13}C sind stabil, während ^{14}C mit einer Halbwertszeit von 5730 Jahren zerfällt. Da in den oberen Schichten der Atmosphäre ^{14}C-Kerne unter Strahlungseinfluss neu gebildet werden, lässt sich nur organisches Material datieren, das dem Kohlenstoffkreislauf entzogen ist; datiert wird also der Zeitpunkt des Absterbens. Für eine Altersbestimmung besonders gut geeignet sind begrabene und damit fossile organische Bodenhorizonte, Holz, Holzkohle, Knochen und auch Kalkablagerungen wie Travertine oder Tropfsteine.

Wegen unterschiedlicher Gehalte an Kohlenstoff-Isotopen in der Atmosphäre müssen ^{14}C-Jahre mit Hilfe von Eichkurven in Kalenderjahre umgerechnet werden. Konventionelle ^{14}C-Alter werden auf das Jahr 1950 bezogen, da sich danach der atmosphärische ^{14}C-Gehalt vor allem durch oberirdisch gezündete Kernwaffen markant erhöht hat. Durch Anreicherung von Isotopen kann Material mit einem Alter von bis zu 50 000 Jahren datiert werden, doch treten dabei oft hohe Fehler auf.

dürfte beendet gewesen sein. Die Jüngere Tundrenzeit (Jüngere Dryas) steht für den letzten markanten Kälterückschlag und gleichzeitig das Ende des Würm-Komplexes vor etwa 11 500 Jahren. Erkenntnisse über die Dauer der einzelnen Abschnitte des Würm-Komplexes verdanken wir zahlreichen ^{14}C-Datierungen aus verschiedenen Geoarchiven wie z. B. Schotterkörpern, Seesedimenten und Mooren in und außerhalb der Alpen (Exkurs 31). Im Gegensatz zum Riß-Komplex lässt sich innerhalb des Würm-Komplexes bislang nur eine, allerdings mehrphasige alpine Vorlandvergletscherung (Würm-Hochglazial) nachweisen.

Tabelle 7.2 Gliederung und Archive des Würm-Komplexes. Die zeitlichen Abgrenzungen beruhen auf der aktuellen Quartärgliederung des Geologischen Landesamtes Baden-Württemberg. Stratigraphisch wichtige Paläoböden (Fettdruck in der rechten Spalte) sind der Lössstratigraphie entnommen (vgl. Abb. 7.31). „Humuszonen" sind Ausdruck einer offenen (Wald-)Steppe, der „Lohner Boden" ist ein Relikt von meist umgelagerten Braunerden, die eine wärmere Klimaphase zwischen kalttrockenen Lössbildungsphasen dokumentieren.

Chronologie	Zeit (J. v. h.)	Florenstufe	Moränenstände (* in den Alpen) (° Rheingletscher)	Paläoböden, Sedimente, Deckschichten
Holozän	11500			
Spätwürm	15000	Jüngere Dryas Alleröd Ältere Dryas Bölling Älteste Dryas	Egesen* Daun* (Gschnitz, Steinach, Bühl*)	Hauptlage **Allerödboden** Fließerden, Hangschutt, Torf
Hochwürm	25000		Konstanz ° Singen ° Schaffhausen °	Niederterrassenschotter Löss, Fließerden, Moränen
Frühwürm	111500			**Lohner Boden** Niedereschbach Fließerden, Löss Schotter, Torfe **Mosbacher Humuszonen**
Eem				**Eem-Boden**

Abb. 7.16 Die Kiesgrube Vockental südlich von Memmingen. An diesem Aufschluss lässt sich nachweisen, dass der Würm-zeitliche Illergletscher ältere und teilweise bereits durch Karbonat verfestigte Sedimente in seine Endmoräne eingebaut hat. Es handelt sich dabei vermutlich um Riß-zeitliche Ablagerungen (Foto: J. Eberle).

Landformung durch Gletscher

Wie bereits im Mittelpleistozän beschränkte sich auch die letzte Vereisung Süddeutschlands auf das südliche Alpenvorland und die höchsten Bereiche von Schwarzwald, Bayerischem Wald und Fichtelgebirge (Blockbild 6, S. 96). Da die Würm-zeitlichen Gletscher nicht mehr die Maximalstände des Riß-Komplexes erreichten, ist zu vermuten, dass die letzte Kaltzeit etwas gemäßigter verlief als die vorangegangenen Kaltzeiten. Überall dort, wo die Landoberfläche noch einmal durch Gletscher überformt wurde, sind ältere Ablagerungen und Reliefmerkmale beseitigt oder aufgearbeitet worden. So sind in den Jungmoränen des Alpenvorlandes große Mengen der älteren pleistozänen Ablagerungen in jüngere Sedimentfolgen integriert worden, wie an manchen Stellen sogar noch zu erkennen ist (Abb. 7.16).

Die **Jungmoränenlandschaft** des Alpenvorlandes unterscheidet sich in ihrem Formenschatz deutlich von der Altmoränenlandschaft. Nicht nur die Moränen, auch die Täler und Becken sind sehr viel klarer ausgeprägt als die bereits stärker überformten und abgetragenen mittelpleistozänen Oberflächenformen. Ausgedehnte Feuchtgebiete, Moore und Seen sind innerhalb der Jungmoränenlandschaft weit verbreitet. Fast alle großen Seen des Alpenvorlands liegen in den Zungenbecken der Würm-kaltzeitlichen Vorlandgletscher und werden im Norden von markanten Endmoränenwällen begrenzt (Abb. 7.18). Neuere Forschungsbohrungen kommen zu dem Ergebnis, dass durch die Vorlandgletscher der Würmkaltzeit nur noch eine sehr geringe Übertiefung der bereits vorhandenen Zungenbecken stattfand. Eine Erklärung dafür könnte die kurze Dauer des würm-kaltzeitlichen Hauptvorstoßes sowie die nachlassenden tektonischen Aktivitäten liefern. Die entscheidende Formung haben die Zungenbecken in jedem Fall bereits im Mindel- und Riß-Komplex erfahren. Dies deckt sich weitgehend mit den Befunden zur kaltzeitlichen Talbildung, denn auch die fluviale Erosion hatte ihren Höhepunkt bereits im Mittelpleistozäns erreicht (Abschn. 7.1).

Wie die Moränen des Riß-Komplexes zeigen auch die Würm-Endmoränen häufig eine Staffelung oder Gliederung in verschiedene Vorstoßphasen. Im **Rheingletschergebiet** markiert der Schaffhausener Stand die größte Ausdehnung des Eises, das hier fast den Riß-kaltzeitlichen Maximalstand erreicht hat (Abb. 7.5). Es folgen die jüngeren Stände von Singen und Konstanz, weitere könnten im Bereich des heutigen Bodensees gelegen haben. Zwischen den Endmoränen liegen verbreitet Sander und Schmelzwasserrinnen. Die so genannten Drumlins, langgestreckte, in Fließrichtung des Eises angeordnete Höhenrücken, sind Sonderformen, die meist nur innerhalb der Jungmoränenlandschaft auftreten (Abb. 7.17 und 7.5). Mit dem Modell der Glazialen Serie wird diese charakteristische Abfolge des kaltzeitlichen Formenschatzes beschrieben (Exkurs 32).

Weitere typische Elemente der Jungmoränenlandschaft sind kesselförmige, abgeschlossene und meist wassergefüllte Hohlformen, die durch verzögert abschmelzendes Eis entstanden sind und deswegen als Toteislöcher bezeichnet werden (Abb. 7.19). Kleinere Bäche und Flüsse zeigen eine deutliche Anlehnung an das glaziale Entwässerungssystem, und auch die ehemalige Lage der Gletschertore ist vielerorts noch gut zu erkennen. Durch das Rückschmelzen der Vorlandgletscher und nachfolgende Laufverlegungen der Flüsse wurden kaltzeitliche Abflussbahnen häufig zu Trocken-

7.3 Die Würm-Kaltzeit – der letzte Schliff für Süddeutschland

Abb. 7.17 Bild 1: Drumlins (vom irischen *druim* für „schmaler Rücken") sind längliche, meist mehrere hundert Meter lange Hügel, die oft in Gruppen innerhalb der Würm-zeitlichen Grundmoränenlandschaften auftreten und deren Längsachse sich in der Bewegungsrichtung des Eises erstreckt. Die dem ehemaligen Eiskörper zugewandte Seite ist meist deutlich steiler, wodurch die charakteristische asymmetrische Form zustande kommt (Lokalität bei Wangen im Allgäu; Foto: E. Eberle). **Bild 2:** Ehemaliger Aufschluss (Kiesgrube) im Eberfinger Drumlinfeld zwischen Ammersee und Starnberger See. Drumlins bestehen im Alpenvorland überwiegend aus vom Eis überformten glazifluvialen Sanden und Kiesen und sind deswegen oftmals gut geschichtet. Über die Entstehung dieser Formen gibt es zahlreiche, teils widersprüchliche Theorien (s. Literaturhinweise; Foto: W. D. Blümel).

Exkurs 32

Glaziale Serie

Die von Albrecht Penck 1909 eingeführte Bezeichnung „Glaziale Serie" steht für die regelhafte Abfolge und räumliche Anordnung geomorphologischer Formen und Sedimente, die durch die Wirkung von Eis (glazial) und Schmelzwässern (glazifluvial) der Vorlandgletscher zu erklären ist. Dazu gehören Zungenbecken mit Grundmoränen und Seen, Endmoränen, Sander und randglaziale Entwässerungsrinnen. Durch mehrfaches Vorrücken und Zurückschmelzen eines Gletschers kam es jedoch häufig zu komplexeren und nicht idealtypischen Ausprägungen der Glazialen Serie.

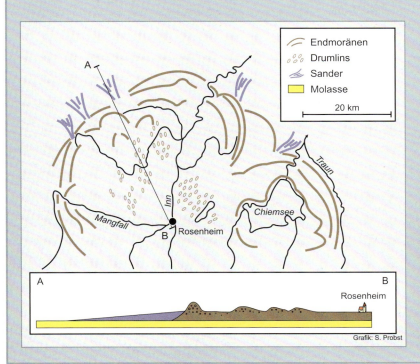

Abb. 7.18 Modellhafte Anordnung von Ablagerungen und Formen der Glazialen Serie im Bereich des Würm-zeitlichen Inngletschers. Die Abbildung basiert auf den Modellvorstellungen von Albrecht Penck und Eduard Brückner (1901–1909) sowie Carl Troll (1926; verändert nach Ahnert 1996).

Abb. 7.19 Bild 1: Typische Jungmoränenlandschaft bei Wangen im Allgäu. Der steilere Moränenwall ist bewaldet, flachere und gut drainierte Unterhangbereiche werden als Grünland oder auch ackerbaulich genutzt.
Bild 2: In einer abflusslosen Senke zwischen Moränenwällen ist ein Niedermoor entwickelt, das als Naturschutzgebiet ausgewiesen wurde. Im ringförmigen Zentrum des Moores sind noch offene Wasserflächen vorhanden. Die Entstehung dieses Feuchtgebietes begann nach dem Rückschmelzen des Würmeises vor etwa 17 000 Jahren. Unter einer schützenden Moränendecke konnten Eisreste noch mehrere hundert Jahre überdauern. Nach ihrem Abschmelzen kam es zu Sackungen und zur Einspülung feinkörniger Sedimente, die den Untergrund abdichten. Dadurch konnte sich ein See bilden, der im Verlauf des Holozäns immer mehr verlandete und sich schließlich zu einem Niedermoor entwickelte (Fotos: J. Eberle).

tälern. An der Iller lässt sich diese Entwicklung besonders eindrucksvoll in Form der Iller-Schlucht und des Memminger Trockentals nachvollziehen (Abb. 8.7).

Die Eigenschaften und räumliche Verbreitung der unterschiedlichen kaltzeitlichen Sedimente bestimmen den Wasserhaushalt und die Bodenqualität und damit auch das heutige Nutzungspotenzial innerhalb der Jungmoränenlandschaft. So konzentrieren sich die Feuchtgebiete und Seen in erster Linie auf Würm-zeitliche Zungenbecken und Toteisformen, die durch feinkörnige Grundmoräne oder Geschiebelehm abgedichtet wurden und dadurch das Wasser stauen. Die Endmoränenwälle sind dagegen gut drainierte, meist kiesreiche Standorte, die aufgrund ihrer steilen Hänge bewaldet sind oder als Grünland genutzt werden (Abb. 7.19). Die flachen, ehemaligen Sander und Schmelzwassertälchen sind häufig recht günstige Ackerstandorte.

Die **Vergletscherung der Mittelgebirge** erreichte zwar im Oberpleistozän nicht mehr die Ausdehnung der Riß-kaltzeitlichen Vereisung, die formenden Prozesse waren aber sehr ähnlich (Abschn. 7.1). Die Schneegrenze lag im Schwarzwald etwa 200 Meter höher, und die längsten Talgletscher erreichten dort mit 25 Kilometern immer noch die Ausdehnung des Aletschgletschers, des gegenwärtig längsten Alpengletschers (Tabelle 7.1). Wie im Alpenvorland fand auch in den Mittelgebirgen eine Erosion bzw. Aufarbeitung älterer glazialer Ablagerungen statt. An Erosionsformen wie den Karen setzte das Würmeis die Arbeit der mittelpleistozänen Gletscher fort. Mit dem beginnenden Abschmelzen der Gletscher am Ende des Hochglazials erfuhren auch diese Landschaften zudem noch eine periglaziale Überformung.

Periglaziale Hangformung in den Mittelgebirgen

Die periglaziale Überformung Süddeutschlands ist aus Sicht des wirtschaftenden Menschen von größter Bedeutung. Mehr als 95 Prozent der Landoberfläche Süddeutschlands wurden während der Würmkaltzeit durch periglaziale Prozesse geprägt. Dabei entstanden so wichtige quartäre Lockersedimente wie Lösse und Flugsande, aber auch Fließerden und Hangschuttdecken. Selbst die im Hochglazial vergletscherten Gebiete wurden nach Abschmelzen des Eises noch durch periglaziale Prozesse überprägt.

Die wörtliche Übersetzung des Begriffs periglazial, „am Rand von Eis geprägt", ist missverständlich, denn die periglaziale Formung umfasst alle geomorphologischen Prozesse in unvergletscherten Kaltklimaten, die durch Frostwechsel sowie Wind und Wasser erklärt werden können. Die Frostwechselprozesse finden in einer 0,5 bis zwei Meter mächtigen sommerlichen Auftauschicht statt, darunter folgt der Permafrost.

Die Häufigkeit von Frostwechseln und die Verfügbarkeit von Wasser im Auftauboden waren für die Reliefbildung von großer Bedeutung. Die Wirksamkeit bestimmter periglazialer Prozesse wie Solifluktion (Bodenfließen) und Abluation (Ab- und Ausspülen von Feinsedimenten) war deswegen in den feuchteren und weniger kalten Früh- und Spätglazialen besonders hoch. Während der trocken-kalten Hochglaziale gab es vor allem in den Sommermonaten häufige, tageszeitlich bedingte Frostwechsel. Solche Frostwechsel erzeugen Volumenänderungen und Spannungen in Festgesteinen und

Exkurs 33

Würm-zeitliche Vergletscherung des Bayerischen Waldes – die Glaziallandschaft am Kleinen Arbersee

Die Würm-zeitliche Vergletscherung des Bayerischen Waldes hat im Gebiet um den Großen Arber (1456 m) zwei reichhaltige Glaziallandschaften am Großen und am Kleinen Arbersee hinterlassen. Am weniger bekannten Kleinen Arbersee (Abb. 7.20) finden sich sehr gut erhaltene und differenzierbare End- und Seitenmoränen sowie eine Reihe anderer glazigener Sedimente, die von einem bis zu 2,6 Kilometer langen und 800 Meter breiten Gletscher geformt bzw. abgelagert wurden. Diese glazigenen Sedimente werden flächenhaft überlagert von jüngeren periglazialen Deckschichten, die belegen, dass auf die Hochwürm-zeitliche Vergletscherung eine Phase der periglazialen Geomorphodynamik folgte. Im Spätglazial wurde das durch den Kleinen Arbersee-Gletscher geschaffene Zungenbecken mit Tonen, Schluffen und Sanden verfüllt (Abb. 8.4).

Abb. 7.20 Blick nach Norden auf die bewaldete Glaziallandschaft am Kleinen Arbersee (917 m ü. M.) im Bayerischen Wald. Der See mit den „schwimmenden Inseln" wird abgedämmt von Ablagerungen eines pleistozänen Talgletschers, dessen Würm-zeitlicher Maximalstand 800 Meter talabwärts des nördlichen Seeufers gelegen hat. Im Bildhintergrund verläuft mit dem Künischen Gebirge der Grenzkamm zur Tschechischen Republik, wo sich am Schwarzen See und am Teufelsee ähnliche Glaziallandschaften befinden. Bei den schwimmenden Inseln handelt es sich um die obersten Teile eines ehemals mehrere Meter mächtigen Moores, die sich durch das Aufstauen des Sees im Jahr 1885 abgelöst haben. Seither treiben die unter Naturschutz stehenden Reste des Moores an der Oberfläche des Sees. Durch die Stauhaltung vergrößerte sich die Seefläche von 2,7 auf 9,4 Hektar. Die überstauten und heute etwa zwei Meter unter dem Seespiegel liegenden Teile des Moores sind ein wertvolles Archiv der Klima- und Umweltgeschichte der letzten 15 000 Jahre, welches unter anderem mit Hilfe der Pollenanalyse aufgeschlossen werden kann (s. Abb. 8.4, Exkurs 25; Foto: T. Raab).

---

führen dazu, dass diese in Oberflächennähe zu Frostschutt verwittern. Besonders kluftreiche Massengesteine sind anfällig für diese Art der mechanischen Verwitterung. Der Frostschutt wird der Schwerkraft folgend hangabwärts transportiert und bildet im Lauf der Zeit **Hangschuttdecken** und **Blockhalden**, die am Fuß oder auf Verflachungen der Hänge beachtliche Mächtigkeiten erreichen können (Abb. 7.22). Feinmaterial wird abgespült oder ausgeweht. Unter kaltzeitlichen Bedingungen war diese Art der Hangabtragung besonders wirksam, sie findet aber bei entsprechenden Temperaturwechseln auch heute noch statt. Aktive Schutthalden unter Felswänden der Mittelgebirge zeugen davon.

Waren feinkörnige Gesteine wie Mergel oder Tonsteine am Aufbau der Deckschichten beteiligt, so kam es ab einer Hangneigung von etwa zwei Grad zu einer langsamen Kriech- oder Fließbewegung der Sedimente (Abb. 7.23). Diese **Solifluktion** bezeichnet eine langsame (wenige Millimeter bis etwa zehn Zentimeter pro Auftausaison), flächenhafte Massenbewegung an Hängen, die vor allem durch saisonale oder tägliche Frostwechsel im Auftauboden erklärt werden kann. Insbesondere an feuchten, aber noch ausreichend drainierten Hängen Süddeutschlands dominierte dieser Prozess während der Kaltzeiten. Bei starker Wasserübersättigung des Auftaubodens konnte es auch zu Rutschungen oder schnellen

Abb. 7.21 Bild 1: Periglazialgebiet in Nordspitzbergen. Hier lassen sich aktuell verschiedene periglaziale Prozesse (Solifluktion, Abluation) beobachten, ähnlich jenen, die in den Mittelgebirgen Süddeutschlands während der Kaltzeiten des Pleistozäns abliefen. **Bild 2:** Der Schönbuch bei Tübingen im Winter. Die anstehenden Keupergesteine werden von mächtigen periglazialen Deckschichten überzogen, die aus dem letzten Hoch- und Spätglazial stammen (Fotos: J. Eberle).

Abb. 7.22 Kaltzeitliche Blockhalde im Grundgebirge des Schwarzwaldes. Solche Halden sind oft frei von Vegetation und Bodenbildung. Feinkörniges Material wird durch Regenniederschläge ständig zwischen den größeren Blöcken ausgespült. Daher können sich kaum Pflanzen ansiedeln, und es entwickeln sich auch keine tiefgründigeren Böden (Foto: J. Eberle).

Abb. 7.23 Solifluktionshang am Munt Buffalora in der Ostschweiz. Im oberen Hangbereich sind zungenartige Solifluktionsformen zu erkennen, am Unterhang treten Kleinformen gebundener Solifluktion und Kryoturbation auf (Foto: J. Eberle).

7.3 Die Würm-Kaltzeit – der letzte Schliff für Süddeutschland

Fließbewegungen kommen. Über Permafrost oder saisonal gefrorenem Untergrund aufgestautes Wasser begünstigte diese Art der Abtragung.

Durch Schneeschmelzwässer oder Regenniederschläge kam es außerdem zu oberflächennaher Abspülung von Feinmaterial (Abluation). Komplexe und mehrschichtige **Fließerden** sind in allen Mittelgebirgen Süddeutschlands und auch im Schichtstufenland verbreitet. Vor allem an Hängen der Keuper- und Braunjura-Schichtstufen mit ihren mehrfachen Wechseln von Ton- und Sandsteinen sowie über Molasse treten sie häufig auf. Während die Fließerden am Oberhang oft nur wenige Dezimeter mächtig sind, können am Hangfuß bis zu 20 Meter mächtige Deckschichtenkomplexe entwickelt sein. Auf Verebnungen, wie den Sandsteinflächen des Keupers und Buntsandsteins, wurde der anfallende Frostschutt durch kleinräumige, vertikale Sortierungsprozesse (Kryoturbation) bewegt. Es entstanden Frostmusterformen, die in manchen Bodenprofilen noch zu erkennen sind (Abb. 7.24). Aus Schotterflächen und San-

Abb. 7.24 Bild 1: Kaltzeitliche Fließerden und Hangschuttdecken überziehen die Hänge des süddeutschen Keuperberglandes bei Tübingen. Grobe Sandsteinblöcke unterschiedlicher Größe liegen in einer Matrix aus Mergel und Tonsteinen. Der anstehende Stubensandstein im unteren Profilbereich zeigt dagegen eine typische Schichtung. **Bild 2:** Eine mit Löss verfüllte Eiskeilstruktur am Schwarzwaldrand bei Ettlingen belegt die einstige Verbreitung des Permafrostes. **Bild 3:** Taschenförmige Strukturen in Lockersedimenten auf der Hochterrasse nördlich von Biberach. Der dunkelbraune Eem-zeitliche Boden hat sich in fluvialen Sedimenten des Riß-Komplexes entwickelt, die hellen Taschen enthalten Würm-zeitlichen Lösslehm – der Prozess der Kryoturbation fand daher während der letzten Kaltzeit statt (Fotos: J. Eberle).

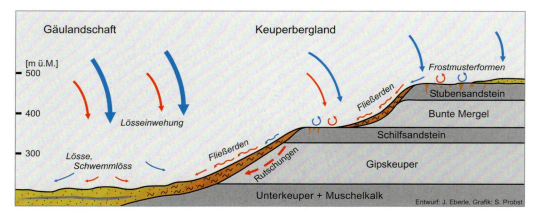

Abb. 7.25 Modell der periglazialen Formung in Süddeutschland. Die Grafik versucht die Zusammenhänge zwischen Klima, Höhenstufen und Art der periglazialen Formung aufzuzeigen. Während in trocken-kalten Phasen (blaue Pfeile) die äolische Dynamik (Lössauswehung und Sedimentation) dominierte, waren die kühl-feuchten Phasen (rote Pfeile) vorwiegend durch Bodenfließen (Solifluktion), Abspülung (Abluation) und Sortierungsprozesse (Kryoturbation) gekennzeichnet. Rutschungen ereigneten sich vor allem gegen Ende der Kaltzeiten als Folge des auftauenden Permafrostes.

dern wurde Löss ausgeweht, gröbere Sande wurden in Form von Dünen und Flugsanddecken abgelagert.

Gegenwärtig sind Periglazialgebiete in eisfreien und saisonal schneefreien Kaltklimaten und damit vor allem in Tundren oder Kältewüsten der Polargebiete sowie in Hochgebirgen oberhalb der alpinen Matten verbreitet (Abb. 7.23). Während der besonders kalten Hochglaziale des Mittel- und Oberpleistozäns dehnten sich die Periglazialgebiete bis in die Mittelbreiten aus. Die höheren Mittelgebirge verwandelten sich in teilweise vegetationslose Kältewüsten. In den tieferen Beckenlagen breitete sich eine Strauchtundra aus, die in der Lage war, äolische, also durch Wind transportierte Sedimente festzuhalten.

Die Bedeutung der großflächig vorhandenen periglazialen Deckschichten für die holozäne Bodenbildung wurde erst vor wenigen Jahrzehnten erkannt. Zuvor konzentrierten sich wissenschaftliche Untersuchungen fast ausschließlich auf die äolischen Deckschichten der Lösse und Flugsande, die als Ausgangssubstrat hochwertiger Böden vor allem in Beckenlandschaften vorkommen. Im Zuge der periglazialen Formung an Hängen der Mittelgebirge fand mehrfach eine Materialaufarbeitung statt, bei der ältere Verwitterungsdecken mobilisiert und mit frischem, nicht verwittertem Material, u. a. mit eingewehtem Löss vermischt wurden. Durch die überwiegend physikalische, auf sommerlichen Frostwechseln beruhende Aufarbeitung anstehender Festgesteine während der Kaltzeiten leistete die periglaziale Formung in den Mittelgebirgen eine wichtige Vorarbeit für bodenbildende Prozesse der nachfolgenden Warmzeiten. Ohne diese Lockerungs- und Umlagerungsprozesse gäbe es heute in weiten Teilen Süddeutschlands nur flachgründige und sehr steinige Böden. Zudem speichern und leiten diese Decksedimente sehr viel Niederschlag, wodurch sie eine große Bedeutung für den Wasserhaushalt in der Landschaft haben.

Periglaziale Formung in den Beckenlandschaften

In den Beckenlandschaften Süddeutschlands verlief die periglaziale Geomorphodynamik anders. Unter den trocken-kalten Klimaverhältnissen des Würm-Hochglazials zeigten die periglazialen Flüsse ein nivales Abflussverhalten: Sie führten nur während der frühsommerlichen Schneeschmelze genügend Wasser, um auch größere Korngrößen zu bewegen. Überwiegend wurden aber Sande, Schluffe und Tone transportiert, die bei nachlassender Wasserführung auf Sand- und Kiesrücken rasch wieder sedimentiert wurden. Besonders auf den Sandern und Schotterfeldern des Alpenvorlandes und im Oberrheingraben kamen große Mengen solcher feinkörnigen Sedimente zur Ablagerung. In den schneearmen kalten Wintern war es noch trockener, so dass vor allem Schluffe und Feinsande durch Winterstürme sehr effektiv ausgeweht werden konnten. Auch aus Moränen oder periglazialen Hangschuttdecken wurde während trocken-kalter Phasen das Feinmaterial ausgeweht. Die vorherrschenden Westwinde transportierten die Sedimente in großer Höhe über Süddeutschland hinweg. Trocken deponiert oder durch Schneefall bzw. Regen wurde das Feinmaterial großflächig in Form von **Löss** abgelagert (Exkurs 35). In den Beckenlandschaften konnte der Löss durch die dort vorhandene dichtere Steppenvegetation festgehalten werden und bildete im Lauf der Zeit mächtige Ablagerungen. Es handelt sich dabei fast ausschließlich um Lösse aus den Hochglazialen des Riß- und

7.3 Die Würm-Kaltzeit – der letzte Schliff für Süddeutschland

Exkurs 34

Gliederung periglazialer Deckschichten in Mittelgebirgen

Die periglazialen Deckschichten der Mittelgebirge lassen häufig eine Mehrschichtigkeit erkennen. Verbreitet liegt über dem Festgestein die **Basislage**, die fast ausschließlich aus aufgearbeitetem Material der hangaufwärts anstehenden Gesteine besteht und am Hangfuß mehrere Meter mächtig werden kann. Darüber folgt die **Hauptlage**, die selten mächtiger als 50 cm ist und im Gegensatz zur Basislage eine äolische Fremdkomponente aufweist (Lössbeeinflussung). In besonders abtragungsgeschützten Positionen lässt sich zwischen Haupt- und Basislage eine ebenfalls Löss-beeinflusste **Mittellage** ausgliedern.

Eine sichere Datierung der verschiedenen Lagen steht bislang noch aus. Es ist jedoch wahrscheinlich, dass es sich bei den heute noch vorhandenen Hangschuttdecken und Fließerden fast ausschließlich um oberpleistozäne Bildungen handelt, in denen die Deckschichten älterer Kaltzeiten aufgearbeitet wurden. Da in vielen Hauptlagen des westlichen Süddeutschland vulkanische Minerale der Laacher See-Eruption (ca. 12 400 J. v. h.) eingearbeitet sind, wird ihre Entstehung oder letzte Umlagerung mit dem Kälterückschlag der Jüngeren Tundrenzeit am Ende des Pleistozäns erklärt (Abschn. 8.3).

Abb. 7.26 Bild 1: Typisches Zweischichtprofil der Hänge im Keuperbergland (Stromberg). Über der tonigen Basislage (LB) folgt die grobkörnigere, helle Hauptlage (LH), in der sich Löss und auch vulkanische Minerale des Eifelvulkanismus nachweisen lassen. Einzelne Sandsteinblöcke „schwimmen" in der feinkörnigen Matrix und belegen zweifelsfrei den Fließdecharakter der periglazialen Deckschichten (Foto: J. Eberle). **Bild 2:** Dreischichtprofil einer Lockerbraunerde aus dem Bayerischen Wald. Über der steinreichen Basislage (LB) aus Grundgebirgsmaterial folgt eine deutlich feinkörnigere Mittellage (LM). In der Löss-beeinflussten Hauptlage (LH) hat sich ein intensiver Verbraunungshorizont entwickelt (Foto: B. Eitel).

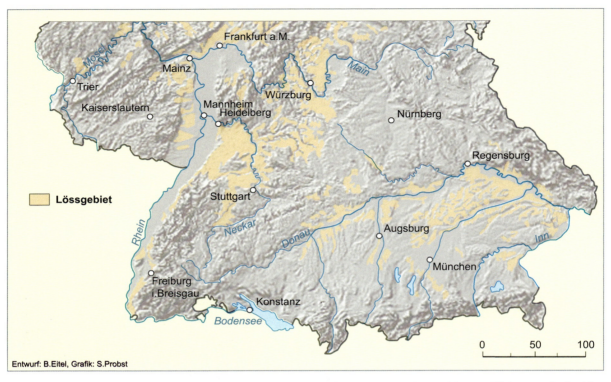

Abb. 7.27 Die Verbreitung der Lössgebiete in Süddeutschland. Auch außerhalb der gelb gezeichneten Flächen wurde der Löss zumindest in geringer Mächtigkeit abgelagert. Vor allem in den Mittelgebirgen erfolgte jedoch während des Spätglazials die Abtragung und Umlagerung von Lössen durch Wind und Wasser. Das heutige Verbreitungsmuster entspricht daher nicht der Situation am Ende des Hochglazials (Kartengrundlage: Leibniz-Institut für Länderkunde 2003).

Würm-Komplexes. Ältere Lösse sind wohl nie in vergleichbarer Mächtigkeit vorhanden gewesen, da der Rhein erst seit dem Mittelpleistozän größere Mengen an Feinmaterial über das Bodenseebecken hinaus bis in den Oberrheingraben transportierte, das dann von dort als Löss ausgeweht werden konnte. Die Dominanz von Riß- und Würmlössen hat aber sicher auch klimatische Gründe. So waren die Hochglaziale der jüngeren Kaltzeiten besonders kalt und trocken, wodurch mehr vegetationsfreie Auswehungsbereiche zur Verfügung standen als noch im Unterpleistozän. Damals war beispielsweise der Oberrheingraben auch während der Kaltzeiten größtenteils bewaldet und damit die Auswehung von Löss kaum möglich gewesen.

In den höheren Lagen der Mittelgebirge wurde der Löss meistens rasch weiter geweht, erodiert oder solifluidal umgelagert. Die fast fehlende oder aber karge Tundrenvegetation verhinderte dort die Sedimentation mächtiger Lösse. Zwar lassen sich auch in den periglazialen Deckschichten der Mittelgebirge Lössanteile nachweisen, mächtigere Ablagerungen sind hier jedoch nur in windgeschützten Reliefpositionen oder auf großen Verebnungen, wie etwa der Filderfläche bei Stuttgart, erhalten geblieben (Abb. 7.29). Das Verbreitungsmuster der Lösse in den Mittelgebirgen und Randbereichen der Beckenlandschaften spiegelt die differenzierten kaltzeitlichen Standorteigenschaften wider: Überall dort, wo sich Vegetation ansiedelte, konnte auch abgelagerter Löss fixiert werden, wodurch sich die Bedingungen für die heutige landwirtschaftliche Nutzung verbesserten.

In den wärmeren und feuchteren Phasen der Kaltzeiten (Früh- und Spätglaziale) wurden vor allem Feinsedimente teilweise durch Solifluktion und Abluation zu Schwemmlössen umgelagert. Dadurch entstanden flache, häufig asymmetrische Muldentäler, so genannte Dellen, die von flachen Rücken oder Riedeln getrennt werden. Für die zentralen Lösslandschaften Süddeutschlands mit ihrer teilweise weit über zehn Meter mächtigen Lössbedeckung ist dieses Dellen- und Riedelrelief besonders charakteristisch (Abb. 7.28). Die heutigen Oberflächenformen der Beckenlandschaften haben sich größtenteils in mittel- bis oberpleistozänen Lockersedimenten entwickelt. Sie gehören deswegen zu den jüngsten Reliefgenerationen Süddeutschlands.

Im nördlichen Oberrheingraben liegen verbreitet **Flugsanddecken,** die ebenfalls zu den periglazialen Deckschichten zählen. Ihre Entstehung lässt sich leicht aus der Lössgenese ableiten. Während nämlich Schluff- und Feinsandkörner in Suspension als Löss in die angrenzenden Landschaften ausgeweht wurden, blieben

7.3 Die Würm-Kaltzeit – der letzte Schliff für Süddeutschland

Abb. 7.28 Durch die periglazialen Abtragungsprozesse entstand das charakteristische, flachwellige Dellen- und Riedelrelief der Lösslandschaften wie beispielsweise im Kraichgau. Der Formenschatz dieser Gäulandschaften ist erst im Mittel- und Oberpleistozän entstanden (Foto: B. Eitel).

gröbere Sande zurück und konnten nur lokal umgelagert werden. Dabei entstanden Dünen und flache Hohlformen, die Deflationswannen. Die Formung der Dünen im Oberrheingraben dauerte bis in das Spätglazial an (Kapitel 8). Vergleichbare Flugsanddecken treten in der Nähe von Sandsteinlandschaften auf, wie in der Gegend um Nürnberg, im Schweinfurter Becken sowie bei Neustadt in der Oberpfalz.

Synthese der periglazialen Landformung

Die geomorphologischen Auswirkungen der periglazialen Landformung in Süddeutschland lassen sich wie folgt zusammenfassen (Tabelle 7.3):
1. In den **Mittelgebirgen** kam es zur Bildung von Hangschuttdecken und Fließerden, was eine Abtragung der

Tabelle 7.3 Übersicht unterschiedlicher periglazialer Prozesse, Sedimente und Formen in süddeutschen Typlandschaften.

	Periglaziale Prozesse	Periglaziale Sedimente	Periglaziale Formen	Typlandschaften
Grundgebirgslandschaften (Kristallin)	Frostverwitterung Steinschlag Abspülung Auswehung Solifluktion	Hangschutt Blockhalden (Fließerden)	Halden Gestreckte Hangprofile	Schwarzwald Odenwald Bayr. Wald Fichtelgebirge Rhön
Schichtstufenlandschaften (Sedimentgesteine)	Frostverwitterung Solifluktion Abspülung Rutschungen Äolische Prozesse	Hangschutt Fließerden Schwemmlöss	Halden Hangrunsen Rutschkörper	Keuperbergland Schwäbisch-Fränkische Alb
Beckenlandschaften	Lösseinwehung Löss-Umlagerung Solifluktion	Löss Schwemmlöss Fließerden	Dellen Riedel Flachhänge	Kraichgau, Dungau Neckarbecken Wetterau, Molasse-Hügelland
Flusstäler, Schotterterrassen	Lössauswehung Kryoturbation Eiskeilbildung	Flugsande Schotter	Dünen Deflationswannen Eiskeile	Oberrheinebene Alpenvorland Talzüge im Molasse-Hügelland
Moränenlandschaften	Solifluktion Kryoturbation Abspülung Lösseinwehung	Fließerden Schwemmlöss Lösslehm	Frostmusterformen Flachhänge	Alpenvorland

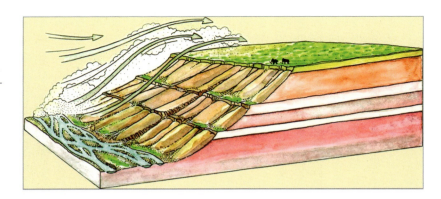

Abb. 7.29 Ähnlich könnte die Landschaft im Schichtstufenland beispielsweise bei Stuttgart zur Zeit des Würm-Hochglazials ausgesehen haben. Aus den Schotterfeldern des Neckars (wie u. a. auch aus dem Oberrheingraben) wurde Löss auf die Filderebene geweht. An den Keuperhängen fanden dagegen periglaziale Abtragungsprozesse wie Solifluktion und Abluation statt (Grafik: B. Allgaier 2001).

Exkurs 35

Löss – vom Wind verweht

Löss ist ein äolisches Sediment, dessen Ausgangsmaterial durch Wind transportiert und wieder abgelagert wurde. Deswegen dominieren im Löss Korngrößen unter 0,2 mm Durchmesser, die mit etwas Feinsand, vor allem aber als Schluffpartikel bis in große Höhen der Troposphäre verfrachtet werden konnten. Lösse bilden helle, ungeschichtete und oft karbonatreiche Lockersedimente, die aus Quarz und anderen Silikatkomponenten bestehen. Verlagerte und/oder verwitterte Lösse werden als Lösslehm bezeichnet. Sie sind aufgrund ihres höheren Tongehaltes leicht verschlämmbar und damit extrem anfällig gegenüber der Erosion durch Wasser. In den großen Gäulandschaften Süddeutschlands erreicht der Löss eine Mächtigkeit von bis zu 20 Metern, am Kaiserstuhl können es bis zu 60 Meter sein.

Abb. 7.30 Aufschluss der Ziegelei Brackenheim bei Heilbronn. Über dem feingeschichteten bunten Gipskeuper liegt der fossile Boden des Eem, der sich in Riß-zeitlichem Löss entwickelt hat. Der Eemboden weist zahlreiche schmale Eiskeilstrukturen auf, die im Würm entstanden sind und nach dem Auftauen des Permafrostes mit Löss verfüllt wurden (Pfeile). Der stellenweise noch untergliederte Würmlöss erreicht hier eine Mächtigkeit von zwei Metern; er ist porös und wasserdurchlässig. Bei der Verwitterung wird der Löss entkalkt und zu Lösslehm umgewandelt. Durch Oxidation von Eisenverbindungen kommt es zur Braunfärbung und Bodenbildung. Dieser holozäne Boden ist unter der Aufschüttung in der rechten Bildhälfte als dunkles Band zu erkennen (Foto: A. Matheis 2004).

7.3 Die Würm-Kaltzeit – der letzte Schliff für Süddeutschland

Hänge, aber keine geschlossene Rückverlegung der Schichtstufen zur Folge hatte. In den feucht-kühlen Früh- und Spätglazialen ereigneten sich vor allem an steilen Schichtstufen zahlreiche Rutschungen, in den trocken-kalten Hochglazialen verhinderte dies der Permafrost. Durch solche Abtragungs- und Umlagerungsprozesse wurden ältere Sedimente und Böden der Hänge weitgehend beseitigt oder aufgearbeitet. Diese sehr effektive Abtragung erzeugte immer neue Ausgangssubstrate, in denen sich im anschließenden Holozän die heutigen Böden entwickeln konnten.

2. In den **Beckenlandschaften** dominierte vor allem im Hochglazial die Ablagerung von Löss. Die äolischen Sedimente wurden in den feuchteren Phasen der Kaltzeiten zwar teilweise umgelagert oder abgetragen, in den zentralen Bereichen blieben sie aber in größerer Mächtigkeit erhalten. In besonders abtragungsgeschützten Positionen sind Lösse mehrerer Kaltzeiten überliefert. Sie stellen wichtige Geoarchive der pleistozänen Landschaftsgeschichte dar. Die Lösslandschaften als Landschaftstyp sind erst im jüngeren Quartär entstanden. Ihr gemäßigtes Relief und die ertragreichen Böden machen sie heute zu den agrarisch wertvollsten Teilräumen Süddeutschlands. An den Rändern der Lösslandschaften zu Grundgebirgskomplexen bzw. zum Schichtstufenland ist eine komplexe Verzahnung von Fließerden und Lössen zu beobachten (Abb. 7.25).

In den Randbereichen der Becken nimmt die Lössmächtigkeit deutlich ab, teilweise sind die äolischen Sedimente dort auch schon wieder vollständig abgetragen worden.

Ein Kennzeichen typischer Lösse ist ihre große Standfestigkeit, die durch die vertikale Textur des äolischen Feinmaterials, die innere Verkeilung der kantigen Staubpartikel und teilweise durch sekundäre Kalkzementationen entsteht. Bei der Erosion von Lössen bilden sich daher oft Hohlwege oder Schluchten mit fast senkrechten Wänden (Abb. 9.13). Zerstört der Mensch die natürliche Standfestigkeit der primären Lösse, z. B. durch die Anlage künstlicher Terrassen oder Böschungen, so fördert dies die Erosion des Staubsediments (Abschn. 9.2).

Löss-Stratigraphie

In den Beckenlandschaften Süddeutschlands kam es im Lauf des Pleistozäns mehrfach zu einem Wechsel von Löss-sedimentation und Bodenbildung. In erosionsgeschützten Positionen sind mächtige Lössprofile erhalten geblieben, die sich durch Humuszonen (Reste von Böden einer Waldsteppe), Nassböden (hydromorphe Tundrengleye) oder echte Warmzeitböden (vor allem gekappte Parabraunerden eines Waldlandes) gliedern lassen (Abb. 7.31). Da solche Leithorizonte heute mit modernen Untersuchungsmethoden recht genau datiert werden können, leistet die Gliederung der Lössprofile einen wichtigen Beitrag zur Kenntnis des Quartärs. Vor allem der überregionale Vergleich unterschiedlicher Profile erlaubt immer genauere Vorstellungen zur Klima- und Landschaftsgeschichte des Pleistozäns. Durch Fossilfunde in den äolischen Sedimenten lässt sich auch die Lebewelt der Kalt- und Warmzeiten sowie eingeschalteter Interstadiale rekonstruieren.

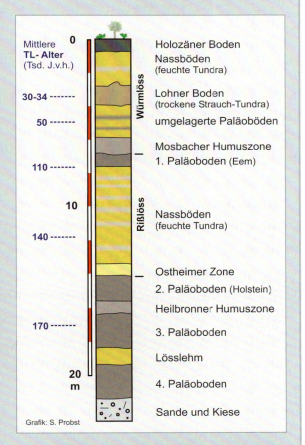

Abb. 7.31 Lössprofile sind Archive der quartären Klima- und Landschaftsgeschichte. Über mittelpleistozänen Kiesablagerungen des Neckars konnten im Profil Böckingen bei Heilbronn vier Warmzeitböden (Paläoboden 1 bis 4) sowie mehrere interstadiale Verwitterungshorizonte bestimmt werden. Besonders mächtig ausgebildet sind die Lösse des Riß- und Würm-Komplexes. Die stratigraphische Gliederung des Profils erlaubt Vergleiche mit anderen Lössprofilen in Süddeutschland (verändert nach Bibus 2002).

3. Die **Schotterfelder der kaltzeitlichen Flüsse** waren während der Hochglaziale Hauptliefergebiete der Lösse. Die dort zurückgebliebenen Sande wurden an einigen Stellen zu Flugsanddecken und Dünen umgelagert. Durch verstärkten Abfluss und eine dichtere Pflanzendecke reduzierte sich in den feuchteren Früh- und Spätglazialen die Stoffverlagerung durch den Wind. Bedingt durch höhere Niederschläge treten auf präwürmzeitlichen Landoberflächen des Alpenvorlandes überwiegend tiefgründig entkalkte Lösslehme auf.

Landformung durch Flüsse

Die Haupteintiefung der großen Täler war während tektonisch besonders aktiver Phasen im Mittelpleistozän erfolgt (Abschn. 7.1). Im Oberpleistozän hatten daher größere Flüsse wie Main und Donau über weite Strecken bereits ein ausgeglichenes Längsprofil und erodierten kaum mehr in die Tiefe. Stattdessen kam es verstärkt zu einer seitlichen Abtragung der Talhänge und zur ständigen Verlagerung der Abflussrinnen.

Die Oberfläche der **Niederterrasse** ist geomorphologisch betrachtet der Rest eines Talbodens aus dem Würm-Hochglazial. Damals konnten sich die verwilderten, aber zeitweise wasserarmen Flüsse nicht einschneiden, sondern lagerten mitgeführte Schotter und Sande meist auf der ganzen Breite des Talbodens ab. Am unteren Inn südlich Passau konnte mineralogisch nachgewiesen werden, dass in den Ablagerungen der Niederterrasse neben frischen, alpinen Schottern auch ältere Terrassensedimente und Moränenmaterial aufgearbeitet worden sind (Abschn. 8.2). Dies zeigt, dass im Verlauf jüngerer Kaltzeiten ältere Sedimente immer wieder mobilisiert und an anderer Stelle erneut abgelagert wurden.

Zur Flussterrasse wurde der Würm-zeitliche Talboden erst, als die Flüsse am Ende des Hochglazials sich in ihre eigenen Ablagerungen einzuschneiden begannen. Vor allem bei Flüssen mit glazialem Einzugsgebiet erhöhte sich der sommerliche Abfluss während des Abschmelzens der Gletscher markant. Solche Fließgewässer konnten sich häufig mehrphasig in ihre hochglazialen Aufschüttungen eintiefen und dokumentieren damit spätglaziale Umweltveränderungen (Abschn. 8.2). Komplexe, mehrgliedrige Niederterrassen wurden erstmals 1925 von Carl Troll an Isar und Inn beschrieben.

Anders war die Situation bei den rein periglazialen Abflusssystemen, wo sich die Erwärmung am Ende des Hochglazials nicht so deutlich in der Wasserführung bemerkbar machte. Neben den klimatischen Faktoren spielte die lokale Tektonik eine wichtige Rolle. Hebungsprozesse begünstigten das Einschneiden der Flüsse, Absenkung verhinderte oder verzögerte die Tiefenerosion (Abb. 7.32).

Im **Oberrheingraben** ist die größte Niederterrasse Süddeutschlands gebildet worden. Wie bereits in den vorangegangenen Kaltzeiten war diese tektonische Senke ein idealer Sedimentationsraum. Die Niederterrassenschotter erreichen eine Mächtigkeit von bis zu einhundert Metern und werden in geologischen Profilen als Oberes Kieslager bezeichnet (Abb. 6.7). Vor allem während des Hochglazials konnten feine Sande und Schluffe aus diesen Ablagerungen als Löss ausgeweht werden. Gröbere Sande wurden nur kleinräumig umgelagert und liegen verbreitet als Flugsanddecken und flache Dünen über den Kiesen der Niederterrasse im mittleren und nördlichen Oberrheingraben. Im südlichen Oberrheingraben überwiegen gröbere Schotter, Sande wurde hier kaum abgelagert. Diese Abnahme der Korngrößen von Süden nach Norden entspricht der Sortierung der Schmelzwassersedimente im Alpenvorland, wo mit zu-

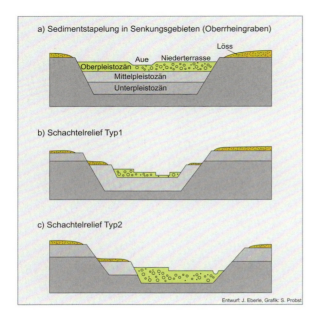

Abb. 7.32 Stark vereinfachte Modellvorstellung der Niederterrassenbildung in Abhängigkeit von der Tektonik: a) Die Sedimentstapelung in Senkungsgebieten wie dem nordöstlichen Oberrheingraben führte zur flächenhaften Verschüttung älterer Schotterkörper im Würm-Hochglazial. Im Lauf des Spätglazials konnte sich der Fluss etwas einschneiden, der breite Talboden wurde zur Niederterrasse der Oberrheinebene. b) Unter tektonisch ruhigen Bedingungen reichte die Tiefenerosion im Würm-Komplex nicht mehr aus, um die Riß-zeitlichen Schotter vollständig zu erodieren. Es kam zur Einschachtelung einer oft mehrgliedrigen Niederterrasse in den älteren Schotterkörper. c) Bei anhaltender Hebung konnte die Tiefenerosion unter das Niveau der Riß-zeitlichen Talsohle greifen. Auf der rechten Talseite wurden alle älteren Terrassen beseitigt. Im Verlauf vieler Flüsse ist ein mehrfacher Wechsel zwischen den unterschiedlichen Ablagerungs- und Erosionstypen zu beobachten.

Exkurs 36

Die Ablenkung der Feldberg-Donau durch die Wutach

Durch Datierungen von Fossilien in Würm-zeitlichen Kiesen konnte nachgewiesen werden, dass die Feldberg-Donau noch im Würm-Hochglazial in einem breiten Tal in Richtung der heutigen Donau entwässerte. Ab Blumberg ist dieses Ur-Tal der Feldberg-Donau weitgehend erhalten geblieben und wird heute noch von dem unbedeutenden Bachlauf der Aitrach benutzt (Abb. 7.34).

Kurz nach dem Maximalstand der Würmvereisung, vor etwa 17 000 bis 18 000 Jahren, gelang es der Wutach, einem kleinen nördlichen Nebenfluss des Hochrheins, durch rückschreitende Erosion den Oberlauf der Feldberg-Donau anzuzapfen und direkt in den Klettgau umzulenken. Die Donau verlor dabei ihr Einzugsgebiet am Feldberg, der Donau-Ursprung wird deswegen heute durch den Zusammenfluss der ehemaligen Nebenflüsse Brigach und Breg in Donaueschingen definiert. Nirgendwo sonst in Süddeutschland lassen sich die Auswirkungen des „Kampfes" um die Wasserscheide zwischen Donau- und Rheinsystem so deutlich beobachten wie hier. In weniger als 16 000 Jahren schlitzte die Wutach den flachen Würm-zeitlichen Talboden der Feldberg-Donau durch eine bis zu 200 Meter tiefe Schlucht auf, schnitt sich dabei um bis zu 25 Meter pro Jahrtausend ein und transportierte insgesamt mehr als 2,5 Kubikkilometer Gestein in Richtung Hochrhein. Die stärkste Tiefenerosion dürfte am Ende des Hochglazials vor etwa 18 000 Jahren stattgefunden haben, als die Eismassen am Feldberg abtauten und die Schmelzwässer sich in das junge Tal der Wutach ergossen. Seither hat sich der Fluss streckenweise bis zum Grundgebirge eingeschnitten, so dass an den Hängen fast das komplette Deckgebirge aufgeschlossen ist. An den steilen Hängen ereignen sich häufig Rutschungen, deren Material die Wutach immer wieder ausräumt. Kein anderer Mittelgebirgsfluss Süddeutschlands zeigt eine so ausgeprägte Wildbachdynamik. So ist die „wütende Ach" wegen ihrer Hochwässer und Sedimentfracht bis heute in den Dörfern am Unterlauf sehr gefürchtet.

Abb. 7.33 Die Umlenkung der Feldberg-Donau durch die Wutach am Ende des Würm-Hochglazials (17 000–18 000 J. v. h.) markiert den vorerst letzten Akt im „Kampf um die Wasserscheide" zwischen Donau- und Rheinsystem. Die Schluchtstrecke der Wutach ist eine der letzten unverbauten Wildflusslandschaften in Süddeutschland (Foto: J. Eberle).

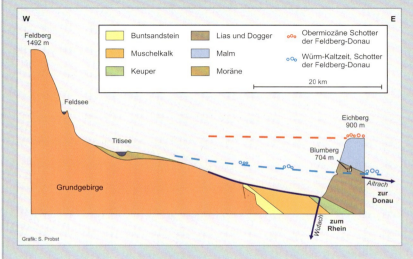

Abb. 7.34 Rund um die Ortschaft Blumberg lässt sich die Geschichte der Donau besonders gut rekonstruieren. Auf dem Eichberg (900 m) sind noch obermiozäne Schotter der Aare-Donau (rot) zu finden. Blumberg liegt auf 700 m Höhe im Würm-zeitlichen Talboden der Feldberg-Donau (hellblau). Die Donau hat sich folglich seit ihrer Entstehung im Obermiozän bis zur Ablenkung durch die Wutach vor etwa 18 000 Jahren zweihundert Meter tief in das Deckgebirge eingeschnitten (verändert nach Hebestreit 1999).

Abb. 7.35 Trockental bei Söhnstetten auf der Schwäbischen Ostalb. Die Abdichtung des Untergrunds durch Permafrost führte dazu, dass während der Kaltzeiten einige Trockentäler zeitweise wieder durch Oberflächenabfluss geprägt wurden. Die kaltzeitlichen Gewässer tieften sich dabei kastenförmig in die alten, jungtertiären Talböden ein. Mit dem Auftauen des Permafrostes im Spätglazial wurde das Karstsystem wieder aktiv und die Täler vielen erneut trocken (Foto: J. Eberle).

nehmender Entfernung vom Gletscher immer feinere Korngrößen auftreten. Die hochwürmzeitlichen Ablagerungen im Oberrheingraben entsprechen folglich einer Sanderschüttung. Nachdem der Rheingletscher hinter das Bodenseebecken zurückgeschmolzen war, blieben alle gröberen Korngrößen in dieser vorgeschalteten Sedimentfalle hängen.

In weiten Teilen des **Molassebeckens** haben die Flüsse des Alpenvorlandes während des Würm-Hochglazials letztmals große Schotterfelder akkumuliert, die ältere Ablagerungen ganz oder teilweise überdeckt oder erodiert und aufgearbeitet haben. Die weit verzweigten und verwilderten Flüsse verlagerten dabei ständig ihre Abflussrinnen, so dass die Schotterkörper oft sehr heterogen aufgebaut sind (Abb. 6.8). Hauptlieferanten waren die alpinen Zuflüsse, die vor allem beim Rückschmelzen der Gletscher große Sedimentmengen mit sich führten. Bemerkenswert ist insbesondere die Entwicklung im Bereich der Münchener Schotterebene. Hier verzahnten sich während der letzten Kaltzeit die Sander mehrerer Vorlandgletscher und bildeten mit 1800 km² die größte glazifluviale Aufschüttungsebene im süddeutschen Alpenvorland. Die schmelzwasserreichen Gletscherflüsse der späteren Amper und Isar waren daran ebenso beteiligt wie die Würm, der die letzte Kaltzeit ihren Namen verdankt. Die Ablagerungen erreichen im Süden Mächtigkeiten bis zu 70 Meter, im Norden von München sind es dagegen oft weniger als 20 Meter. Die vergleichsweise geringe fluviale Zerschneidung dieser Schotterfläche ist neben einer leichten tektonischen Absenkung des Gebietes auf einen Staueffekt großer Sedimentmengen zwischen den Loben – zungenförmig ausgebuchteten Eisrändern – der Vorlandgletscher zurückzuführen.

Auch die kleineren, aber steilen Flüsse am Süd- und Westabfall des Schwarzwaldes transportierten in kurzer Zeit sehr viel Material in Richtung Rhein. Bemerkenswert ist in diesem Zusammenhang die mehr als 20 Meter mächtige Verschüttung des unteren Kinzigtals südöstlich von Offenburg, die gut 20 Kilometer flussaufwärts in den mittleren Schwarzwald reicht. Andererseits gibt es eindrucksvolle Beispiele für eine beachtliche Einschneidung von Mittelgebirgsflüssen am Ende des Hochglazials, wie etwa die bekannte Anzapfung der Feldberg-Donau durch die Wutach vor etwa 18 000 Jahren (Exkurs 36).

Das Beispiel der Wutach zeigt besonders deutlich, dass auch während des Würm-Komplexes die feuchteren Früh- und Spätglaziale die erosionsaktiven Abschnitte waren, während im Hochglazial bei nachlassender Schleppkraft der Flüsse vorwiegend sedimentiert wurde. Eine Ausnahme von dieser Regel stellten möglicherweise die Karstlandschaften dar, denn hier war der Untergrund im Hochglazial durch Permafrost abgedichtet, so dass mehr Wasser an der Oberfläche abfließen konnte. Einige der Trockentäler wurden dadurch wieder fluvial aktiv und es kam zur Tieferlegung der alten Talböden (Abb. 7.35). Vermutlich waren die Sommermonate besonders erosionsaktive Phasen, während in den kalten Wintern des Hochglazials selbst große Flüsse vermutlich gar kein Wasser führten und sich folglich kaum einschneiden konnten.

An den Hauptschichtstufen bewirkten die steilen, dem Rhein zugewandten Längsprofile der Flüsse eine rasche rückschreitende Erosion und sorgten auf diese Weise einerseits für die weitere Herauspräparierung der Schichtstufen Süddeutschlands, andererseits aber auch für eine erosive Zerschneidung älterer Reliefgenerationen wie beispielsweise der pliozänen Fußflächen. Vor allem der Neckar und seine Nebenflüsse konnten sich noch einmal stark eintiefen und erhebliche Sedimentmengen in Richtung Oberrheingraben transportieren. So überwindet beispielsweise die Erms bei Urach auf einer Länge von nur 31 Kilometern zwischen ihrer Karstquelle und der Mündung in den Neckar einen Höhenunterschied von über 300 Metern (Abb. 9.35).

Mit zunehmender Entfernung vom Oberrheingraben nimmt die Erosionsleistung der Flüsse ab. Die Schichtstufen sind daher im östlichen Teil Süddeutschlands noch nicht so stark zerschnitten und weniger hoch, und die Traufkanten zeigen über weite Strecken noch einen sehr geschlossenen Verlauf.

Fazit: Landformung während der letzten Kaltzeit

Während der letzten Kaltzeit wurde Süddeutschland noch einmal in vielfältiger Art und Weise überformt. Ältere glaziale, periglaziale und fluviale Ablagerungen wurden häufig erodiert, verschüttet oder aber erneut in den Stoffkreislauf einbezogen, so dass frische und oft nährstoffreiche Ausgangssubstrate für die nachfolgende Bodenbildung geschaffen wurden. Die periglazialen Deckschichten sind dabei die wichtigsten Ablagerungen, denn sie überziehen – abgesehen von den jüngsten Flussterrassen und Moorflächen – fast ganz Süddeutschland. Ohne diese Deckschichten gäbe es im südlichen Deutschland weder die fruchtbaren Ackerböden der Lösslandschaften noch forstwirtschaftlich ertragreiche und tiefgründig gelockerte Mittelgebirgsböden. In den Beckenlandschaften kam es während des Oberpleistozäns durch die teils mächtige Ablagerung von Lössen, Moränen oder Kiesen noch zu erheblichen Veränderungen des Großformenschatzes. So ist das heutige Relief des südlichen Alpenvorlandes, der Oberrheinebene und weiter Teile der zentralen Gäulandschaften im Wesentlichen das Ergebnis Würm-zeitlicher Formung. In den Mittelgebirgen wurde das Relief vor allem entlang der Tiefenlinien weiter zerschnitten, während an den Hängen Fließerden und Schutthalden akkumuliert wurden.

7.4 Erste Spuren des Menschen

Der Mensch hat bereits vor 600 000 Jahren, im Mittelpleistozän, die Bühne Süddeutschlands betreten (Abb. 6.3), sein Einfluss auf die Landschaft war aber während des gesamten Pleistozäns noch unbedeutend. Erst im Verlauf des Holozäns sollten menschliche Aktivitäten zu einem wichtigen Faktor der Landformung werden (Kapitel 9). Der mehrfache Wechsel von Warm- und Kaltzeiten erforderte auch vom Menschen erhebliche Anpassungen an die dynamischen Veränderungen seines Lebensraumes. In der Frühphase der süddeutschen Menschheitsgeschichte treten altsteinzeitliche Jäger der *Homo erectus*-Gruppe auf, von denen primitive Steinwerkzeuge überliefert sind. Der *Homo heidelbergensis* lebte wohl im mittelpleistozänen Hoßkirch-Komplex (etwa 600 000 J. v. h.), der Steinheimer Mensch durchstreifte während einer Warmzeit zu Beginn des Riß-Komplexes Süddeutschland (ca. 400 000 J. v. h.). In der Eem-Warmzeit erscheint schließlich der Neandertaler, dessen Spuren in Höhlen der Schwäbisch-Fränkischen Alb und den Travertinen von Stuttgart Bad-Cannstatt sowie im südöstlichen Alpenvorland bis vor etwa 40 000 Jahren belegt sind.

Während des Würm-Komplexes durchquerten jungsteinzeitliche Jäger und Sammler, als direkte Vorfahren des heutigen Menschen, einen vielfältigen Naturraum in

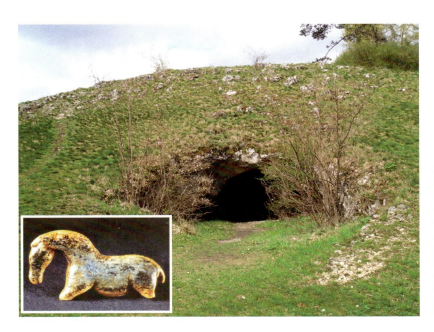

Abb. 7.36 Die Vogelherdhöhle im Lonetal bei Heidenheim. Hier und in weiteren Höhlen der Umgebung wurden die bislang ältesten Kunstwerke der Menschheit gefunden (Foto: D. Krug). Die zeitgenössische Darstellung eines eiszeitlichen Pferdes aus Elfenbein stammt aus der Kulturstufe des Aurignacien und ist damit etwa 35 000 Jahre alt (Foto: Abteilung Ältere Urgeschichte und Quartärökologie, Eberhard Karls Universität Tübingen).

Süddeutschland. Von diesen Menschen sind nicht nur Knochenreste, sondern auch Kunstwerke überliefert (Abb. 7.36). In Höhlen bei Blaubeuren und Heidenheim wurden sogar die weltweit ältesten (bis 35 000 J. v. h.) figürlichen Kunstwerke geborgen, unter anderem die erste menschenähnliche Darstellung überhaupt. Offenbar war Süddeutschland noch im Frühglazial der Würm-Kaltzeit ein Raum, der für die Lebensweise der steinzeitlichen Menschen günstige Rahmenbedingungen vorhielt. So boten die Karstlandschaften der Schwäbisch-Fränkischen Alb mit ihren Höhlen Schutz, und die bereits offene, steppenartige Landschaft ließ sich problemlos durchqueren. Von Schichtstufen oder Kuppen konnten die Jäger die tiefer gelegene Landschaft überblicken und das Wild frühzeitig erkennen. Viel schwieriger war die Jagd dagegen in den Flusstälern oder auch im Alpenvorland, wo große Wasserflächen und Sümpfe fast unüberwindliche Hindernisse darstellten. Der Oberrheingraben mit seinen verwilderten Flussläufen dürfte zu dieser Zeit ebenfalls wie eine Barriere gewirkt haben, und selbst kleinere Flüsse waren zeitweise wohl nur schwer passierbar.

Sicher haben die steinzeitlichen Jäger aber auch das Albvorland und die klimatisch günstigeren Gebiete der Gäulandschaften durchstreift und sich dort länger aufgehalten. Hier wurden zwar nur wenige steinzeitliche Funde gemacht, doch ist dies leicht durch eine spätere Abtragung zu erklären. Die Höhlen boten diesbezüglich sehr viel bessere Erhaltungsbedingungen. Die hohe Funddichte am Südrand der Schwäbischen Alb sollte also nicht dahingehend interpretiert werden, dass unsere jagenden Vorfahren sich nur dort aufhielten. Dennoch dürften die Höhlen vor allem in den kalten Wintern bevorzugte Aufenthaltsorte gewesen sein.

Neue archäologische Befunde haben gezeigt, dass es während des kalten Hochglazials der Würm-Kaltzeit (25 000 – 18 000 J. v. h.) zu einem rapiden Bevölkerungsrückgang gekommen ist und Süddeutschland wohl über längere Zeit wieder unbesiedelt war. Erst ab etwa 13 000 J. v h, während der Kulturepoche des Magdalénien, häufen sich wieder Hinweise auf die Anwesenheit des Menschen.

Literatur

Ahnert, F. (1996): Einführung in die Geomorphologie. – Stuttgart (Ulmer), 440 S.

Bayerisches Geologisches Landesamt [Hrsg.] (1996): Erläuterungen zur Geologischen Karte von Bayern 1:500 000. – München, 329 S.

Benda, L. [Hrsg.] (1995): Das Quartär Deutschlands. – Stuttgart (Borntraeger), 408 S.

Bibus, E. & Wesler, J. (1995): The middle Neckar as an example of fluvio-morphological processes during the Middle and Late Quaternary Period. – Z. f. Geomorphologie, N.F., Suppl. Bd., **100**: 15-26.

Bibus, E. (2002): Zum Quartär im mittleren Neckarraum. – Tübinger Geowissenschaftliche Arbeiten, **D8**: 236 S.

Blümel, W. D. (1999): Physische Geographie der Polargebiete. – Stuttgart (Teubner), 239 S.

Conard, N. J. (2002): Der Stand der altsteinzeitlichen Forschung im Achtal der Schwäbischen Alb. – Mitt. d. Ges. für Urgeschichte, **11**: 65-77.

Dörrer, I. (1970): Die tertiäre und periglaziale Formgestaltung des Steigerwaldes, insbesondere des Schwanberg-Friedrichsberg-Gebietes. – Forsch. z. Deutschen Landeskunde, **185**: 166 S.

Dongus, H. (2000): Die Oberflächenformen Südwestdeutschlands. – Stuttgart (Borntraeger), 189 S.

Eberle, J., Wiedenmann, R. & Blümel, W. D. (2002): Erster Nachweis von Rohlöss auf der Mittleren Schwäbischen Kuppenalb (TK 25 Blatt 7521 Reutlingen). – Jber. Mitt. oberrhein. geol. Ver. , N.F., **84**: 379-390.

Einsele, G. & Ricken, W. [Hrsg.] (1993): Eintiefungsgeschichte und Stoffaustrag im Wutachgebiet. – Tübinger Geowissenschaftliche Arbeiten, **C15**: 215 S.

Eitel, B. (1989): Morphogenese im südlichen Kraichgau unter besonderer Berücksichtigung tertiärer und pleistozäner Decksedimente. – Stuttgarter Geogr. Stud., **111**: 205 S.

Eitel, B. & Blümel, W. D. (1990): Zum landschaftsökologischen Zusammenhang von rhenanischer Flußgeschichte und jungpleistozänem Lößaufbau in Südwestdeutschland. – Eiszeitalter und Gegenwart, **40**: 53-62.

Frenzel, B. (1983): Die Vegetationsgeschichte Süddeutschlands. In: Müller-Beck [Hrsg.]: Urgeschichte in Baden-Württemberg. – Stuttgart (Theiss), S. 91-166.

Feldmann, L. (1991): Die Entwicklung der Münchner Schotterebene seit der Risseiszeit. - In: Z. d. Dt. Geol. Ges., **76**: 23-38.

Graul, H. (1968): Führer zur zweitägigen Exkursion im nördlichen Rheingletschergebiet. – In: Beiträge zu Exkursionen anläßlich der DEUQUA-Tagung 1968 in Biberach an der Riß. - Heidelberger Geogr. Arbeiten, **20**: 31-75.

Grüger, E. (1983): Untersuchungen zur Gliederung und Vegetationsgeschichte des Mittelpleistozäns am Samerberg in Oberbayern. – Geologica Bavarica, **84**: 21-40.

Hahn, J. (1986): Kraft und Aggression. Die Botschaft der Eiszeitkunst im Aurignacien Süddeutschlands. – Archaeologica Venatoria, **7**: 338 S.

Hebestreit, C. (1999): Wutach- und Feldbergregion – Ein geologischer Führer. – Stuttgart (Enke), 137 S.

Hecht, S. (2001): Anwendung refraktionsseismischer Methoden zur Erkundung des oberflächennahen Untergrundes - mit acht Fallbeispielen aus Südwestdeutschland. - Stuttgarter Geographische Studien, **131**: 165 S.

Institut für Länderkunde [Hrsg.] (2003): Nationalatlas Bundesrepublik Deutschland. Bd. 2 Relief, Boden und Wasser. – Heidelberg, Berlin (Spektrum Akademischer Verlag), 170 S.

Jerz, H. (1993): Das Kaltzeitalter in Bayern. – Geologie von Bayern, Teil II. – Stuttgart (Schweizerbart), 243 S.

Liedtke, H. & Marcinek, J. (1994): Physische Geographie Deutschlands. – Gotha (Perthes), 530 S.

Megies, H. (2006): Kartierung, Datierung und umweltgeschichtliche Bedeutung der jungquartären Flussterrassen am unteren Inn. – Heidelberger Geogr. Arbeiten, **120**: 154 S.

Meyer, R. K. F. & Schmidt-Kaler, H. (2002): Wanderungen in die Erdgeschichte (9) – Auf den Spuren der Kaltzeit südlich von München. – 2. Aufl., München (Pfeil) 127 S.

Müller, U. (2001): Die Vegetations- und Klimaentwicklung im jüngeren Quartär anhand ausgewählter Profile aus dem südwestdeutschen Alpenvorland. – Tübinger Geowiss. Arbeiten, **D7**: 118 S.

Nassauischer Verein für Naturkunde (2004): Streifzüge durch die Natur von Wiesbaden und Umgebung. – Wiesbaden, 195 S.

Penck, A. & Brückner E. (1901-1909): Die Alpen im Kaltzeitalter. – 3 Bde., Leipzig, 1199 S.

Raab, T. (1999): Würmzeitliche Vergletscherung des Bayerischen Waldes im Arbergebiet. – Regensburger Geogr. Schriften, **32**: 327 S.

Raab, T. & Völkel, J. (2003): Late Pleistocene glaciation of the Kleiner Arbersee area in the Bavarian Forest, south Germany. – Quaternary Science Reviews, **22**: 581–593.

Reiff, W. (1994): Die Abfolge der quartären Travertine im Stuttgarter Raum – ihre stratigraphische Zuordnung und ökologische Auswertung. – Ethnogr.-Archäol. Z., **35,1**: 41–52.

Rother, K. (1995): Die Kaltzeitliche Vergletscherung der deutschen Mittelgebirge im Spiegel neuerer Forschungen. – Petermanns Geogr. Mitteilungen, **139**: 45–52.

Schellmann, G. [Hrsg.] (1994): Beiträge zur jungpleistozänen und holozänen Talgeschichte im deutschen Mittelgebirgsraum und Alpenvorland. – Düsseldorfer Geogr. Schriften, **34**: 146 S.

Schreiner, A. (1992): Einführung in die Quartärgeologie. – Stuttgart (Schweizerbart), 257 S.

Semmel, A. (1968): Studien über den Verlauf Oberpleistozäner Formung in Hessen. – Frankfurter Geogr., **45**: 135 S.

Semmel, A. (1985): Periglazialmorphologie. – Erträge der Forsch., **231**: 116 S.

Troll, C. (1926): Die jungglazialen Schotterfluren im Umkreis der deutschen Alpen. Ihre Oberflächengestaltung, ihre Vegetation und ihr Landschaftscharakter. – In: Forschungen zur deutschen Landes- und Volkskunde, **24(4)**: 160–256.

Villinger, E. (1998): Zur Flußgeschichte von Rhein und Donau in Südwestdeutschland. – Jber. Mitt. oberrhein. geol. Ver. N.F., **80**: 361–398.

Völkel, J. (1995): Periglaziale Deckschichten und Böden im Bayerischen Wald und seinen Randgebieten. – Z. f. Geomorphologie, N.F., Suppl. Bd., **96:** 301 S.

Wild, H. (1955): Das Alter der ehemaligen Neckarschlinge bei Kirchheim und Lauffen a. N. im nördlichen Württemberg und ihre hydrologischen Verhältnisse. – Jh. geol. L.-Amt Baden Württ., **1**: 367–376.

Wittmann, P. (2000): Verbreitung, Aufbau und Charakteristik quartärer äolischer Decksedimente im Einzugsgebiet von Kocher und Jagst. – Stuttgarter Geographische Studien, **130**: 253 S.

Das „herbstliche" Süddeutschland im Bölling-Interstadial vor 13 600 Jahren

Nach dem Ende der letzten Kaltzeit beginnt im Bölling-Interstadial die Wiederbewaldung Süddeutschlands. Aus den hochglazialen Rückzugsgebieten in den Gebirgen des südlichen Europas wandern viele Arten wieder in unseren Raum ein. Im östlichen Alpenvorland haben sich lichte Kiefernwälder (dunkelgrün) mit Birken (gelb) und Wacholder (hellgrün) entwickelt. Ganz im Osten sind am Alpenrand bereits Arven und Lärchen eingewandert. Im Unterwuchs dominieren Gräser und Kräuter.

In den mittleren Höhenlagen Süddeutschlands haben sich Zwergstrauchheiden mit Wacholder, Zwergbirke und Weide ausgebreitet (olivgrün), zusammen mit einzelnen Kiefernhainen. In den höheren Lagen der Mittelgebirge überwiegt dagegen noch eine gras- und krautreiche alpine Vegetation (helles olivgrün), Kiefern und Birken treten hier erst 500 Jahre später im Alleröd stärker in Erscheinung.

Im klimatisch begünstigten Bodenseebecken haben sich lichte Birkenwälder entwickelt. Weitere Holzarten sind Wacholder und Weide, im Unterwuchs überwiegen auch hier Zwergstrauchheiden und Gräser. Der Oberrheingraben zeichnet sich durch lichte Kiefernwälder mit wenigen Birken aus. Auch in den übrigen Beckenlandschaften dürfte die Kiefer vorgeherrscht haben. In den nur mäßig vergletscherten Alpen ist der erste Schnee gefallen.

Eine genauere Rekonstruktion der Vegetation ist kaum möglich, da sich die meisten Moore erst im Holozän entwickelt haben. Vor allem in der Nordhälfte Süddeutschlands sind außerdem nur wenige Pollenarchive in Form von Mooren überliefert (Entwurf der Grafik vereinfacht nach Frenzel 1983).

8 Vom Ende der letzten Kaltzeit bis zu den ersten Bauern

Der Zeitraum des Spätglazials und frühen Holozäns (ca. 17 000–7 500 J. v. h.) umfasst die letzte Phase weitgehend natürlicher Landformung in Süddeutschland. Mesolithische (mittelsteinzeitliche) Jäger und Sammler durchquerten während dieser Zeit die Landschaft, nahmen aber noch keinen Einfluss auf geomorphologische Prozesse. Dies änderte sich erst in der Jungsteinzeit mit dem Auftreten der so genannten Bandkeramiker (Kapitel 9).

8.1 Geoarchive des Spätglazials und frühen Holozäns

Im Gegensatz zu früheren Epochen der Landschaftsgeschichte Süddeutschlands ist für die Zeit seit dem Spätglazial für viele Teillandschaften eine fast lückenlose Rekonstruktion der Oberflächenentwicklung möglich. Einige „Sedimentfallen" wie **Seen und Moore** enthalten fast vollständige natürliche Archive, in denen Fachleute wie in einem Buch lesen können. Seit dem frühen Holozän verlandeten viele der oft abflusslosen Seen und es entwickelten sich Moore. Die geschichteten Seesedimente (Warven) werden dabei von Torfschichten abgelöst, mit deren Hilfe der Verlandungsprozess und einzelne Phasen der Moorbildung rekonstruiert werden können (Exkurs 42). Auch **Schwemmkegel** haben sich in den letzten Jahren als aussagekräftige Archive erwiesen (Exkurs 38). Im Alpenvorland befinden sich die meisten und am besten untersuchten Lokalitäten dieser Art.

Flusssedimente sind ebenfalls wichtige Zeugen der Landformung im Spätglazial und frühen Holozän. Verbesserte Datierungsmöglichkeiten von Paläoböden und organischen Großresten erlauben stellenweise eine sehr genaue Rekonstruktion der Talentwicklung (Abschn. 8.2). Häufig sind in diesen Ablagerungen auch fossile Hölzer oder ganze Bäume zu finden, die mit Hilfe der Jahrringanalyse (Dendrochronologie, Exkurs 37) datiert werden können. Allerdings weisen fluviale Sedimentabfolgen oft erhebliche zeitliche Lücken auf, die durch einzelne Erosionsereignisse zu erklären sind.

Flugsanddecken und **Dünen** entstanden vorwiegend in den kälteren Abschnitten des Spätglazials, als es erneut zu einer Verarmung und Auflichtung der Pflanzendecke kam. Auswehungs- und Ablagerungsräume bildeten die Becken- und Terrassenlandschaften im nördlichen Oberrheingraben sowie entlang der größeren Mittelgebirgsflüsse wie Main, Donau oder Regnitz (Abschn. 8.3). Überwehte Oberflächen und Bodenhorizonte liefern Hinweise und Zeitmarken auf den Beginn oder auf Unterbrechungen äolischer Formungsphasen. Auch Löss wurde im Spätglazial phasenweise noch gebildet, häufiger kam es jedoch zur Schwemmlössbildung durch die Umlagerung von hochglazialen Sedimenten. Wie im Mittel- und Oberpleistozän (Kapitel 7) liefern auch **Höhlenlehme** und **Kalksinter** interessante Zeitmarken.

8.2 Von der Kräutersteppe zur Waldlandschaft – Landformung im Spätglazial zwischen 17 000 und 13 000 J. v. h.

Das Spätglazial der Würmkaltzeit (17 000–11 600 J. v. h.) ist die klimatische Übergangsphase vom Pleistozän zur jetzigen Warmzeit des Holozäns. Während die Holozängrenze inzwischen recht genau erfasst ist, wird der Beginn des Spätglazials teilweise noch kontrovers diskutiert. In vielen Torfprofilen ist aber vor etwa 15 000 Jahren eine markante Zunahme der Pollendichte festzustellen, was darauf hinweist, dass sich die Vegetationsdecke wieder zu schließen begann und das letzte Hochglazial beendet war. Die Gletscher des Alpenvorlandes waren spätestens vor etwa 17 000 Jahren bis in die Alpentäler abgeschmolzen, und auch die Vergletscherung in den Mittelgebirgen war zu Ende gegangen (Abb. 8.2). Zurück blieben ausgedehnte Seen und unzählige Feuchtgebiete, in denen im Lauf der Jahrtausende mächtige Sedimentfolgen abgelagert wurden.

Exkurs 37

Dendrochronologie

Die Gunst oder Ungunst des Witterungsverlaufs zeichnet sich in breiten oder schmalen Jahrringen von Bäumen ab. Dabei hat die Standortqualität entscheidenden Einfluss darauf, welche Klimaparameter sich auf den Zuwachsverlauf auswirken. Während an subalpinen Waldgrenzstandorten meist die Sommertemperatur den limitierenden Faktor für die Bioproduktion darstellt, kann das Baumwachstum an Trockenstandorten wie z. B. auf Sanddünen oder im Übergangsbereich zum Steppenklima durch die zur Verfügung stehende Bodenfeuchtigkeit gesteuert werden. Trotz wechselnder Standortverhältnisse wirkt sich der Einfluss des Witterungsverlaufes in Mitteleuropa prägend auf das Baumwachstum in einer größeren Region aus. Durch die Synchronisierung der Zuwachsmuster von Hölzern bekannten Alters mit solchen zunächst unbekannten Alters können letztere datiert werden. Damit kann die Referenzchronologie schrittweise in die Vergangenheit verlängert werden. Durch die Datierung subfossiler Hölzer aus unterschiedlich alten Flussterrassen von Donau, Main und Rhein konnte für Mitteleuropa eine mehr als 10 000 Jahre umfassende Eichenchronologie erstellt werden. Sie deckt den Zeitraum von der Einwanderung der Eichen nach dem Ende der letzten Eiszeit bis heute ab (Abb. 8.1).

Aus noch älteren Zeiten sind meist nur Waldkiefern (*Pinus sylvestris*) zu finden, die bereits ca. 2000 Jahre früher wieder eingewandert waren. Es zeigt sich, dass die Ablagerung von Eichenstämmen, die in den Uferbereichen der süddeutschen Ströme gewachsen waren, während des Holozäns nicht kontinuierlich erfolgte. Vielmehr häufen sich die Stammfunde in bestimmten Zeithorizonten, was auf eine stark wechselnde Wasserführung und Erosionstätigkeit hindeutet. Darin dokumentieren sich Änderungen des Abflussregimes, die teils auf Klimaänderungen, vor allem aber auf frühe und starke Eingriffe des Menschen in den Wasserhaushalt der Landschaft zurückzuführen sind.

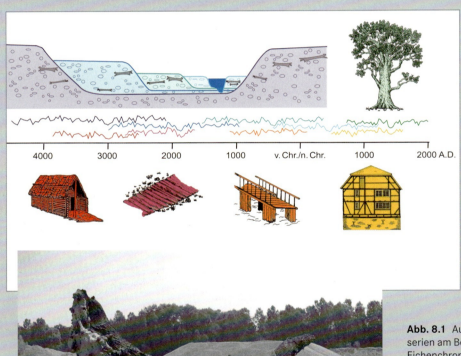

Abb. 8.1 Aufbau langer Jahrringserien am Beispiel der süddeutschen Eichenchronologie. Durch die zeitliche Überlagerung der Zuwachsmuster können die Zuwachsschwankungen der Baumringe unterschiedlicher Holzproben zur Deckung gebracht werden. Das Foto zeigt einen mächtigen Eichenstamm, der in holozänen Flussablagerungen der Donau gefunden wurde (Grafik und Foto: A. Bräuning).

Abb. 8.2 Ähnlich wie an diesem norwegischen Gletscher könnte es am Feldberg vor etwa 18 000 Jahren ausgesehen haben. Der abschmelzende Feldberggletscher hatte gerade das Kar des Feldsees und seine steile Rückwand freigegeben. Die Landschaft unterlag zunehmend periglazialen Abtragungsprozessen. Vom Tal ausgehend siedelt sich bereits die Vegetation an (Foto: A. Bräuning).

Klimatische und vegetationsgeographische Charakterisierung

Der Temperaturanstieg zu Beginn des Spätglazials erfolgte nicht gleichmäßig, sondern wurde durch mehrere Kaltphasen (Stadiale) unterbrochen, die als Älteste, Ältere und Jüngere Tundrenzeit (Dryas) in großen Teilen der Erde – wenn auch nicht völlig synchron – nachgewiesen werden konnten (Tabelle 8.1). Eine Ursache der teilweise sprunghaften Klimaänderungen im Spätglazial ist die komplexe und zeitlich versetzt verlaufende Erwärmung in den beiden Polarregionen, was Schwankungen bis hin zu starken Veränderungen der marinen Zirkulation im Nordatlantik zur Folge hatte. Am Übergang zum Holozän ereignete sich mit der Kaltphase der Jüngeren Tundrenzeit ein letzter markanter Temperatursturz, der auf einer Veränderung der nordatlantischen Meerwasserzirkulation beruht (Abschn. 8.3, Exkurs 41).

Zu Beginn der **Ältesten Tundrenzeit** (13 800–13 670 J. v. h.) war der Dauerfrostboden in Süddeutschland bereits verschwunden und auf den periglazialen Deckschichten hatten sich erste Rohböden gebildet. Diese wurden in den Mittelgebirgen größtenteils von Gräsern und Kräutern, vereinzelt auch von Pionierstäuchern wie der Gattung Wermut (*Artemisia*) besiedelt. In klimatisch günstigen Beckenlagen, wie etwa am Bodensee oder im Kraichgau und im Mainfränkischen Becken, hatten sich bereits verbreitet Zwergsträucher und mit Wacholder, Weide und Zwergbirke auch einige Baumarten angesiedelt. Da die Alpen eine scharfe geomorphologische und klimatische Grenze bilden, erfolgte die Einwanderung einzelner Arten nach Süddeutschland aus den Refugien des Mittelmeerraumes und des Pannonischen Beckens.

Im nachfolgenden wärmeren Zeitabschnitt des **Bölling**-Interstadials (13 670–13 540 J. v. h.) setzte bereits die Wiederbewaldung ein, verschiedene Birkenarten, Wacholder und Sanddorn lassen sich in den Pollenspektren der Moore erkennen (Blockbild 7, S. 130). Im östlichsten Teil des Alpenvorlandes waren lichte Kiefernwälder mit wenigen Birken oder Wacholder verbreitet, am Alpenrand traten vereinzelt auch Lärchen und Arven auf. Auch wenn sich das Verbreitungsmuster der Baum- und Strauchvegetation nicht kleinräumig rekonstruieren lässt, werden die klimatischen und hydrographischen Unterschiede der Teillandschaften in den Pollenprofilen deutlich sichtbar. So war in den Hochlagen des Schwarzwaldes auch im Bölling-Interstadial wohl nur eine baumfreie alpine Kräutersteppe entwickelt, während ansonsten Zwergstrauchheiden in den Mittelgebirgen dominierten. Durch Knochenfunde und Felszeichnungen jungsteinzeitlicher Jäger konnten zusätzliche Hinweise auf die Fauna in dieser noch sehr offenen Landschaft gewonnen werden: Wichtige Großsäuger waren Hirsch, Antilope, Wildpferd, Ren und Bison, während hochglaziale Arten wie Wollnashorn und Höhlenbär bereits verschwunden waren.

Nach dem kurzen Kälterückschlag in der Älteren Tundrenzeit, der sich in einigen Pollenprofilen nachweisen lässt, setzte sich in der Warmphase des **Alleröd**-Interstadials (13 350–12 680 J. v. h.) die Wiederbewaldung fort. Birkenreiche Kiefernwälder bestimmten die Vegetation in weiten Teilen Süddeutschlands und auch in den Höhenlagen der Mittelgebirge war jetzt eine lichte Waldgesellschaft vorhanden. Mit dem Einzug der Vegetation kam ein positiver Selbstverstärkungsprozess in Gang: Stabile Reliefbedingungen mit geringer Erosion förderten die Bodenbildung und schufen damit die Voraussetzung für eine verbesserte Nährstoffversorgung der Pflanzen, die das Relief weiter stabilisierten. Günstige Lebensbedingungen herrschten im Alleröd auch für die Tierwelt. Reh und Biber wanderten ein, während das Rentier offenbar in nördlichere Lebensräume auswich.

Tabelle 8.1 Chronologie des Spätglazials der Würmkaltzeit und des Holozäns mit vegetationsgeographischen Charakteristika (zeitliche Abgrenzung nach Landesamt für Geologie und Rohstoffe Baden-Württemberg, Stand 2005).

Stratigraphie	Stadiale und Interstadiale	Radiokohlenstoff-Jahre BP (kalibriert)	Vegetationsklassen
H O L O Z Ä N	Subatlantikum	2450–0	**Wirtschaftswälder** Nadel- und Laubgehölze
	Subboreal	5750–2450	**Tannen- Buchenwälder** mit Fichte, Erle, Hasel
	Atlantikum	9250–5750	**Eichenmischwälder** mit Hasel, Ulme, Linde
	Boreal	10120–9250	**Kiefernwälder und Eichenmischwälder**
	Präboreal	11600–10120	**Kiefernwälder** mit Birke und Hasel
S P Ä T W Ü R M	Jüngere Tundrenzeit	12680–11600	**Aufgelichtete Wälder und Steppenheide** Kiefer, Wacholder, Ericaceen
	Alleröd-Interstadial	13350–12680	**Waldlandschaft** Lichte Kiefernwälder mit Birken
	Ältere Tundrenzeit	13540–13350	
	Bölling-Interstadial	13670–13540	**Wiederbewaldung** Lichte Kiefern- und Birkenwälder, Zwergstrauchheiden
	Älteste Tundrenzeit	13800–13670	**Kräutersteppe** Gräser, Kräuter, Wermut, Wacholder
	Meiendorf	15000–13800	
Hochwürm			

Abb. 8.3 Zwergstrauchheiden in Norwegen. Ähnlich könnte die Landschaft in den Mittelgebirgen Süddeutschlands während des Bölling-Interstadials ausgesehen haben (Foto: A. Bräuning).

Was „erzählen" Seeablagerungen und Schwemmkegel?

Wie für die frühen Abschnitte unserer Zeitreise durch Süddeutschland liefern Seeablagerungen wichtige Zeugnisse der Landschaftsentwicklung auch für den hier behandelten Zeitraum (Exkurs 7). Als im Alpenvorland die Gletscher schmolzen, hinterließen sie eine ausgedehnte Sumpf- und Seenlandschaft. Die größten spätglazialen Seen entstanden in den Zungenbecken der ehemaligen Vorlandgletscher, wo von Sediment bedecktes Resteis (Toteis) der kaltzeitlichen Gletscher besonders lang überdauerte. Als auch diese Eisreste abgeschmolzen waren, blieben durch den Volumenverlust tiefe Hohlformen (Kessel) in der Landschaft zurück. Die hier besonders mächtig abgelagerte, tonreiche Grundmoräne dichtete den Untergrund ab und begünstigte den Wasserstau und die Seebildung zu Beginn des Spätglazials. Bodensee, Ammersee, Starnberger See und Chiemsee sind als

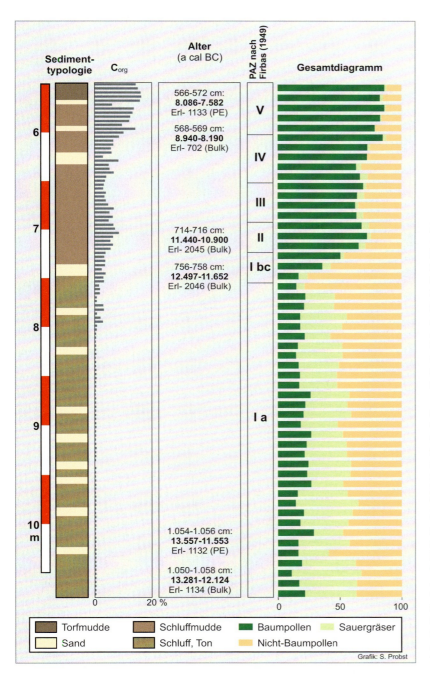

Abb. 8.4 Unterer Abschnitt (5,5–10,7 m) eines Bohrkerns aus dem Becken des Kleinen Arbersee (Hinterer Bayerischer Wald). An der Basis sind Schluffe und Tone aufgeschlossen, die über eine Schluffmudde zu einer Torfmudde übergehen. Der zunehmende Anteil organischen Materials in dieser Abfolge wird über den Anstieg der Gehalte des organischen Kohlenstoffs (C_{org}) belegt. Numerische Datierungen an organischem Material (Bulk) und an extrahierten Pollenkörnern (PE) mittels ^{14}C-Messungen an Aminosäuren belegen, dass das Seebecken bereits zwischen etwa 15 500 und 13 500 J.v.h. eisfrei war. Über die Pollenanalyse und die daraus abgeleiteten Pollenzonen (PAZ) lässt sich die Klima- und Vegetationsgeschichte seit dieser Zeit rekonstruieren. Am Ende der Ältesten Tundrenzeit (PAZ Ia) kommt es im Zuge einer raschen Erwärmung zum Rückgang der Nichtbaumpollen und Sauergräser (Cyperaceae) sowie zur Ausbreitung von Baumpollen. Der letzte spätglaziale Kälterückschlag der Jüngeren Tundrenzeit oder Dryas (PAZ III) hatte im Hinteren Bayerischen offenbar nur noch einen geringen abschwächenden Einfluss auf die generelle Tendenz der Wiederbewaldung (Abschn. 8.3; verändert nach Raab & Völkel 2003).

Exkurs 38

Schwemmkegel- und Talsohlenentwicklung am Alpennordrand im Spätglazial und Holozän

Schwemmkegel sind nicht nur „Speicher" im sedimentologischen Sinn, sondern auch „Speicher" bzw. „Archive" von Informationen über die sich verändernden geomorphodynamischen Bedingungen im Lauf ihrer Entwicklung. Mit Hilfe einer ausreichenden Zahl von Aufschlüssen oder Bohrungen ist es möglich, ein quasi-dreidimensionales Bild der sie aufbauenden Schichten und somit ihrer zeitlichen Entwicklung zu gewinnen. Besonders geeignete Voraussetzungen hierfür bieten die großen glazial übertieften Hohlformen am nördlichen Alpenrand, in denen sich darin aufgewachsene Moorkörper randlich mit Schwemmkegelschüttungen sowie mit Talfüllungen verzahnen (Abb. 8.5).

Untersuchungen dieser Art wurden am bayerischen Alpenrand in mehreren der am Ende der letzten Vereisung eisfrei gewordenen Stammtrichterbecken am Ausgang von Quertälern durchgeführt (Abb. 8.6). Das Material zum Aufbau der großen Kegel stand vor allem während des frühen Spätglazials zur Verfügung, als noch wenig von Vegetation geschützte Lockersedimentdecken aus den Talflanken und Seitengräben in Form kräftiger Murgänge zu Tal befördert wurden. Dadurch kam es vielerorts zu beachtlichen Beckenverfüllungen und Aufhöhungen der Talsohlen. Mit der Wende vom Spätglazial zum Holozän, vor allem aber seit dem ausgehenden Atlantikum, haben die Schwemmkegel nicht mehr wesentlich an Volumen zugenommen, wenngleich auf ihnen bis zur Gegenwart immer wieder intensive oberflächliche Umlagerungsprozesse stattfanden. Sichtbar wird dies unter anderem an mehrfach nachgewiesenen fossilen Bodenhorizonten frühholozänen Alters nur wenige Meter unter der Kegeloberfläche.

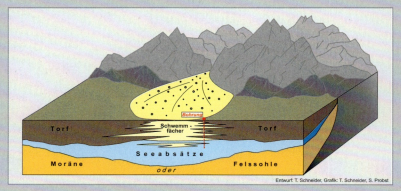

Abb. 8.5 Schematische Darstellung der Verzahnung von Kegelschüttungen mit organischen Ablagerungen und Seesedimenten. In Phasen verstärkter Schüttung greifen die mineralischen Schuttzungen am unteren Saum der Kegel über die Moorbildungen hinaus. In Phasen verminderten Kegelwachstums können dagegen Torfe über den Saumbereich der Kegel aufwachsen. Durch Bohrungen hauptsächlich in diesen Verzahnungsbereichen können Wechsellagerungen verschiedener mineralischer und organischer Sedimente erfasst werden. Letztere sind mit der Radiokohlenstoff-Methode (^{14}C-Methode, Exkurs 31) datierbar (verändert nach Schneider 2006).

Zungenbeckenseen die größten noch verbliebenen Zeugen dieser Eiszerfallslandschaft.

Während im Uferbereich und an Flusseinmündungen der Seen oft sandige oder auch kiesige Sedimente auftreten, sind im Zentrum meist fein geschichtete („laminierte") Ablagerungen entstanden. Im Lauf der Jahrtausende wurden bis zu hundert Meter mächtige, oft jahreszeitlich geschichtete Sedimente (Warven) abgelagert, die sehr genaue und zeitlich hoch auflösende Informationen zu den Paläoumweltveränderungen seit der letzten Kaltzeit geben.

Die Eigenschaften der Seesedimente erlauben auch Rückschlüsse auf die Dichte und Zusammensetzung der umgebenden Vegetation. So wurden im frühen Spätglazial – bei noch lückenhafter Pflanzendecke – vorwiegend mineralische Sedimente in den Seen abgelagert. Mit der Wiederbewaldung im Bölling, vor allem aber während der klimatischen Gunstphase des Alleröd-Interstadials (13 350–12 680 J. v. h.), dominierte dagegen die Bildung organischer Sedimente. Das Pollenspektrum zeigt in dieser Zeit eine markante Zunahme der Baumpollen (Abb. 8.4). Am Ende der Alerödzeit ereignete sich der Ausbruch des Laacher-See-Vulkans in der Eifel. Die ausgeworfene vulkanische Asche lässt sich in vielen Sedimentprofilen süddeutscher Seen als mehrere Millimeter dicke Schicht nachweisen und bildet eine zuverlässige Zeitmarke. Die Entwicklung gleichmäßiger Warven setzte danach aus, was möglicherweise durch „fehlende

Ähnliche Ergebnisse aus anderen Untersuchungen am bayerischen Alpennordrand legen nahe, dass von einer großräumigen, klimatisch gesteuerten Entwicklung ausgegangen werden kann. Im Holozän dürften dabei weniger die Temperaturverhältnisse als vielmehr Veränderungen der Niederschlagsregime eine wichtige Rolle gespielt haben: Feuchtere Phasen mit hohen Abtrags- bzw. Transportraten insbesondere bei kräftigen Niederschlagsereignissen sorgten für erhöhte Materialanfuhr bzw. -umlagerung auf den Kegeln, trockenere Perioden ermöglichten eher ein ruhiges, ungestörtes Aufwachsen der Torfkörper.

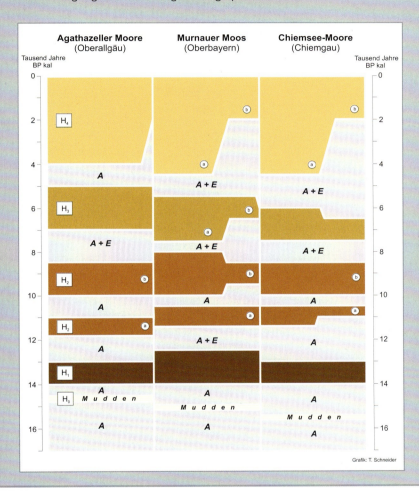

Abb. 8.6 Phasen verstärkten Torfwachstums (H_0 bis H_4; a, b: Teilphasen bzw. für Teilräume rekonstruierbare Dauer) wechseln mit Zeiträumen verstärkter Schwemmkegelaktivität (Umlagerung, A = Akkumulation, E = Erosion) in glazialen Becken am Alpennordrand. Phasen verstärkter Kegelaktivität konnten vor allem für die Zeiten vor 14 000, um 12 000, um 10 500, um 8000 sowie um 5000 J. v. h. ermittelt werden. Torfwachstum fand während dieser Zeitphasen kaum statt. Seit etwa 4000 Jahren (H_4) überwiegt das Torfwachstum (verändert nach Jerz, Schneider & Krause 2000 sowie Schneider 2002, 2006).

Sommer" nach der Laacher-See-Katastrophe zu erklären ist. Für das Alleröd-Interstadial ist auch ein erstes Aufwachsen von Torfen belegbar – ein Hinweis auf die zunehmende geomorphologische Stabilität der Landschaft.

Mit der Abkühlung in der Jüngeren Tundrenzeit ist vor allem in höher gelegenen Seen wieder ein vermehrter Eintrag mineralischer Komponenten zu beobachten (Abschn. 8.3). Viele Seen des Alpenvorlandes waren jedoch am Ende des Spätglazials bereits vollständig verlandet, und die Moorbildung hatte eingesetzt (Exkurs 42).

Am Alpenrand verzahnen sich Seeablagerungen oder Moore häufig mit **Schwemmkegeln**. Parallel zu den alluvialen Füllungen von Becken und Tälern wurden diese nach dem Rückzug der eiszeitlichen Gletscher im Spätglazial und Holozän aufgeschüttet. Schwemmkegel konnten sich an Stellen ausbilden, wo Gerinne aus Seitentälern in das Haupttal oder in Becken münden und aufgrund des plötzlichen Nachlassens des Gefälles und damit der Transportkapazität Material abgelagert werden musste. Ihre Entwicklung war dabei durch eine Anzahl von Faktoren gesteuert, deren wichtigste das Klima, die Vegetationsbedeckung sowie die Art und Menge des zur Sedimentation zur Verfügung stehenden Materials sind. Diese Faktoren waren im Lauf des Spätglazials und Holozäns immer wieder bedeutenden Veränderungen unterworfen, so dass keine kontinuierliche Bildung dieser Aufschüttungsformen erfolgen konnte (Exkurs 38).

Die Dynamik der Flusslandschaften

Durch die relativ rasche Klimaerwärmung zu Beginn des Spätglazials stand vor allem in den Sommermonaten sehr viel Wasser zur Verfügung, so dass fluviale Abtragungsprozesse unter veränderten Abflussregimen (v. a. ganzjähriger Abfluss) eine hohe Wirksamkeit erreichten. Insbesondere die verwilderten Flüsse des Alpenvorlandes mit ihren großen und vergletscherten Einzugsgebieten konnten sich sehr schnell in ihre hochglazialen Sedimente und Talböden einschneiden. Extreme Hochwasserereignisse beschleunigten die Eintiefung der Fließgewässer sicherlich zusätzlich (Abb. 8.7).

Auf diese Wiese entstanden neue Flussterrassen unterhalb des Niveaus der hochwürmzeitlichen Niederterrasse. Der Wechsel von Erosion und Akkumulation war in erster Linie klimatisch gesteuert, wurde jedoch auch von den spezifischen Eigenschaften der Einzugsgebiete und von lokaler Tektonik bestimmt. So lassen sich die inneralpinen Gletscherschwankungen des Spätglazials eindeutig mit den Flussterrassen der Alpenvorlandsflüsse verknüpfen. Im Gegensatz zu den frühen Arbeiten von Carl Troll (1925), der die spätglazialen Terrassen als reine Erosionsformen ansah, interpretiert man diese Formen heute überwiegend als eigenständige Schotterkörper, die das Ergebnis mehr oder weniger langer Umlagerungsphasen darstellen und in die Niederterrasse eingeschachtelt sind. Diese Terrassen sind daher sowohl Erosions- als auch Akkumulationsformen (Exkurs 39).

Auch viele Flüsse der periglazial geprägten Landschaften mobilisierten nach dem Auftauen des Permafrostes große Mengen an Lockermaterial. Hangschuttdecken und Fließerden wurden an Unterhängen von den jetzt wieder ganzjährig Wasser führenden Flüssen ausgeräumt. Über weite Strecken, vor allem aber an Prallhängen, kam es dadurch im Spätglazial zu erheblicher Seitenerosion. In flachen Abschnitten des Flusslängsprofiles wurden die mitgeführten Sedimente wieder abgelagert. Kleinere Bäche oder Flüsse mit geringem Gefälle konnten sich dagegen im Spätglazial kaum oder gar nicht in den Talboden der Würm-Kaltzeit einschneiden. Sie transportierten überwiegend feine Korngrößen (<2 mm), die bei Hochwasser als Hochflutsedimente im Talboden abgelagert wurden. Vor allem in flachen Talabschnitten bildeten sich Flussschlingen und freie Mäander (Abb. 8.10).

Durch die bis heute anhaltende Absenkung des Oberrheingrabens musste der **Oberrhein** kaum Erosionsarbeit leisten. Zu Beginn des Spätglazials änderte sich jedoch die Flussdynamik von einem weit verzweigten „verwilderten" Flusslauf zu einem mäandrierenden Verlauf mit relativ gleichmäßiger Wasserführung. Der Abfluss beschränkte sich zunehmend auf wenige Hauptrinnen, die sich allmählich in den hochwürmzeitlichen Talboden einschneiden konnten. Allerdings zeigte der Wildfluss im südlichen und nördlichen Teil des Oberrheingrabens ein recht unterschiedliches Fließverhalten. Von Basel bis Rastatt, in der so genannten Furkationszone, floss der Rhein auf zwei bis drei Kilometern Breite in zahlreichen sich verzweigenden und wieder zusammenfließenden Einzelgerinnen und konnte sich dabei acht bis zehn Meter in seine hochglazialen Aufschüttungen einschneiden. Weiter nördlich entwickelten sich aufgrund des geringeren Gefälles vermehrt ausgreifende Flussschlingen oder Mäander (Mäanderzone), die im Lauf der Zeit durchbrochen wurden und sich an anderer

Abb. 8.7 Der Iller-„Canyon" südwestlich von Memmingen. Die Iller hat sich im Verlauf des Spät- und Holozäns über 60 Meter tief in den im Hochglazial der Würm-Kaltzeit gebildeten Talboden eingeschnitten. Die Höfe im Hintergrund stehen auf dem Niveau dieser Niederterrasse. Am Prallhang der Iller sind Sedimentgesteine der Oberen Süßwassermolasse freigelegt worden. Die Hänge weisen eine sehr aktive Rutschdynamik auf. Bei Hochwasser präsentiert die Iller sich trotz zahlreicher Stauwehre noch immer als Wildfluss (Foto: J. Eberle).

8.2 Von der Kräutersteppe zur Waldlandschaft

Stelle neu formieren konnten. Die ursprüngliche Rheinaue erreichte hier stellenweise eine Breite von bis zu zwölf Kilometern und wurde durch eine bis zu 15 Meter hohe Erosionskante von der überschwemmungsfreien Niederterrasse getrennt. Diese noch heute deutlich ausgeprägte Stufe wird als Hochgestade bezeichnet und ist das Ergebnis der spätglazialen bis frühholozänen Tiefenerosion (Abb. 8.11).

Exkurs 39

Die Flussterrassen am unteren Inn

Datierungen von Flussablagerungen am Unterlauf des Inns ergaben sechs Phasen der jungquartären Terrassenbildung. Die Eintiefung erreicht unmittelbar nördlich der Würm-Endmoräne des Chiemseegletschers einige Dutzend Meter, während die Niveauunterschiede typischerweise nach Norden immer mehr abnehmen. Phase 1 beschreibt die Schüttung der Niederterrasse im Hochglazial vor etwa 20 000 Jahren. Die Phasen 2 und 3 umfassen ältere (16 000–14 000 J. v. h.) und jüngere (14 000–11 500 J. v. h.) spätglaziale Terrassen. Die Terrassen des frühen und mittleren Holozäns wurden in Phase 4 (12 000–9500 J. v. h.) und Phase 5 (8000–7000 J. v. h.) geschüttet. Zuletzt folgen die Terrassen des Jungholozän (Phase 6: bis 1500 J. v. h.).

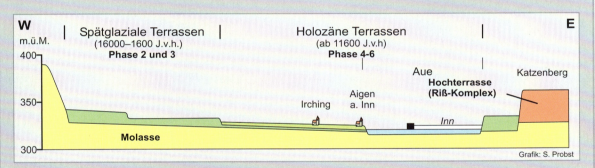

Abb. 8.8 Talquerprofil am unteren Inn (verändert nach Megies 2006).

Abb. 8.9 Bild 1: Die Kirchreiter Terrasse (Phase 2) am unteren Inn ist bis zu fünf Meter tief in die Niederterrassenfläche (Phase 1) eingeschnitten und markiert den Beginn der linienhaften Zerschneidung des würmzeitlichen Talbodens zu Beginn des Spätglazials. Der Hof steht auf der Niederterrasse. **Bild 2:** Aufschluss einer jungholozänen Terrasse (Phase 6) am Unterlauf des Inn. Die Datierung der ca. 25 cm mächtigen Sandzwischenlage ergab ein Alter von 1500 ± 200 J. v. h. (Fotos: H. Megies).

Abb. 8.10 Mit weiten Schlingen mäandriert die Lauter bei Gundelfingen (Schwäbische Alb) in ihrem Talboden. Nach der Würm-Kaltzeit fand hier keine nennenswerte Einschneidung mehr statt, eine Niederterrasse ist daher nicht ausgebildet (Foto: J. Eberle).

Abb. 8.11 Das Hochgestade am Oberrhein südlich von Rastatt. Die markante Stufe trennt die Niederterrasse von der holozänen Aue, wo Hochflutsedimente zur Ablagerung kamen. Entlang des vor Hochwasser sicheren Hochgestades verlief bereits zur Römerzeit die wichtige Nord-Süd-Verbindung von Basel über Straßburg und Speyer nach Mainz. Auch heute noch befinden sich an dieser geomorphologischen Grenze viele Siedlungszentren des Oberrheingrabens (Foto: J. Eberle).

Hangentwicklung in den Mittelgebirgen

Zu Beginn des Spätglazials taute der Permafrost in den Periglazialgebieten rasch auf. Verstärkte Abtragung – vor allem in den Mittelgebirgen – war eine der Folgen. Auch Hangrutschungen ereigneten sich in dieser frühen Phase des Spätglazials in großer Zahl. Besonders betroffen waren davon die steilen Hänge der Jura- und Keuper-Schichtstufen mit ihrem Wechsel von tonigen sowie sand- oder kalkreichen Sedimentgesteinen. Ausgeprägte Abrissnischen und ein kuppiges Hügelrelief im Ablagerungsgebiet sind Zeugnisse dieser spätglazialen Rutschdynamik, die in abgeschwächter Form bis heute anhält (Kapitel 9). Weniger rutschungsanfällige Kristallingesteine wurden durch die häufigen Frostwechsel zerrüttet, und es kam vermehrt zu Steinschlägen oder auch größeren Felsstürzen.

An den Hängen der Mittelgebirge verstärkten sich nach dem Schwinden des Permafrostes auch die linearen Erosionsprozesse. So erfolgte dort zu Beginn des Spätglazials, aber auch während der späteren Kaltphasen (Tundrenzeiten), die Weiterbildung oder Entstehung

8.2 Von der Kräutersteppe zur Waldlandschaft

Exkurs 40

Zwei Flüsse im Oberrheingraben?

Im Spätglazial der Würm-Kaltzeit kam es am südlichen Oberrhein zu einer bedeutenden Flussverzweigung. Ein östlicher Flussarm des Oberrheins strömte durch die Senke zwischen Tuniberg und Kaiserstuhl und vereinigte sich nördlich von Freiburg mit der Dreisam (Abb. 8.12). Daraus entwickelte sich am östlichen Grabenrand ein eigenständiges Abflusssystem, das als Sammeladern der Zuflüsse aus dem Schwarzwald und dem Kraichgau diente und parallel zum Oberrhein nach Norden floss. Es wurde früher als „Ostrhein" und später als „Kinzig-Murg-Rinne" oder auch „östliche Randsenke" bezeichnet.

Bei Heidelberg blockierte der Schwemmfächer des Neckars den Rhein-parallelen Fluss und führte zu dessen Ablenkung nach Westen. Das Graben-parallele Entwässerungssystem erreichte aber erst nördlich von Darmstadt endgültig den Hauptfluss. Ursache für die Entstehung der Kinzig-Murg-Rinne ist eine stärkere tektonische Absenkung am östlichen Rand des mittleren und nördlichen Oberrheingrabens während des Quartärs. Die erosionsstarken Schwarzwald-Flüsse und der Neckar lagerten in der Folge große Schwemmfächer im Bereich der Randsenke ab und konnten auf diese Weise im Lauf der Zeit – vor allem bei Hochwasserereignissen – über ihre eigenen Ablagerungen zur Haupttrinne des Oberrheins durchbrechen. Bereits am Ende des Spätglazials erfolgte im Süden allmählich die Abschnürung des „Ostrheins" vom Oberrhein, aber erst während des jüngeren Holozäns verlandeten auch die Rinnen und Feuchtgebiete am nördlichen Grabenrand immer mehr und wurden letztlich durch den Menschen überprägt und entwässert (Kapitel 9).

Insbesondere zwischen Rastatt und Heidelberg ist der ehemalige Verlauf des östlichen Entwässerungssystems noch heute in Form von Rinnen in der Niederterrasse zu erkennen. Zahlreiche Moore und Sümpfe bilden hier wertvolle Feuchtbiotope (z. B. das Weingartner Moor nördlich von Karlsruhe). Die komplexen Wechsellagerungen von Torf und Flusssediment im Untergrund der Kinzig-Murg-Rinne machen sie zu einem höchst problematischen Baugrund. Einige Streckenkilometer der Schnellbahntrasse Frankfurt-Basel wurden durch diese landschaftsgeschichtliche Episode zu einem teuren Unternehmen.

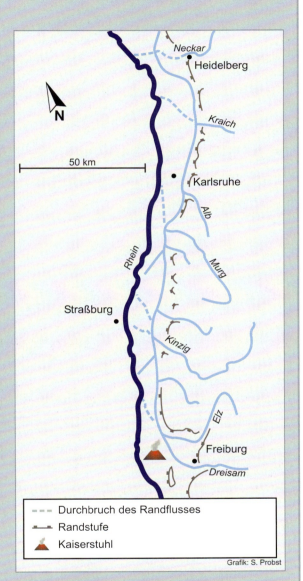

Abb. 8.12 Möglicher Verlauf des Randflusses im Oberrheingraben. Er entwickelte sich zu Beginn des Spätglazials der Würm-Kaltzeit und diente als Sammeladern der östlichen Nebenflüsse aus dem Schwarzwald. Sein genauer Verlauf ist vor allem im südlichen Oberrheingraben teilweise noch umstritten (verändert nach Fezer 1974).

vieler kleiner Kerbtäler. Eine Ausnahme bilden die Karstlandschaften Süddeutschlands, wo im Spätglazial der Oberflächenabflusses zurückging, da mit dem Auftauen des Permafrostes die unterirdische Entwässerung (Karstdrainage) und die im Hochglazial weitgehend unterbrochene Karstlösung wieder einsetzen konnten. Beim Austritt von kalkübersättigtem Wasser an der Oberfläche kam es zur Ausfällung von Kalk und damit zur Bildung sekundärer Karbonatgesteine. Dieser Prozess verstärkte sich während des holozänen Klimaoptimums und dauert bis heute an (Abschn. 9.7).

8.3 Die Jüngere Tundrenzeit – ein Kälterückschlag vor dem Holozän

Während der **Jüngeren Tundrenzeit** (12 680–11 600 J. v. h.) ereignete sich nochmals ein kurzfristiger tiefer Temperatursturz, der weltweit nachweisbar ist (Exkurs 41). Die Auswirkungen dieser Abkühlung auf die damalige Landschaft Süddeutschlands sind bis heute nicht vollständig erforscht. So ergaben zahlreiche geomorphologische Studien, dass es während der Jüngeren Tundrenzeit noch einmal zur großflächigen periglazialen Umlagerung von Hangsedimenten gekommen sein muss. Die Entstehung der so genannten „Hauptlage", einer oft lösslehmreichen Schuttlage an den Hängen der Mittelgebirge und Schichtstufen, wird in diesen Zeitraum gestellt. Eine Datierung dieser jüngsten periglazialen Deckschicht ist aber bislang nur an wenigen Stellen gelungen. Zumindest für Südwestdeutschland ist der eingearbeitete Laacher See-Tuff ein klarer Hinweis auf das spätglaziale Alter der Hauptlage (Exkurs 34, Abschn. 7.3).

Letztmalig kam es während der Jüngeren Tundrenzeit auch zur Sedimentation gering mächtiger Lösse und zur Umlagerung von Flugsanden. **Dünen** und **Flugsandfelder** treten verbreitet im nördlichen Oberrheingraben sowie in einigen Becken- und Flusslandschaften im nördlichen Bayern auf. Entlang der Rednitz im Raum Nürnberg-Erlangen, aber auch am Main bei Schweinfurt und Aschaffenburg sind größere Flugsanddecken anzutreffen. Bei Nürnberg sind bis zu 150 Meter lange und mehr als zehn Meter hohe Dünen entwickelt. Noch etwas größere Einzelformen und die dazugehörigen „Auswehungshohlformen", so genannte Deflationswannen, sind im östlichen Oberrheingraben auf der Niederterrasse zwischen Rastatt und Darmstadt anzutreffen.

Flugsande entstammen ursprünglich Terrassenkörpern und Hochflutsedimenten, aus denen bei Trockenheit Sand besonders leicht vom Wind mobilisiert werden konnte. Flugsandfelder und Dünen befinden sich oft dort, wo feinere Korngrößen nicht zur Ablagerung kamen oder aber in Form von Löss bereits im Hochglazial ausgeweht worden waren. Die Mächtigkeit der Flugsanddecken liegt bei durchschnittlich einem Meter, häufig ist auch nur ein dünner Sandschleier vorhanden. Am Südrand des Neckarschwemmfächers bei Heidelberg werden jedoch Sandmächtigkeiten von bis zu 20 Metern erreicht (Abb. 8.13).

Die Lage der Dünen auf der hochwürmzeitlichen Niederterrasse belegt, dass sie frühestens im Spätglazial entstanden sein können. Vor allem die Kaltphase der Jüngeren Tundrenzeit begünstigte offenbar die Sandauswehung, denn an einigen Stellen lässt sich eine überwehte und mit der Radiokohlenstoff-Methode datierte Bodenbildung aus dem Alleröd nachweisen. Daraus

Abb. 8.13 Die Düne von Sandhausen bei Heidelberg. Sie lagert zum Teil auf einem spätglazialen Niedermoor. Die ^{14}C-Datierungen an der Dünenbasis ergaben, dass die Sandaufwehung während der Kaltphase der Jüngeren Tundrenzeit stattfand. Die heute hier entwickelte, speziell an die trockenen Standortbedingungen angepasste Vegetation bildet eine Besonderheit und steht unter strengem Schutz (Foto: B. Eitel).

Exkurs 41

Wie kam es zur Abkühlung während der Jüngeren Tundrenzeit?

Vor etwa 12 700 Jahren fand der letzte spätglaziale Klimawechsel statt, der etwa eintausend Jahre andauerte und als Jüngere Tundrenzeit bezeichnet wird. Die großen Gletscher der Alpen rückten damals wieder um einige Kilometer vor und die Höhenstufen der Vegetation verschoben sich deutlich. Auf der Grundlage zahlreicher wissenschaftlicher Untersuchungen an Eisbohrkernen und Sedimentproben sowie anhand moderner Klimamodelle wird die Ursache dieser sprunghaften Abkühlung heute mit einer Unterbrechung der „Wärmepumpe" des Nordatlantikstroms erklärt.

Was aber hat diese Unterbrechung verursacht? Im Zuge des Abschmelzens der nordamerikanischen Eiskappe war seit etwa 14 000 J. v. h. der „Lake Agassiz" entstanden, ein riesiger Eisstausee, der in Kanada und im Norden der USA eine Fläche von etwa 2,3 Millionen Quadratkilometern bedeckte. Mit dem Abschmelzen der Eisbarriere vor etwa 12 700 Jahren ergoss sich eine gewaltige Menge Süßwasser zusammen mit Massen an Eistrümmern vorwiegend über die St. Lorenz-Rinne in den Nordatlantik (Abb. 8.14). Das gegenüber Salzwasser leichte Süßwasser bildete einen „Süßwassersee" auf dem Ozean und verhinderte so die thermohaline Zirkulation, das heißt das Absinken salzhaltiger, kalter und damit dichterer Wassermassen. Der zugehörige Nachstrom warmen Wassers aus den Tropen in den Nordatlantik war blockiert. Die „Fernwärme" durch den Golfstrom blieb folglich aus, und in West- und Nordeuropa herrschten noch einmal kalte und vergleichsweise trockene Bedingungen. Die Isotopen-Untersuchungen grönländischer Eisbohrkerne belegen, dass diese markante Abkühlung innerhalb weniger Jahrzehnte stattfand und auch sehr schnell wieder endete.

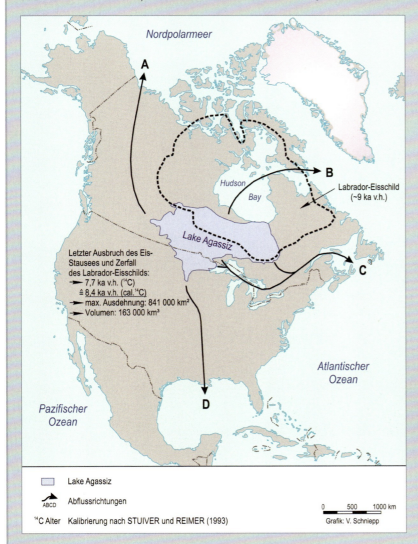

Abb. 8.14 Der riesige Agassiz-Schmelzwassersee entleerte sich wohl mehrfach in den Nordatlantik. Vor etwa 12 700 Jahren kam es durch einen solchen Ausbruch zur Unterbrechung der thermohalinen Zirkulation und in der Folge zu dem Kälterückschlag der Jüngeren Tundrenzeit. Im frühen Atlantikum (etwa 8200 J. v. h.) fand letztmalig ein Seeausbruch statt. Auch dabei kam es zu einer nachweisbaren Abkühlung in Teilen der Nordhemisphäre.

folgt, dass auf den Flugsandfeldern und Dünen in der Jüngeren Tundrenzeit keine geschlossene Vegetationsdecke vorhanden gewesen sein kann. Durch die Wiederbewaldung ab dem frühen Holozän wurden die Sande stabilisiert (Abschn. 8.4). Erst im Zuge menschlicher Rodungsaktivitäten kam es bis in das Spätmittelalter noch einmal zu Umlagerungen der Sedimente.

Trotz der deutlichen geomorphologischen Hinweise lassen viele **pollenanalytischen Befunde** keinen einschneidenden Vegetationswandel während der Jüngeren Tundrenzeit erkennen (Abb. 8.4). Sie erlauben keine Rückschlüsse darauf, dass sich der Bewaldungsgrad gravierend veränderte, wie es für die Entstehung der Hauptlage und der Dünen zu fordern wäre. Lediglich im Westen und in den Hochlagen lichtete sich der Wald wohl etwas auf, was die Ausbreitung von Steppenkräutern begünstigte. Der Birkenanteil verringerte sich zu Gunsten der Kiefer. Da viele Pollen flugfähig sind und mit dem Wind über Hunderte von Kilometern transportiert werden, ist eine Interpretation von Pollenprofilen bezüglich der räumlichen Verbreitung der Vegetation nur schwer möglich. Durch Ferntransporte, wie sie auch aktuell bei starken Winden beobachtet werden, könnten beispielsweise Pollenkörner aus den klimagünstigen Refugien der Beckenlandschaften in die Hochmoore des Schwarzwaldes gelangt sein. In der Tierwelt wird die Abkühlung zwar durch das Einwandern von Gämse und Schneehase sichtbar, arktische Arten traten aber in Süddeutschland nicht mehr auf. Diese teilweise widersprüchlichen Befunde aus den unterschiedlichen Geoarchiven beruhen sicher auch auf **Datierungsproblemen** und lassen sich wohl nur durch weitere Forschungen klären.

Exkurs 42

Torfbildung und Moorentwicklung

Als Torf werden Bodenhorizonte bezeichnet, die zu mehr als 30 Gewichtsprozenten aus organischer Substanz bestehen. Torfe entstehen durch einen unvollständigen biologisch-chemischen Abbau abgestorbener Pflanzen. Diese Bedingungen herrschen bei Wasserüberschuss und weitgehendem Luftabschluss. Bei Torfmächtigkeiten ab 30 Zentimeter spricht man von einem Moor. **Niedermoore** entstehen meist durch Verlandung relativ nährstoffreicher (eutropher)

Abb. 8.15 Das Wildseemoor liegt auf über 900 Metern Höhe im Bereich eines Buntsandstein-Plateaus im Nordschwarzwald und umfasst eine Fläche von zwei Quadratkilometern. Im Zentrum befindet sich der 2,3 Hektar große und bis zu drei Meter tiefe Wildsee mit seinen Torfinseln. Es handelt sich dabei um die größte offene Wasserfläche eines Hochmoors (Kolk) in Deutschland. Begünstigt wird die Hochmoorbildung, die hier vor etwa 10 000 Jahren einsetzte, durch die Plateaulage und sehr hohe Niederschläge von jährlich etwa 1700 mm. Aufgrund seiner relativ siedlungsfernen Lage entging die ökologisch sensible Moorlandschaft der Abtorfung und wurde bereits 1928 (!) unter Naturschutz gestellt. Im Bild ist der typische Schwingrasen mit ersten Moorbirken und Kiefern zu erkennen (Foto: J. Eberle).

8.4 Das frühe Holozän (11 600–7500 J.v.h.) – die letzte Phase natürlicher Formung in Süddeutschland

Die deutliche Erwärmung zu Beginn des Holozäns (11 600 J. v. h.) brachte zunächst keine einschneidenden Veränderungen der Vegetationsgesellschaften. Erst in der zweiten Hälfte des **Präboreals** (11 600–10 120 J.v.h.) wanderten Wärme liebende Gehölze wie Hasel, Eiche, Ulme, Ahorn, Linde, Esche und Erle ein. Außerdem wurde es gegen Ende des Präboreals deutlich feuchter, was die Moorbildung begünstigte. In der Tierwelt erfolgte im **Boreal** (10 120–9250 J.v.h.) eine markante Zunahme warmzeitlicher Arten vor allem bei Kleinsäugern und Schnecken. In den Wäldern lebten schon die heute bekannten Großsäuger wie Reh, Hirsch und Wildschwein, aber auch noch Auerochse und einige Beutejäger wie der Wolf waren verbreitet. Im **Atlantikum** (9250–5750 J.v.h.), der bislang wärmsten Phase des Holozäns, lagen die Jahresmitteltemperaturen ein bis zwei Grad höher als heute. Eichen-Mischwälder bestimmten die Vegetation in den süddeutschen Landschaften, an feuchteren Standorten waren vor allem Ulmen und Eschen verbreitet. Am Alpennordrand stieg die Waldgrenze bis auf 2000 Meter an, die hier zunächst vorherrschenden Kiefern und Lärchen wurden im mittleren Atlantikum von der Fichte verdrängt (Tabelle 8.1). In der zweiten Hälfte des Atlantikums begann in Süddeutschland die Einwanderung von Buche, Tanne und Fichte. Vor etwa 7500 Jahren griff erstmals der Mensch durch flächenhafte Rodungen in dieses natürliche Ökosystem ein und prägte es seitdem zunehmend (Kapitel 9).

Seen oder verlassener Flussläufe sowie an Quellaustritten. In größeren Flusstälern können sich Niedermoore durch Versumpfung oder Überflutung in Senken entwickeln. Da ihre Entstehung in jedem Falle an austretendes Grundwasser gebunden ist, treten Niedermoore ausschließlich in tief gelegenen Reliefpositionen auf. **Hochmoore** sind dagegen nährstoffarme (oligotrophe) Standorte, die nur in Gebieten mit mittleren Jahresniederschlägen von mehr als 1000 mm entstehen können und deren anspruchslose Pflanzen ausschließlich vom Regenwasser versorgt werden. Sie haben sich sehr häufig über das Vorstadium des Niedermoors entwickelt (Abb. 8.16). Typische Hochmoorpflanzen sind Bleichmoose (Sphagnum-Arten), Wollgras und Moosbeere. Die Moorbildung begann in Süddeutschland vor 13 000 Jahren und erreichte ihren Höhepunkt während des Klimaoptimums im Atlantikum. Die meisten Moorflächen sind heute durch menschliche Eingriffe verändert oder zerstört (Abschn. 9.4).

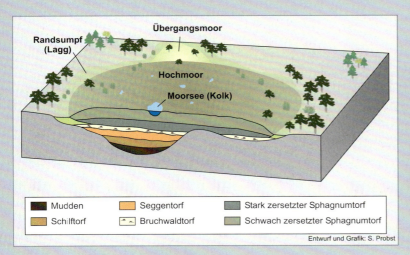

Abb. 8.16 Schematische Darstellung zur Moorentwicklung. Nach Verlandung eines Sees setzt die Niedermoorbildung mit Mudde, Schilf- und Seggentorf ein. Das Moor wächst über den Grundwasserspiegel hinaus und entwickelt sich – bei ausreichenden Jahresniederschlägen – zu einem uhrglasartig aufgewölbten Hochmoor. Die randliche Entwässerung erfolgt über den Lagg, der häufig auch als Übergangsmoor ausgebildet ist.

Geomorphodynamik

Süddeutschland war im frühen Holozän von dichten Wäldern bedeckt – nur im Bereich der Moorlandschaften des Alpenvorlandes waren größere waldfreie Areale vorhanden, und auch in den Flusslandschaften sowie an besonders steilen Hängen und an Felsköpfen traten stellenweise waldfreie Flächen auf. In weiten Teilen Süddeutschlands herrschten daher während dieser Zeit geomorphologisch sehr stabile Bedingungen, wie sie zuvor wohl letztmals während der Eem-Warmzeit gegeben waren (Abschn. 7.2).

Die **fluviale Dynamik** beschränkte sich an den meisten Bächen und Flüssen auf den Transport und die Ablagerung feinkörniger Hochflutsedimente im Bereich der Flussauen. Vor allem in flachen Talabschnitten bildeten sich Flussschlingen und freie Mäander. Auf diese Weise wurden Hochflutsedimente immer wieder umgelagert, und es entstanden Rinnen und flache Stufen innerhalb der Aue. Solche Aueterrassen weisen geringfügige Höhenunterschiede auf und lassen sich nur aufgrund unterschiedlich intensiver Verwitterung oder durch organische Lagen zeitlich differenzieren. An Main, Donau, Inn und Isar konnten bis zu acht holozäne Terrassen ausgewiesen werden (Abb. 8.8). In den älteren Auelehmen haben sich im Lauf des Holozäns verbreitet fruchtbare Böden entwickelt. Aufgrund der noch weitgehend geschlossenen Vegetationsdecke erreichte die frühholozäne Sedimentation von Auesedimenten meist keine sehr großen Ausmaße. Auf den jüngsten Stufen ist dagegen eine zunehmende Mächtigkeit der Hochflutlehme zu beobachten, was bereits auf eine verstärkte Bodenerosion und damit auf anthropogene Eingriffe in die Landschaft hinweist (Kapitel 9).

Im Bereich von Flachstrecken größerer Flüsse waren in der natürlichen Auelandschaft zahlreiche Sümpfe und Seen vorhanden, die vor allem bei Hochwasser ausgedehnte Überschwemmungsgebiete bildeten. Reste solcher Überschwemmungslandschaften sind heute noch vor allem entlang der Donau in Form größerer Feuchtgebiete und verlassener Flussschlingen zu erkennen.

Moor- und Torfbildung

Mit der vollständigen Wiederbewaldung zu Beginn des Holozäns nahm der Eintrag organischer Stoffe in Flüsse und Seen zu. Es kam dadurch verstärkt zur Verlandung spätglazialer Seen und ab dem Präboreal zur Bildung von Torfen und Niedermooren (Exkurs 42). Bei Rosenheim konnte ein solcher ehemaliger spätglazialer See rekonstruiert werden, der fjordartig bis in die Alpen zurückreichte und mit einer Ausdehnung von 300 Quadratkilometern halb so groß war wie der Bodensee. In mehreren Mooren des Alpenvorlandes wurden mit Hilfe von Pollenanalysen (Exkurs 25) und Radiokohlenstoff-Datierungen (Exkurs 31) verschiedene holozäne Torfbildungsphasen nachgewiesen, die jeweils durch mineralische Schüttungen unterbrochen sind (Exkurs 38).

Am **Oberrhein** konnten zwei Hauptphasen der Niedermoorbildung rekonstruiert werden. Die erste Phase fällt in das Präboreal und lässt sich durch den Klimawandel zu Beginn des Holozäns erklären. Höhere Temperaturen und Niederschläge führten dazu, dass der Abfluss des Rheins sich zunehmend auf seine holozäne Aue konzentrierte und dadurch zahlreiche ehemalige Rinnen und Altarme zu verlanden begannen. Eine zweite Hauptphase der Moorbildung fand während des Klimaoptimums im Atlantikum statt. Warmfeuchte Bedingungen und eine dichte Vegetation begünstigten während dieser Zeit im Oberrheingraben offensichtlich die Entstehung von Versumpfungsmooren.

In den Mittelgebirgen verlief die Moorbildung komplexer und regional differenzierter. In den glazial angelegten Hohlformen des Schwarzwaldes und des Bayrischen Waldes bildeten sich bereits am Ende des Spätglazials Niedermoore, die sich seit dem Atlantikum zu Hochmooren entwickelten (Abb. 8.16). Auch hier lassen sich die Hauptphasen der Moorbildung mit den klimatisch besonders günstigen Zeitabschnitten während des Holozäns erklären.

In strömungsarmen Uferbereichen und Flachwasserzonen kalkreicher Seen wurden nicht nur organische Sedimente, sondern auch fein geschichtete, karbonatische Sedimente abgelagert. Diese **Seekreiden** entstehen durch Kohlensäure-Verbrauch und damit dauernde Kalkabscheidung von Wasserpflanzen. Eine besonders intensive Seekreidebildung fand während des Wärmeoptimums im jüngeren Atlantikum statt. An vielen Seen kommt es noch heute zur Ausfällung und Ablagerung dieser Sedimente, die sich bis über zehn Meter Mächtigkeit entwickelt haben.

Die geomorphologisch weitgehend stabile Phase des frühen Holozäns setzte sich in vielen Teilen Süddeutschlands auch in den darauffolgenden Jahrtausenden fort. Lediglich in Gunsträumen wie den Lösslandschaften, in denen sich schon früh sesshafte Bauern niederließen, wurde diese Stabilität gestört. Dort kam es erstmals zu Landschaftsveränderungen durch den Menschen (Kapitel 9).

Literatur

Bräuning, A. (1995): Zur Anwendung der Dendrochronologie in den Geowissenschaften. – Die Erde, **3**: 189–204.

Brunnacker, K. (1959): Zur Kenntnis des Spät- und Holozäns in Bayern. – Geologica Bavarica, **43**: 74–150.

Diez, T. (1968) : Die würm- und postwürmzeitlichen Terrassen des Lech und ihre Bodenbildungen. – Eiszeitalter und Gegenwart, **19**: 102–128.

Ehlers, J. (1994): Allgemeine und historische Quartärgeologie. – Stuttgart (Enke), 358 S.

Feldmann, L. (1994): Die Terrassen der Isar zwischen München und Freising. – Z. der Dt. Geologischen Gesellschaft, **145(2)**: 238–248.

Fezer, F. (1974): Randfluss und Neckarschwemmfächer. – Heidelberger Geographische Arbeiten, **40**: 167–183.

Firbas, F. (1949): Spät- und nacheiszeitliche Waldgeschichte Mitteleuropas nördlich der Alpen, Bd. 1. Allgemeine Waldgeschichte. – Jena (Fischer), 480 S.

Frenzel, B. (1983): Die Vegetationsgeschichte Süddeutschlands. – In: Müller-Beck [Hrsg.]: Urgeschichte in Baden-Württemberg. – Stuttgart (Theiss), S. 91–166.

Friedmann, A. (2000): Die Spät- und Postglaziale Landschafts- und Vegetationsgeschichte des südlichen Oberrheintieflands und Schwarzwalds. – Freiburger Geographische Hefte, **62**: 222 S.

Jerz, H., Schneider, T. & Krause, K.-H. (2000): Zur Entwicklung der Schwemmfächer und Schwemmkegel in Randbereichen des Murnauer Mooses – mit Ergebnissen der GLA-Forschungsbohrungen bei Eschenlohe und Grafenaschau. – Geologica Bavarica, **105**: 251–264.

Löscher, M. (1995): Zum Alter der Dünen auf der Niederterrasse im nördlichen Oberrheingraben. - Beih. Veröff. Naturschutz Landschaftspflege Bad.-Württ., **80**: 17–22.

Mäckel, R., Schneider, R., Friedmann, A. & Seidel, J. (2002): Environmental changes and human impact on the relief development in the Upper Rhine valley and Black Forest (South-West Germany) during the Holocene. – Z. Geomorph. N.F., **128**: 31–45.

Megies, H. (2006): Kartierung, Datierung und umweltgeschichtliche Bedeutung der jungquartären Flussterrassen am unteren Inn. – Heidelberger Geogr. Arbeiten **120**: 154 S.

Müller-Beck, H. [Hrsg.] (1983): Urgeschichte in Baden-Württemberg. – Stuttgart (Theiss), 545 S.

Raab, T. & Völkel, J. (2003): Late Pleistocene glaciation of the Kleiner Arbersee area in the Bavarian Forest, south Germany. – Quaternary Science Reviews, **22**: 581–593.

Schellmann, G. [Hrsg.] (1994): Beiträge zur jungpleistozänen und holozänen Talgeschichte im deutschen Mittelgebirgsraum und Alpenvorland. – Düsseldorfer Geogr. Schriften, **34**: 146 S.

Schirmer, W. (1983): Die Talentwicklung an Main und Regnitz seit dem Hochwürm. – Geol. Jb., **A71**: 11–43.

Schneider, T. (2002): The development of alluvial cones and bogs along the northern border of the Alps: The Murnauer Moos in Upper Bavaria. - In: Baumhauer, R., Schütt, B. [Hrsg.]: Environmental Change and Geomorphology. – Zeitschr. f. Geomorphologie/Journal of Geomorphology, N.F., Suppl.-Bd. **128**: 209–226.

Schneider, T. (2006): Schwemmkegel-, Talsohlen- und Moorentwicklung am Alpennordrand im Spät- und Postglazial. - Geographica Augustana, **1**: 338 S. (Textband), 22 Tab.; 88 Abb., 3 Datenträger (DVD).

Sudhaus, D. (2004): Paläoökologische Untersuchungen zur spätglazialen und holozänen Landschaftsgeschichte des Ostschwarzwaldes im Vergleich mit den Buntsandstein-Vogesen. – Diss. Univ. Freiburg, 158 S.

Troll, C. (1925): Rückzugsstadien der Würmeiszeit im Vorland der Alpen. – Mitt. d. Geographischen Gesellschaft in München, **18**: 281–292.

Die anthropogene Umgestaltung der Landschaft vor 2500 Jahren

Die Landschaftsrekonstruktion im Umfeld der frühkeltischen Viereckschanze von Flochberg am Ipf bei Bopfingen vermittelt einen Eindruck vom Ausmaß der menschlichen Veränderungen in den Gunsträumen Süddeutschlands während dieser Zeit. Teilräume wurden gerodet, um landwirtschaftliche Nutzflächen und Baumaterial zu gewinnen. Holzkohle wird außerdem als Brennstoff zur Eisenverhüttung benötigt. In der Umgebung dieser frühen Siedlungszentren herrscht daher eine offene Landschaft vor, die von Waldgebieten und Ufergehölzen unterbrochen wird. Nach der Aufgabe von Siedlungsplätzen oder Nutzflächen setzt eine rasche Verbuschung und vollständige Wiederbewaldung der Landschaft ein.

(Grafik: Jutta Sailer-Paysan 2003)

9 Die letzten 7500 Jahre – der Mensch formt die Landschaft

In den vorangegangenen Kapiteln wurde versucht, die Wesenszüge der natürlichen Landformung Süddeutschlands unter wechselnden klimatischen und tektonischen Rahmenbedingungen in einzelnen Zeitphasen zu rekonstruieren. Zu Beginn der Jungsteinzeit, vor etwa 7500 Jahren, trat der Mensch in Süddeutschland mit der Einführung der ackerbaulichen Wirtschaftsweise erstmals als Landschaft formender Faktor in Erscheinung. Mit dem Begriff **„Neolithische Revolution"** wird diese neue sesshafte Lebensform einschließlich der mit ihr verbundenen Landschaftsveränderungen zutreffend umschrieben. Die Kulturtechnik des Ackerbaus hatte ihren Ursprung vermutlich im so genannten Fruchtbaren Halbmond Kleinasiens und breitete sich in weiten Teilen Europas aus. Die wegen ihrer kunstvoll verzierten Gefäße als Bandkeramiker bezeichneten Bauern schufen die ersten Kulturlandschaften als neue Facetten der Erdoberfläche. Die bodenständige Lebensweise und Kulturausprägung brachte zwangsläufig folgenschwere Eingriffe in das Naturgefüge mit sich: Sesshaftigkeit verlangt Rodung für den Ackerbau und Weidegründe für die Nutztierhaltung. Hausbau, Energiebedarf und auch Waldweide reduzierten ebenfalls den natürlichen Waldbestand.

Waren die Aktivitäten der ersten Bauern noch auf wenige Gunsträume beschränkt gewesen, so kam es seit der Bronzezeit (ca. 3500–2800 J. v. h) zu großräumigen Veränderungen der Landoberfläche. Mit der Zunahme der Bevölkerung wuchs auch der Bedarf an Holz als Baumaterial und Brennstoff sowie als Energielieferant in der Metallverarbeitung. Im Zuge der darauf folgenden keltischen und römischen Stadtgründungen entwickelte sich verstärkt eine arbeitsteilige Bevölkerung, die eine Intensivierung der Landnutzung im Umfeld der Siedlungszentren erforderlich machte. Schließlich musste die städtische Bevölkerung mit Nahrungsmitteln versorgt werden. Vor allem in den letzten 1000 Jahren hat der Mensch durch die Ausweitung von Siedlungs- und Wirtschaftsflächen sowie der Verkehrswege große Teile der einstigen Naturlandschaft Süddeutschlands in agrarisch bzw. städtisch geprägte Kulturlandschaften verwandelt. Die verbliebenen Wälder wurden zunehmend forstwirtschaftlich genutzt und die natürliche Vegetation auf wenige Refugien zurückgedrängt. Die jüngste Phase der anthropogenen Landformung setzte mit der Industrialisierung ein. Seither wurden große Teile der alten Kulturlandschaften versiegelt und in industrie- und verkehrsgerechte Landschaften umgewandelt (Abschn. 9.5).

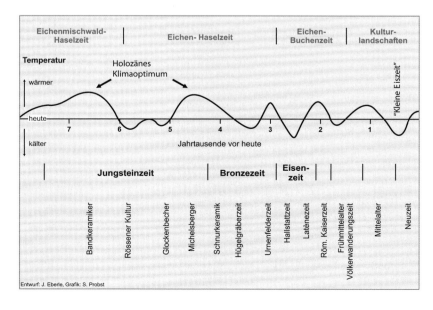

Abb. 9.1 Gegenüberstellung der wichtigsten mittel- bis jungholozänen Siedlungsphasen sowie der natürlichen Klimaschwankungen und vorherrschenden Waldgesellschaften (vgl. Tabelle 8.1).

Exkurs 43

Anthropozän statt Holozän?

Die Einwirkungen menschlicher Aktivitäten auf die Umwelt haben weltweit inzwischen eine derart große Bedeutung erlangt, dass der Atmosphärenforscher Paul Crutzen (2000) dafür plädierte, die jüngste Zeitphase seit etwa 1850 n. Chr. als eigenständige Epoche der Erd- und Menschheitsgeschichte auszugliedern. Sein Vorschlag, das „Anthropozän" in die geologische Zeittafel einzuführen, hat einen Diskurs ausgelöst, in dem die Eingriffe des Menschen und die Klimaentwicklung seit ca. 8000 Jahren intensiv diskutiert werden. Der Amerikaner William Ruddiman vertritt beispielsweise die Auffassung, dass vieles dafür spricht, das Anthropozän auf die vergangenen etwa 8000 Jahre, d. h. auf die Zeit seit der „Erfindung" des Ackerbaus, auszuweiten. Ob sich sein Vorschlag durchsetzt und damit die Bezeichnung „Holozän" für die vergangenen 11 600 Jahre letztlich obsolet werden wird, bleibt abzuwarten.

Zu den flächenmäßig bedeutsamen Landschaftsveränderungen, die durch menschliche Aktivitäten ausgelöst wurden, gehören auch die Ausbeutung oberflächennaher Rohstoffe (Abschn. 9.5), die Umgestaltung von Bächen und Flüssen (Abschn. 9.3) und die Eingriffe in Moorlandschaften (Abschn. 9.4). Dabei gingen oft wertvolle Archive der früheren Kultur- und Landschaftsgeschichte verloren. Ohne diese Eingriffe wäre Süddeutschland noch heute ein weitgehend geschlossenes Laubwaldgebiet mit Wildflüssen, Seen und Mooren. Sichtbare geomorphologische Aktivitäten würden sich – wie während des frühen Holozäns vor 8000 Jahren (Kapitel 8, Tabelle 8.1) – auf Flusslandschaften und einige Steilhänge beschränken.

Festzuhalten ist, dass der Mensch ganz wesentlich in das globale Ökosystem eingegriffen hat. Dass sich auch in Süddeutschland Klima und Mensch als wirkungsvolle landschaftsgestaltende Faktoren bzw. Akteure auswirkten, steht außer Frage (Exkurs 43). Wärmere bzw. trockenere Bedingungen haben die holozäne Kulturlandschaftsentwicklung ebenso beeinflusst wie kühlfeuchtere Klimaabschnitte und katastrophale Witterungsereignisse.

Es kann an dieser Stelle nicht das gesamte Spektrum menschgemachter Landschaftsveränderungen über die verschiedenen Phasen hinweg beschrieben werden. Zahlreiche archäologische und historische Fachbücher widmen sich ausführlich den Aktivitäten des vorindustriellen Menschen in Süddeutschland. In diesem letzten Kapitel unserer Zeitreise durch Süddeutschland wird deswegen auf eine differenzierte zeitliche Gliederung verzichtet. Im Vordergrund stehen vielmehr die wichtigsten, vorwiegend anthropogen ausgelösten geomorphologischen Prozesse und Oberflächenveränderungen, deren Spuren bis heute die Landschaft meist nachhaltig geprägt haben.

9.1 Archive der mittel- und jungholozänen Landschaftsveränderung

Bereits vor etwa 7500 Jahren, im frühen Atlantikum, rodeten die ersten bandkeramischen Bauern für die Anlage ihrer Dörfer und Felder Teile der natürlichen Laubmischwälder Süddeutschlands (Tabelle 8.1, Abb. 9.1). Unter den damals vorherrschenden gemäßigtfeuchten Klimabedingungen setzte daraufhin insbesondere auf geneigten Oberflächen die Bodenerosion ein. Das abgespülte Bodenmaterial wurde meist nicht sehr weit transportiert und lagerte sich an Unterhängen, in angrenzenden flachen Tälern und in Mulden als **Kolluvium** wieder ab. Solche Kolluvien entstehen bis heute bevorzugt in Phasen intensiver Landnutzung, ausgelöst durch starke Niederschläge und Schneeschmelze. Die oft mehrere Meter mächtigen, teilweise geschichteten Bodensedimente stellen wichtige Archive der Besiedlungs- und Ackerbaugeschichte des Mittel- und Jungholozäns dar und lassen sich inzwischen mit Hilfe moderner Datierungsmethoden zeitlich differenzieren (Exkurs 45, Abb. 9.2).

Erodiertes Bodenmaterial wurde im Lauf der Zeit durch Bäche und Flüsse weiter transportiert und lagerte sich bei Hochwasserereignissen als **Auelehm** in den Überschwemmungsbereichen ab. Im Gegensatz zu den Hochflutsedimenten des Spätglazials und frühen Holozäns (Abschn. 8.4) bestehen jüngere Auensedimente überwiegend aus feinkörnigen lehmigen Ablagerungen anthropogen bedingter Bodenerosion in den Einzugsgebieten der jeweiligen Flüsse. Die Entstehung dieser jüngsten Flussablagerungen ist daher eng mit der Geschichte des Ackerbaus verknüpft (Abb. 9.3). Auensedimente unterscheiden sich von Kolluvien durch ihren fluvialen Transport über längere Strecken. Sie sind deswegen meist besser geschichtet und können, vor allem bei Flüssen mit höherer Erosions- und Schleppkraft, auch gröbere Sande und Kiese sowie organische Großreste ent-

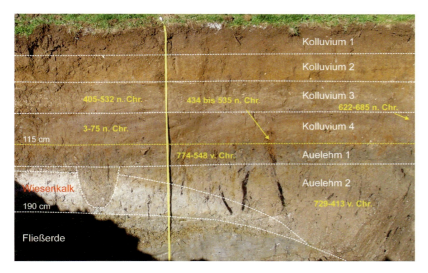

Abb. 9.2 Mehrschichtiges Kolluvium in einem flachen Muldental am Ipf bei Bopfingen (Vorland der östlichen Schwäbischen Alb). Die ehemalige Landoberfläche kann hier mit Hilfe von Wurzelresten eines verschütteten Auwaldes (Erlen, Weide, Hasel) in etwa einem Meter Tiefe rekonstruiert werden. Die Ergebnisse von Radiokohlenstoff-Datierungen zeigen, dass die Verschüttung erst vor etwa 1400 Jahren einsetzte und in mehreren Phasen erfolgte (Foto: S. Mailänder).

halten. Eine genauere zeitliche Einordnung ist oft auf Grund möglicher mehrfacher Umlagerungen problematisch.

Eindeutige und chronologisch oft vollständige Archive der letzten 7500 Jahre liefern, wie bereits im Spätglazial und frühen Holozän, fein geschichtete **Seesedimente** und **Torfe** in Mooren. Aus ihnen können mit Hilfe der Pollenanalyse (Exkurs 25) Hinweise auf die Vegetationsentwicklung und die Art und Intensität der Landnutzung in der Umgebung gewonnen werden. So weist eine Zunahme der Nichtbaumpollen im Profilverlauf in aller Regel auf eine intensivere Landnutzung hin (Abb. 9.4). Die vorhandenen organischen Sedimente lassen sich mit der ^{14}C-Methode (Exkurs 31) datieren und zeitlich einordnen. An einigen Profilen gelang auf diese Weise die detaillierte Rekonstruktion der holozänen Landschaftsgeschichte. Eine Zunahme mineralischer Komponenten in Mooren weist beispielsweise auf die Einspülung oder Einwehung von Bodenmaterial aus angrenzenden, vegetationsarmen Flächen hin. Damit ist ein Nährstoffeintrag verbunden, der die Pflanzenwelt der Moore und damit nachfolgend auch das Pollenspektrum verändern kann.

Seit einigen Jahren werden die oben genannten Archive von unterschiedlichen Wissenschaftsdisziplinen fachübergreifend bearbeitet. So haben gemeinsame Forschungen von Archäologie und Geographie zu einer engen Verknüpfung methodischer und fachlicher Kompetenzen der beiden Disziplinen geführt. Die Geoarchäologie liefert vor allem bei der Untersuchung von Kolluvien und Mooren im Umfeld ehemaliger Siedlungsplätze neue und oft überraschende Erkenntnisse über den Lebensraum und die Lebensweise früherer Kulturen.

Abb. 9.3 Auensedimente bei Steinau a. d. Straße (hess. Kinzigtal). Die jungholozänen Ablagerungen erreichen häufig Mächtigkeiten von mehreren Metern und bestehen überwiegend aus Bodenmaterial, das von landwirtschaftlich genutzten Flächen im Einzugsgebiet der Flüsse abgespült wurde. Nach erfolgter Drainage stellen die tiefgründigen und meist humusreichen Ablagerungen sehr fruchtbare Standorte dar (Foto: J. Eberle).

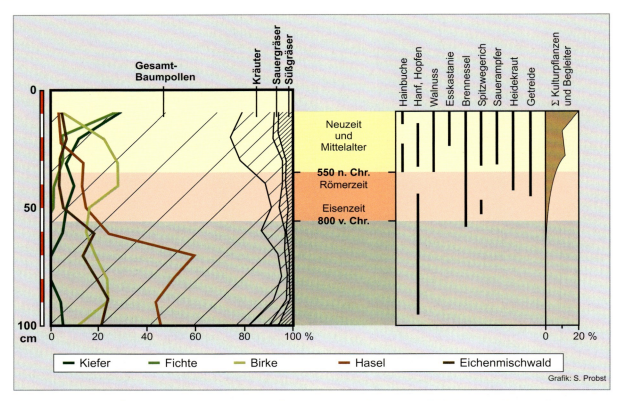

Abb. 9.4 Vereinfachte Darstellung der Auswertung einer Pollenanalyse vom Dobelwald bei Schönegründ (Mittlerer Schwarzwald). Vor der intensiveren Landnutzung durch den Menschen dominierten Eichenmischwälder sowie Birke und Hasel. Als Folge erster Rodungen treten ab der frühen Eisenzeit vermehrt Kräuter und Gräser auf. Seit dieser Zeit sind auch Kulturpflanzen im Pollenspektrum nachweisbar. Insbesondere während des Mittelalters und in der Neuzeit erfolgt eine rasche Zunahme dieser Zeigerpflanzen. Einige Arten sind im rechten Teil des Profils ohne Gewichtung aufgeführt. Je Probe wurden etwa 1000 Pollenkörner ausgezählt (vereinfacht nach Frenzel, unveröffentlicht).

Exkurs 44

Makrorestanalyse

Die Makrorestanalyse, wie sie in der Archäobotanik und in der Moorstratigraphie angewendet wird, beschäftigt sich mit der Bestimmung von reliktischen Samen, Früchten, Hölzern, Moosen und anderen Pflanzenteilen. In Trockenbodensedimenten, wie sie häufig aus archäologischen Ausgrabungen vorliegen, sind nur noch verkohlte Pflanzenreste überliefert. In Feuchtbodenablagerungen, zum Beispiel Seesedimenten und Torfen, ist dagegen unverkohltes pflanzliches Material erhalten geblieben. Nach dem Schlämmen und Sieben der Bodenproben werden die Pflanzenreste unter einer Binokularlupe aussortiert und in den meisten Fällen bis auf die Art genau bestimmt. Im Fall natürlicher Ablagerungen können auf diese Weise vergangene Pflanzengemeinschaften und über die Standortsansprüche der einzelnen Arten die ökologischen Umweltbedingungen rekonstruiert werden. Die Untersuchung archäologischer Schichten erhellt den Pflanzenbau und die Sammeltätigkeit der früheren Menschen sowie den menschlichen Einfluss auf die Natur.

9.2 Oberflächenveränderung durch landwirtschaftliche Nutzung

Unter einer natürlichen, warmzeitlichen Vegetationsbedeckung stellt sich bei ausreichend langer Zeit ein relatives „Gleichgewicht" aus Klimaeinflüssen, Reliefgenese, Bodenneubildung und Abtragung ein. Die alt- und mittelsteinzeitlichen Jäger und Sammler durchquerten die Landschaft und hinterließen nur ganz punktuell in der Umgebung ihrer Höhlen oder Freilandstationen Spuren. Die Einführung einer bäuerlichen Siedlungs- und Wirtschaftsweise durch die jungsteinzeitlichen **Bandkeramiker** erforderte erstmals die Rodung größerer Waldgebiete. Die geomorphologisch recht stabile Phase des frühen Holozäns war damit beendet (Abb. 9.5). Die neolithischen Bauern siedelten vorwiegend in den klimatischen Gunsträumen der lössbedeckten Beckenlandschaften am mittleren Neckar, am Rand des südlichen Oberrheingrabens, entlang der Donau und an den Seen des Alpenvorlandes, wo neben geeigneten Böden auch ausreichend Wasser zur Verfügung stand. Es waren Standorte, die für den Anbau von Getreide wie Emmer und Gerste besonders gut geeignet waren. Die Entwicklung der bäuerlichen Kulturlandschaft Süddeutschlands beginnt im Atlantikum (8300–6100 J. v. h.), der klimatisch günstigsten Phase des Holozäns. Die Jahresmitteltemperaturen lagen damals etwa zwei Grad höher als heute.

Jungsteinzeitliche Siedlungen waren in den Uferbereichen und in Flachwasserzonen der Seen und Moore des Alpenvorlandes, beispielsweise am Federsee, verbreitet. Bislang konnten zwischen Donau und Bodensee über einhundert Siedlungsplätze aus der Zeit zwischen 6300 und 2800 J. v. h. nachgewiesen werden. Die größten Pfahlbausiedlungen Süddeutschlands konzentrieren sich am westlichen Bodensee, einem Raum, der bis heute klimatisch begünstigt ist und offenbar eine differenzierte Wirtschaftsweise ermöglichte: Auf nahe gelegenen, vor Hochwasser sicheren und meist fruchtbaren Böden der Moränenlandschaften betrieben ihre Bewohner Waldwirtschaft, Ackerbau und Viehzucht. Der See stellte ertragreiche Fischgründe bereit.

Was zu der häufigen Verlegung der Pfahlbausiedlungen am Bodensee und zu ihrer endgültigen Aufgabe seit der späten Bronzezeit (2800 J. v. h.) geführt hat, ist nicht völlig geklärt. Eine wichtige Rolle kommt sicherlich den teilweise klimatisch bedingten Seespiegelschwankungen zu, aber auch die Erosion der Böden könnte eine weitere Ursache sein. Unlängst wurde diskutiert, ob der Ein-

Abb. 9.5 Bandkeramische Siedlung (7500 J. v. h.) bei Vaihingen/Enz: Freigelegt wurde ein von Palisaden umgebenes Dorf, dessen vorgelagerter Graben als Begräbnisstätte diente. Die zahlreichen Skelette deuten auf hohe Einwohnerzahl und Siedlungskontinuität hin. Zum Zeitpunkt der bandkeramischen Besiedlung waren hier bereits sehr fruchtbare humusreiche Schwarzerden entstanden, die sich nach dem holozänen Klimaoptimum (Atlantikum) immer mehr zu Braunerden und Parabraunerden weiterentwickelten. Mit den Bandkeramikern kam es erstmals zu nennenswerter Bodenerosion in den Lösslandschaften (Fotos: W. D. Blümel).

schlag eines Meteoritenschwarms vor etwa 2500 Jahren im Chiemseegebiet von Bedeutung für den Zusammenbruch der regionalen keltischen Gesellschaften in Süddeutschland war. Zwischenzeitlich mehren sich jedoch die Gegenargumente dieser frappierenden Hypothese.

Auswirkungen flächenhafter Abtragung

Eine Intensivierung der Landnutzung fand während der Eisenzeit durch die **Kelten** vor allem in Südwestdeutsch-

Exkurs 45

Bodenerosion und Kolluvien

Bodenerosion bezeichnet eine durch Wind und Wasser ausgelöste und durch die Tätigkeit des Menschen verstärkte Abtragung natürlicher Bodenhorizonte, die im Extremfall zur vollständigen Zerstörung oder Beseitigung von Böden führen kann. In Süddeutschland überwiegt die flächenhafte und linienhafte Bodenerosion durch Wasser vor allem auf ackerbaulich genutzten Flächen. Lang anhaltende Niederschläge, aber auch Starkregen sowie Schneeschmelze lösen den Prozess aus. Wichtige steuernde Faktoren sind neben der Hangneigung und Hanglänge (Größe des Einzugsgebietes) auch Bodeneigenschaften (z. B. Korngröße, Bodengefüge) sowie der Grad der Vegetationsbedeckung bzw. die Art der Landnutzung. Besonders anfällig gegenüber der Bodenerosion durch Abspülung sind die schluffreichen Böden der flachwelligen Lösslandschaften.

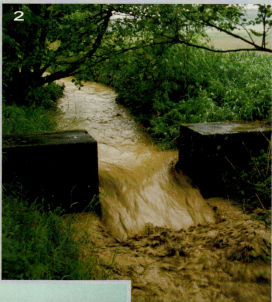

Abb. 9.6 Bild 1: Oberflächenveränderungen durch Bodenerosion. Der über Jahrtausende betriebene intensive Ackerbau hat vor allem in den Lösslandschaften mit ihren erosionsanfälligen Böden Spuren hinterlassen (z. B. Kraichgau). Auf den hellen Flächen ist die holozäne Parabraunerde bereits vollständig abgetragen worden und der unverwitterte Löss liegt an der Oberfläche (Foto: W. D. Blümel). **Bild 2:** Abfluss des Dreckwalzbachs bei Jöhlingen im Kraichgau nach einem Gewitterregen. Die Färbung des Wassers belegt den Austrag von Löss- und Bodenmaterial (Foto: B. Eitel).

9.2 Oberflächenveränderung durch landwirtschaftliche Nutzung

land statt. Ihre arbeitsteilige und bereits sozial differenzierte Gesellschaft verlangte geplante Versorgungs- und Infrastrukturen. So mussten Fürstensitze wie Glauberg (westlicher Vogelsberg), Hohenasperg (bei Ludwigsburg), Ipf (am Nördlinger Ries) oder Heuneburg (Oberes Donautal) mit landwirtschaftlichen Produkten versorgt werden. Im Umfeld dieser frühen stadtähnlichen Machtzentren Mitteleuropas entstanden zunehmend waldfreie Landschaften, was verstärkte Bodenerosion und die Ablagerung von Kolluvien zur Folge hatte. Die Agrarlandschaft war zu dieser Zeit noch immer durch ein eher kleinräumiges Mosaik von Ackerflächen, Wie-

Als **Kolluvien** werden Böden bezeichnet, die sich aus umgelagertem Bodenmaterial aufbauen. Damit sind sie in direktem Zusammenhang mit Bodenerosionsprozessen zu sehen. Materialverlagerungen sind auf geneigten Flächen dann möglich, wenn die Vegetationsbedeckung eines Bodens, beispielsweise durch Rodungen und nachfolgende ackerbauliche Nutzungen ge- oder zerstört worden ist. Ohne das Wurzelwerk einer natürlichen Pflanzendecke werden Bodenpartikel bei Niederschlägen abgespült und am Hangfuß und in Senken akkumuliert. Mit der Zeit können sich so mehrere Meter mächtige kolluviale Profile entwickeln.

Während zu Beginn der Abtragung vor allem humoser Oberboden verlagert wird, sind bei fortschreitender Erosion zunehmend die humusärmeren Unterbodenbereiche der ursprünglichen Bodenprofile von der Abtragung betroffen. Die daraus resultierenden Kolluvien sind deshalb in der Regel durch eine charakteristische vertikale Verteilung der organischen Substanz gekennzeichnet: Meist nimmt der Humusanteil von unten nach oben ab, bei gleichzeitigem Anstieg der pH-Werte. In Extremfällen kann es sogar zu einer Überdeckung mit karbonathaltigen Ausgangsprodukten des ursprünglichem Bodens und damit einer Aufkalkung der Kolluvien von oben kommen. Als Ergebnis dieser Umlagerungsprozesse lassen sich in den Kolluvien teilweise inverse (umgekehrte) Parabraunerde-Horizontabfolgen feststellen. Ebenfalls häufig anzutreffen sind „Fremdkomponenten" wie Holzkohlestückchen, Keramikscherben und andere Artefakte, die während des Partikeltransports mit dem Bodensubstrat vermischt wurden.

Kolluvien spiegeln somit die durch die Erosion verursachten Veränderungen in ihren Einzugsgebieten wider. Die in ihnen „gespeicherten" Umweltinformationen lassen sich mit Lumineszenz- oder Radiokohlenstoff-Datierungen (z. B. an eingelagerten Holzkohlestücken) in eine zeitliche Abfolge bringen (Exkurs 46). Über die Ablagerungsgeschwindigkeiten einzelner Sedimentlagen (Straten) können zudem Phasen intensiver oder extensiver anthropogener Landschaftsbeeinflussung erfasst werden (Abb. 9.2).

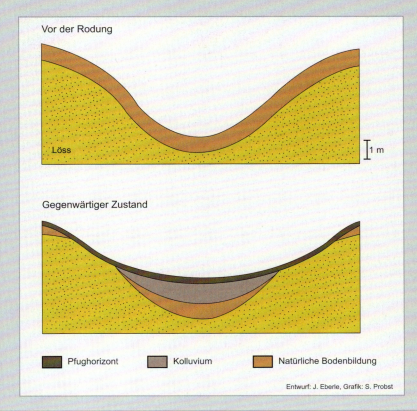

Abb. 9.7 Modellhafte Darstellung der Erosion und Akkumulation in einem Muldental einer Lösslandschaft. Es wird deutlich, dass die ehemalige Oberfläche des Talbodens durch Kolluvien verschüttet und gleichzeitig an den Oberhängen des Tälchens der holozäne Boden weitgehend abgetragen wurde. Auf diese Weise findet im Lauf der Zeit ein Reliefausgleich zwischen Höhenrücken und Tiefenlinien statt.

Exkurs 46

Lumineszenz-Datierung

Die Lumineszenz-Datierung zählt zu den dosimetrischen Datierungsmethoden und beruht auf der zeitabhängigen Akkumulation von Strahlenschäden in Mineralen. Die im Kristallgitter der Minerale erzeugten Strahlenschäden sind auf die ionisierende Wirkung der überall in der Natur vorkommenden radioaktiven Strahlung und in geringerem Umfang auch auf die kosmische Strahlung zurückzuführen. Die Anzahl der Strahlenschäden ist ein Maß für die aus der ionisierenden Strahlung absorbierten Energie, die bei geeigneter Stimulation in Form von Photonen freigesetzt werden kann. Diese Lichtemission wird als Lumineszenz bezeichnet. Da die Intensität des Lumineszenzsignals ein Maß für die im Mineral akkumulierte Energie (Dosis) darstellt, kann über die Dosisleistung, d. h. die Energie, die pro Zeiteinheit das Mineral aufgrund der ionisierenden Strahlung absorbiert, das Lumineszenzalter berechnet werden.

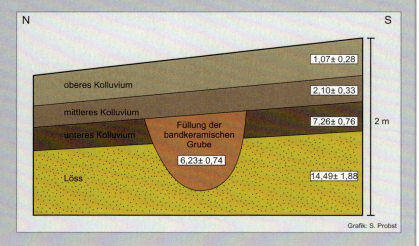

Abb. 9.8 Schematischer Schnitt durch ein mehrschichtiges Kolluvium im Umfeld einer bandkeramischen Siedlung bei Bruchsal. Altersangabe der Lumineszenz-Datierung in Jahrtausenden mit Fehlergrenzen (verändert nach Lang 1996).

---

sen und Feuchtgebieten sowie Waldflächen und Baumgruppen geprägt (Bild 8, S. 148). Der Bodenabtrag erreichte deswegen noch nicht die Ausmaße des Hochmittelalters. Fast unberührt blieben in dieser Phase siedlungsfeindliche Gebiete wie die stark zertalten und unwegsamen Mittelgebirgslandschaften. Zweifellos hatten die Kelten bereits umfassende geographische Kenntnisse ihres Lebensraumes. Die Wahl der Siedlungsplätze war meist ein perfekter Kompromiss zwischen strategischer Schutzlage, Verkehrslage, landwirtschaftlicher Eignung und der Verfügbarkeit von Rohstoffen (Abb. 9.9).

Gegen Ende der keltischen Besiedlung kam es wahrscheinlich zu einer kurzfristigen Stabilisierung und teilweisen Wiederbewaldung der Landschaft. Eine Zunahme der flächenhaften Bodenerosion erfolgte wieder während der **römischen Besiedlung.** Vor allem in den Lösslandschaften südlich des Limes verstärkten sich offenbar die Rodungsaktivitäten und damit der Abtrag der natürlichen Bodendecke. Pollenprofile in Mooren zeigen eine deutliche Zunahme der Nichtbaumpollen während der römischen Besiedlung Süddeutschlands zwischen 58 v. Chr. und 470 n. Chr. (Abb. 9.4). Eine verbesserte Technik der Bodenbearbeitung und die Notwendigkeit der Produktion von Überschüssen zur Versorgung des Militärs und nichtbäuerlicher Arbeiter erforderte eine Intensivierung der Landwirtschaft. Die zunehmende Umlagerung von Bodenmaterial war die Folge. Vor allem in den Lösslandschaften kam es verstärkt zu einem Reliefausgleich zwischen flachen Rücken und Muldentälern. Viele Auenwälder entlang kleinerer Flüsse wurden durch die intensive Abspülung an den Hängen verschüttet. Zusätzlich begünstigt wurde dieser Prozess wahrscheinlich durch das vermehrte Auftreten von Starkregen in der zweiten Hälfte der römischen Siedlungsphase im 2. und 3. Jahrhundert n. Chr. Die Römer waren möglicherweise die Ersten, die mit Überschwemmungen und Hochwasserschäden als Folge einer Übernutzung der Landschaft konfrontiert wurden.

Während der anschließenden **Völkerwanderungszeit** kam die ackerbauliche Nutzung fast zum Erliegen und die letztmalige großflächig einsetzende Wiederbewaldung führte zu einer Stabilisierung der Landoberfläche. Pollenprofile zeigen folglich während dieser Phase eine Abnahme der Nichtbaumpollen (Abb. 9.4).

Eine besonders starke Umgestaltung durch Bodenerosion erfuhr die süddeutsche Landschaft in den letzten

9.2 Oberflächenveränderung durch landwirtschaftliche Nutzung

Abb. 9.9 Der keltische Siedlungsplatz auf und im Umfeld des Ipf bei Bopfingen war nicht nur strategisch gut gewählt. Das Umland bot neben den fruchtbaren Böden am Westrand des Nördlinger Rieses und ausreichend Wasser auch Rohstoffe für die Eisenerzverhüttung in Form von tertiären Bohnerzvorkommen auf der angrenzenden Hochfläche der Schwäbischen Ostalb (Foto: J. Eberle).

eintausend Jahren. Insbesondere die **hochmittelalterliche Rodungsphase** führte dazu, dass mächtige Kolluvien und Auensedimente zur Ablagerung kamen. Neue Agrartechniken (u. a. moderne Räder-Pflüge, Gespanntechnik, Einsatz von Pferden statt von Ochsen, Dreifelderwirtschaft) führten zu einer stetigen Ausweitung der Landnutzung. Erstmals wurden die Mittelgebirge und hinsichtlich Relief, Boden und Klima eher ungünstige Bereiche der Schichtstufenlandschaften ackerbaulich genutzt. Diese „Binnenkolonisation" ging zu Lasten der natürlichen Waldgebiete und verstärkte die großflächigen Bodenverluste. Zwischen 1250 und 1350 schrumpfte der Anteil des Waldes an der Gesamtfläche auf weniger als ein Fünftel (Abb. 9.10). Die Ablagerungsgeschichte der Auenlehme spiegelt in besonderer Weise die unterschiedliche Intensität der Landnutzung im Einzugsgebiet der jeweiligen Flüsse wider.

Das Ausmaß der Bodenerosion seit dem Mittelalter zeigt sich beispielsweise eindrucksvoll in der Verschüttung alter Siedlungsplätze. So wurden bei Rottenburg am Neckar römische Mauerreste unter bis zu zwei Meter mächtigen Flussablagerungen freigelegt. In Grünsfeldhausen im Tauberland wurde die gotische Kirche St. Achatius zur Hälfte verschüttet (Abb. 9.11). Im Jahr 1342 kam es zu einer ungeheuren Hochwasserkatastrophe in Mitteleuropa, verbunden mit einer beträchtlichen Umgestaltung der Kulturlandschaft durch Bodenerosion. Man schätzt, dass auf dieses eine Ereignis die Hälfe des Bodenverlustes der letzten 2000 Jahre entfällt.

In der von gesellschaftlichen Krisen geprägten und für die Landwirtschaft klimatisch ungünstigen „**Kleinen Eiszeit**" (vor allem 1550–1850) nahm die Intensität der Bodenerosion wieder ab. Die Aufgabe von Siedlungs- und Wirtschaftsflächen (Wüstungen), die auch durch falsche Landnutzung verursacht war, trat vor allem in ungünstigen Mittelgebirgslagen auf. Mitteleuropa verlor letztlich durch Hungersnöte und Seuchen fast die Hälfte seiner Bevölkerung; der Wald eroberte Teile des Ackerlandes zurück (Abb. 9.10).

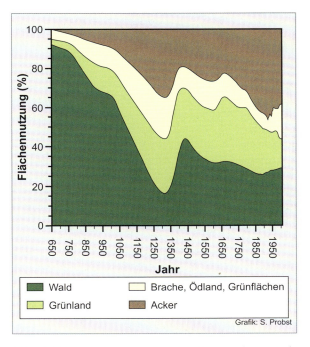

Abb. 9.10 Entwicklung der flächenhaften Landnutzung in Deutschland seit der Zeit der Völkerwanderung. Die Klimagunst des Mittelalters führte zu einer drastischen Entwaldung zu Gunsten von Acker, Grünland und Brache. Signifikant macht sich der Übergang zur klimatischen Krisenzeit der „Kleinen Eiszeit" bemerkbar (verändert nach Bork et al. 1988).

Abb. 9.11 Die um 1200 n. Chr. in einer Talaue erbaute gotische Kirche St. Achatius in Grünsfeldhausen (Tauberland) wurde im Hochmittelalter während mehrerer Starkregenereignisse bis auf Höhe des Gesimses unter den Fenstern durch Auensedimente verschüttet. Zwischen 1903 und 1905 wurde die untere Etage wieder ausgegraben und das Gelände trocken gelegt. Die Kirche steht dadurch gut drei Meter tiefer als die später erbauten Gebäude der Ortschaft (Foto: W. D. Blümel).

Eine neue Dimension der flächenhaften Bodenerosion wurde durch die **Flurbereinigungen** der letzten fünfzig Jahre ausgelöst, denn große Ackerparzellen unterliegen einer intensiveren Abspülung als klein parzellierte Flächen. Auch die zunehmende Bodenverdichtung durch immer größere und schwerere Landmaschinen verstärkte die Bodenerosion. Abgesehen von einzelnen Extremereignissen ist die Bodenerosion ein schleichender Prozess, der bis heute unvermindert anhält. Verfüllte Rinnen und Muldentälchen belegen, dass es durch Bodenerosion und Akkumulation im Lauf der Zeit zu erheblichen Reliefveränderungen gekommen ist. Im Einzelfall können flache Hohlformen vollständig durch Kolluvien verfüllt sein und dadurch geomorphologisch nicht mehr in Erscheinung treten (Abb. 9.7). Seit dem Beginn des Ackerbaus wurden z. B. in den intensiv und dauerhaft genutzten Lösslandschaften Süddeutschlands bis über zwei Meter Bodendecke abgetragen, was sich an Waldrandstufen eindrucksvoll belegen lässt. Die holozäne Bodendecke ist auf diesen Flächen vollständig verloren gegangen (Abb. 9.12). Stellenweise wird heute in ehemals fossilen interglazialen Böden oder im anstehenden Rohlöss geackert (Abb. 9.6).

In flachwelligen, landwirtschaftlich genutzten Gebieten werden die einzelnen Ackerparzellen häufig durch hangparallele, bis zu vier Meter hohe Stufenraine unterbrochen. Ihre Entstehung lässt sich dadurch erklären, dass an Flurgrenzen meist keine so intensive Nutzung stattfindet. Oft ist sogar ein Grünstreifen vorhanden, der nicht oder nur selten gepflügt wird. An solchen Grünstreifen konnte sich im Lauf der Jahrhunderte erodiertes Bodenmaterial der oberhalb anschließenden Parzellen sammeln und dadurch flache Böschungen zu tiefer gelegenen Fluren entstehen. Hohe Stufenraine sind folglich ein Hinweis auf lange ackerbauliche Nutzung der Parzellen. Ihr Auftreten in den süddeutschen Landschaften ist von der jeweiligen Flurform abhängig. An lang gestreckten Hängen mit zahlreichen Parzellengrenzen konnte es auf diese Weise zu einer regelrechten Terrassierung kommen. Hohe Stufenraine und Ackerterrassen fielen in den letzten Jahrzehnten der Flurbereinigung oder Zusammenlegung von Feldern zu größeren Schlägen zum Opfer. Damit verschwand ein wirksamer Schutz vor Bodenverlusten und auch ein ästhetisches Moment der historischen Kulturlandschaft.

Grünlandnutzung und Waldweide hatten im Unterschied zur ackerbaulichen Nutzung kaum Auswirkungen auf das Relief, aber starke Konsequenzen für die Böden. Degradierte und flachgründige humose Oberböden in den ehemals weidewirtschaftlich genutzten Laubwaldgebieten Süddeutschlands belegen noch heute derartige Eingriffe in die Entwicklung der Waldböden. Mit der Veränderung der Waldvegetation wurden auch die Bodenwasserverhältnisse modifiziert, doch wurden dadurch glücklicherweise nur vereinzelt Abtragungsprozesse ausgelöst. So kam es beispielsweise auf steileren Hängen in rutschanfälligen Ton- und Mergelgesteinen durch Beweidung zu Trittschäden und kleineren Rutschungen. Im Zuge der gegenwärtigen Extensivierung in der Landwirtschaft erfolgt auf ertragsschwachen Standorten immer häufiger eine Umwandlung von Ackerland zu Grünland oder Wald. Dies trägt zur Stabilisierung der Landoberfläche bei (Abschn. 9.6).

Auswirkungen linienhafter Abtragung

Zum Formenschatz der agrarisch genutzten Landschaften gehören auch linienhafte Erosionsformen wie z. B. schluchtartige Kerben und Hohlwege. Nur wenige dieser Formen blieben jedoch über längere Zeit erhalten. Die Landbesitzer waren bestrebt, die Zerschneidung ihrer Flächen zu unterbinden und verfüllten solche Formen in der Regel rasch. Am ehesten blieben sie auf ehemaligen Ackerflächen erhalten, die heute wieder bewaldet sind.

Abb. 9.12 Waldrandstufen, wie hier bei Herrenberg im Oberen Gäu, sind ein gut sichtbarer Beleg für die flächenhafte Abtragung auf landwirtschaftlich genutzten Parzellen. Ein Höhenunterschied von mehr als zwei Metern zwischen Wald und Ackerfläche macht das Ausmaß der Abtragung im Lauf der Zeit deutlich (kleines Bild). Der natürliche, holozäne Boden wurde außerhalb des Waldes bereits vollständig abgetragen (Fotos: J. Eberle).

Bis vor wenigen Jahrzehnten wurden manche dieser Hohlformen als Müllkippe oder Bauschuttdeponie genutzt und aufgefüllt.

Hohlwege sind ehemalige Wirtschaftswege, die sich im Lauf der Jahrhunderte vor allem in Lösslandschaften teilweise bis zu zehn Meter tief eingeschnitten haben. Trotz hoher Erosionsanfälligkeit bei oberflächiger Durchfeuchtung ist Löss sehr standfest, wodurch sich fast senkrechte Wände bildeten, die bis heute erhalten sind (Abb. 9.13). Einzelne extreme Witterungsereignisse, wie etwa die Starkregenereignisse der Jahre 1342 bis 1347, haben zu rapider Tiefenerosion geführt. Sofern die Hohlwege nicht der Flurbereinigung zum Opfer gefallen sind, stehen sie heute aufgrund ihrer wertvollen Fauna und Flora überwiegend unter Naturschutz. Ihr dichter Bewuchs und die meist befestigte Sohle verhindern gegenwärtig eine weitere Tieferlegung. Unter Wald finden sich verbreitet lang gestreckte Rinnen, die nicht primär auf Wassererosion zurückzuführen sind. Es handelt sich dabei um erosiv übertiefte Rückegassen und Ziehwege, die durch forstwirtschaftliche Nutzung (Holztransport) zu erklären sind (Abb. 9.13).

Terrassierung von Hängen

Möglicherweise waren keltische Bauern die Ersten, die planmäßig **Ackerterrassen** anlegten. Dies könnte ein Hinweis darauf sein, dass bereits sehr früh das Problem der Bodenerosion an Hängen erkannt und einfache Gegenmaßnahmen getroffen wurden. Unter dem Druck einer zunehmenden Bevölkerung während des Hochmittelalters wurde die landwirtschaftlich nutzbare Fläche gebietsweise knapp, so dass bislang bewaldete Flächen für den Ackerbau erschlossen werden mussten, beispielsweise an flachen bis mäßig steilen Unterhängen. Die Anlage von Terrassen war vor allem dort notwendig, wo sehr flachgründige Böden vorherrschten. Aus den steinreichen Äckern der Muschelkalk- und Weißjura-Landschaften wurden Lesesteine zu Wällen aufgeschichtet und auf dahinter liegenden Flächen Bodenmaterial aufgetragen. Solche arbeitsintensiven Maßnahmen zur Verbesserung der Erträge wurden stellenweise noch bis vor wenigen Jahrzehnten angewandt. Inzwischen sind die meisten Ackerterrassen in Grünland, Wald oder Streuobstwiesen umgewandelt worden. Auf den Lesesteinwällen konnte sich eine artenreiche Vegetation und Tierwelt entwickeln (Abb. 9.14).

Die Umgestaltung der Hänge für den Weinbau erfolgte in mehreren Phasen. Erste **Rebterrassen** wurden bereits durch die Römer an Mosel, Rhein und Neckar angelegt. Bis Mitte des 16. Jahrhunderts erreichte der Weinanbau in Süddeutschland seine größte Ausdehnung. Der Anbau selbst in dafür eher ungünstigen Landschaften Süddeutschlands wurde vor allem durch die Kirche getragen, die den Wein u. a. für liturgische Zwecke verwendete. Wein diente zudem als wichtiges Heil- und Stärkungsmittel, das über große Distanzen auf Handelswagen transportiert wurde. Um das begehrte Handelsgut zu kultivieren, wurden alle einigermaßen geeigneten Hanglagen terrassiert. Nach den Wirren des Dreißigjährigen Kriegs (1618–1648) ging der Anbau drastisch zurück. Hierzu trug auch das ungünstigere Klima während der so genannten „Kleinen Eiszeit" bei.

Die **Rebflurbereinigung** der letzten vierzig Jahre beseitigte an flachen bis mittelsteilen Hängen die alten Terrassen und gestaltete auf diese Weise das Relief für eine maschinelle Nutzung um. In den bis zu 60 Meter

Abb. 9.13 Hohlwege sind Zeugen linienhafter Abtragung. Schon Friedrich Schiller ließ den Landvogt Geßler durch eine solche „hohle Gasse" kommen. **Bild 1:** Lösshohlwege wie hier im Kaiserstuhl weisen aufgrund der Standfestigkeit der Lösse besonders steile Wände auf (Foto: A. Bräuning). **Bild 2:** Steile Rinnen an Hängen unter Wald sind das Ergebnis des einstigen Holztransports mit Pferden oder Seilwinden. Die dabei entstandenen Rückgassen wurden vom Regenwasser ausgespült und konnten sich im Lauf der Zeit immer tiefer einschneiden (Schönbuch bei Tübingen; Foto: J. Eberle).

Abb. 9.14 Ackerterrassen prägen das Bild der Gäurandlandschaften wie hier im Ammertal bei Tübingen. Die kleinen Parzellen werden heute kaum noch ackerbaulich genutzt, meist sind sie in Grünland oder Streuobstwiesen umgewandelt worden (Foto: J. Eberle).

Abb. 9.15 Bild 1: Terrassierung von Hängen für den Weinbau. Kleinterrassen, wie hier am Spitzberg bei Tübingen, prägen noch heute die Landschaft, auch wenn die Nutzung sich verändert hat. Auf den steilen Parzellen am Oberhang haben sich Halbtrockenrasen mit einer artenreichen Flora und Fauna entwickelt. Die ehemaligen Weinberge sind heute Teil eines großflächigen Naturschutzgebietes (Foto: J. Eberle). **Bild 2:** Maschinengerechte Großterrassen prägen das Landschaftsbild im Kaiserstuhl. Der Mensch hat hier ein völlig neues Relief geschaffen und dabei viele Zeugnisse der Landschaftsgeschichte beseitigt. Auch zahlreiche Hohlwege fielen dieser großen Rebflurbereinigung zum Opfer (Foto: A. Bräuning).

mächtigen Lößdecken von Kaiserstuhl und Tuniberg erfolgte ab den 1960er Jahren die Anlage von Großterrassen, die einen besonders wirtschaftlichen Weinbau ermöglichen sollten. In keiner anderen Gegend Süddeutschlands hat die anthropogene Überformung der Landschaft vergleichbare Ausmaße erreicht (Abb. 9.15). Vor allem an südexponierten Steilhängen entlang der Täler von Neckar, Main, Mittelrhein und Mosel wird dagegen der Wein noch heute auf Kleinterrassen angebaut. In den weniger ertragreichen Gebieten werden solche Steillagen inzwischen einer anderen Nutzung zugeführt (Abb. 9.15).

9.3 Eingriffe in Flusslandschaften

Flüsse und Seen boten mit ihren Fischbeständen nicht nur eine wichtige Nahrungsgrundlage, sondern waren auch wichtige Transport- und Verkehrswege. Die undurchdringlichen Auwälder mit ihren Sümpfen und Seen blieben dabei lange Zeit naturbelassene Gebiete, da sie wesentlich schwieriger zu erschließen waren als die agrarischen Gunsträume der Lößlandschaften. Insbesondere die breiten Auen der großen Flüsse bildeten mit ihren zahlreichen Altläufen, Sümpfen und Seen oft unüberwindbare Hindernisse. So erreichte die Rheinaue ursprünglich eine Breite von bis zu drei Kilometern und noch 1825 wurde die Wildflusslandschaft des Rheins zwischen Basel und Mannheim durch über 2200 Inseln geprägt. Der heutige Wirtschaftsfluss hat also mit dem ursprünglichen Rheinsystem nur noch wenig gemeinsam (Exkurs 48). Aber auch die von Sümpfen, Seen und zahlreichen Flüssen geprägte Moränenlandschaft des Alpenvorlandes konnte nur mühsam durchquert werden. „Germanien ist wegen der vielen Flüsse kaum gangbar, durch die vielen Gebirge rauh und zum größten Teil durch Wälder und Sümpfe unwegsam", schrieb der römische Geograph Pomponius Mela im Jahr 44 n. Chr. Es scheint, als wären die römischen Eroberer nach Überwindung der Alpen von den schwierigen naturräumlichen Bedingungen in Süddeutschland überrascht worden.

Veränderungen an kleineren Flüssen und Bächen

Der Umbau der natürlichen Flüsse durch den Menschen erfolgte in mehreren Etappen und hatte sehr unterschiedliche Beweggründe. An kleineren Flüssen und Bächen in engen Mittelgebirgstälern spielte die Gewinnung von Ackerland eine große Rolle. Hier waren die Flussauen oftmals die einzigen ebenen Flächen. Die Bauern erkannten schon früh die große Fruchtbarkeit der Auenböden, deren Nutzung jedoch durch hohen Grundwasserstand und die ständige Überflutungsgefahr zunächst kaum möglich war. Neben dem Bau von Dämmen und Deichen wurden Flussschlingen beseitigt oder auch ganze Bachläufe an den Rand des Talbodens verlegt. Damit war in der Regel eine Verkürzung der Laufstrecke und eine Erhöhung der Fließgeschwindigkeit verbunden, wodurch sich die Flüsse tiefer einschnitten und der Grundwasserspiegel sank. Diese massive Umgestaltung und Dränage von Talböden erfolgte vor allem unter dem Druck einer zunehmenden Bevölkerung im Hochmittelalter, als auch enge und zuvor nicht besiedelte Täler erschlossen wurden. An vielen Bächen und Flüssen ist gegenwärtig im Rahmen moderner dezentraler Hochwasserschutz-Konzepte ein Rückbau der Verbauungen, die Reaktivierung von Überflutungsflächen und eine Renaturierung von Teilen der Auenlandschaft im Gang.

Es gab aber noch andere Gründe für Eingriffe in kleinere und mittlere Abflusssysteme. So dienten Bäche und Flüsse ab dem frühen Mittelalter dem Transport von Holz aus engen und schwer zugänglichen Waldgebieten. Klöster spielten in der Frühphase dieser Erschließung im 12. und 13. Jahrhundert eine entscheidende Rolle. Im Zuge der **Flößerei** blieb beispielsweise im Schwarzwald, Odenwald, Pfälzer Wald oder Bayerischen Wald kaum ein dafür geeignetes Gewässer ungenutzt. Engstellen und Schwellen der Bachläufe wurden teilweise beseitigt, an Flachstrecken mit zu geringer Wassertiefe staute man die Gewässer auf. Diese „Schwallungen" dienten dazu, das Holz mit Hilfe einer Flutwelle talwärts zu transportieren (Abb. 9.16). Solche künstlich ausgelösten Hochwasserabflüsse übten eine erhebliche Erosionswirkung und Unterschneidung der Uferbereiche bis hin zur Verwüstung ganzer Talböden aus (Exkurs 47). Im Bereich der flachen Unterläufe wurden das Triftholz und erodiertes Lockermaterial wieder abgelagert. War es zunächst vorwiegend diese Wildflößerei, die zur Brennholzversorgung und Holzbelieferung der Eisen- und Glashütten diente, so erlangte im Schwarzwald ab dem 16. Jh. die Langholzflößerei mit gebundenen Flößen große Bedeutung. Die Langhölzer wurden überwiegend für den Schiffsbau nach Holland exportiert.

Durch die großflächigen Rodungen nahm die Erosion vor allem an steilen Hängen zu. Erste Waldschutzkonzepte im 19. Jahrhundert, die zunehmende Nutzung von Stein- und Braunkohle zur Energiegewinnung und die Substitution von Holz durch Metall im Schiffsbau bzw. durch Steine im Hausbau führten gegen Ende des 19. und im 20. Jahrhundert zu einer raschen Wiederbewaldung der Mittelgebirge. Blickt man heute in die Quellgebiete der Mittelgebirgsflüsse, so lassen sich kaum mehr unmittelbare Spuren der frühen Eingriffe erkennen. In den inzwischen wieder vollständig bewaldeten Einzugsgebieten haben Fahrzeuge und Forstwege die Transportfunktion der Bäche übernommen. Neuere Verbauungen der Mittelgebirgsbäche dienen in erster Linie dem Hochwasserschutz von talwärts gelegenen Siedlungen und Verkehrswegen.

Auch die **Nutzung der Wasserkraft** entlang der Mittelgebirgsflüsse erforderte Eingriffe, die teilweise bis heute Bestand haben. Oberhalb von Mühlen, Hammer- und Sägewerken wurden Fließgewässer aufgestaut oder gefasst, um die Wasserkraft zum Antrieb der Mahlwerke und Sägen einzusetzen. Im Zuge der Elektrifizierung wurde diese Technik optimiert und dazu in vielen Tälern größere Stauseen angelegt. Auch hier kommt den niederschlagsreichen Mittelgebirgen Süddeutschlands mit ihrem Wasserüberschuss und großen Höhenunterschieden eine besondere Bedeutung zu. Mit durchschnittlich 1000 bis 1800 mm Jahresniederschlag ist der Schwarzwald das niederschlagsreichste Mittelgebirge Deutschlands. Die Gewässer am Süd- und Westabfall des Schwarzwaldes eignen sich aufgrund ihres steilen Gefälles zum Oberrheingraben besonders gut für die Energiegewinnung (Abb. 9.20).

Abb. 9.16 Die wichtigsten Floßstrecken des Schwarzwaldes wie Kinzig, Murg, Enz oder Nagold wurden seit dem 14. Jahrhundert, vor allem aber im 17. und 18. Jahrhundert mit großem Aufwand ausgebaut. Die Umgestaltung der Flussauen und der Uferbereiche durch die aufgestauten Seen und die vielen künstlichen Hochwässer bewirkten zusammen mit den bis in das 19. Jahrhundert hinein oft weitflächig entwaldeten Gebirgshöhen eine völlig veränderte Geomorphodynamik in den Tälern. Nach Abholzung wurden die längsten Stämme in einem aufgestauten See zu Flößen zusammengebunden und nach Öffnung des Damms auf der resultierenden Hochwasserwelle über die eigentlich kleinen Bäche bis zu den großen Flüssen (v. a. Rhein und Donau) geflößt (Bild: Flößer im Mittleren Schwarzwald. Radierung von Eugen Falk-Breitenbach [1903–1979]).

Exkurs 47

Anthropogene Geomorphodynamik im Mittleren Schwarzwald am Beispiel eines rheintributären Kerbtales

Seit der vorklösterlichen Besiedlung im Früh- bzw. Hochmittelalter spielten sich im Mittleren Schwarzwald besondere geomorphologische Prozesse ab, die auf den Menschen zurückzuführen sind. Sie können im Hexenloch, einem zum Rhein orientierten Kerbtal bei Triberg, anhand von Reliefformen (Abb. 9.18) und Sedimenten (Abb. 9.17) rekonstruiert werden.

In der Aue liegen unmittelbar auf dem anstehenden Granit bis zu zwei Meter mächtige Sedimente, die sich insbesondere durch zwei Bänder aus grobem Schotter auszeichnen (Abb. 9.17). Anhand von Radiokohlenstoffdatierungen kann das Maximalalter für die Sedimentation der unteren Schotterlage in das Frühmittelalter und das der darüber liegenden in die Neuzeit eingeordnet werden. Die Schotterpakete zeu-

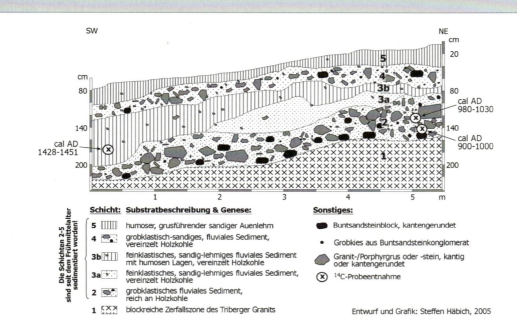

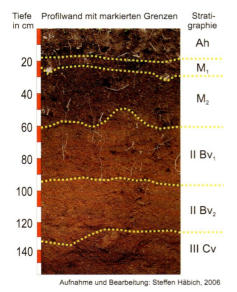

Abb. 9.17 Summenlängsprofil der Hexenloch-Aue. Das untere Schotterpaket (2) ist reich an Holzkohle, das obere Schotterband (4) ist in eine Lage feinkörniger, humushaltiger Sedimente eingebettet. Drei Radiokohlenstoff-Datierungen sind eingetragen. Das Foto zeigt ein Unterhangprofil im Hexenloch mit mächtigem Kolluvium über Braunerde im Hangschutt (II Bv) und Granitzersatz (III Cv-Horizont) (Grafik und Foto: S. Häbich).

Fortsetzung

Fortsetzung

gen von starken Akkumulationsphasen, die auf intensive Landnutzung zurückzuführen sind (Abb. 9.18).

Diese erhöhte Geomorphodynamik in der Aue zeigt sich ebenso an den Hängen des Hexenloches (Abb. 9.17): Mehr als ein Meter mächtige kolluviale Schichten, die Humus und Holzkohle enthalten, wurden seit dem Frühmittelalter an den Unterhängen über verwittertem Triberger Granit oder periglaziärem Hangschutt abgelagert. Auch diese Befunde sprechen – analog zur Interpretation der Auensedimente – für Verlagerungsprozesse mit der Akkumulation mächtiger Kolluvien. An den vielen Steinen in den kolluvialen Substraten des M_1-Horizontes kann man die hohe Intensität der Hangprozesse ablesen.

Aus dem geomorphologischen Formenschatz im Schwarzwald ist nutzungsbedingtes Kerbenreißen aus der jüngsten Vergangenheit bekannt. Aus alten topographischen Karten und Luftbildern geht hervor, dass das Hexenloch noch zu Beginn der 1950er Jahre komplett unter Wiesen- und Weidenutzung stand. Charakteristisch für die Auen und Unterhänge war damals die Wiesenwässerung mittels Gräben – ein Be- und Entwässerungssystem zur Nutzungssteigerung. Diese Nutzung wurde aufgegeben und das Hexenloch nach und nach mit einer Fichtenmonokultur aufgeforstet. Zugleich wurden die Quellwässer in zwei Teichen am Übergang von den flachen Quellmulden zum tief eingeschnittenen Kerbtal gesammelt und über Dränagerohre gebündelt abgeleitet. Der Eingriff führte zu einem raschen Einschneiden des periodisch fließenden Baches und damit zu Kerbenerosion (Abb. 9.19).

Fazit: Seit Beginn des Frühmittelalters kam es durch die Besiedelung des Mittleren Schwarzwaldes zu Erosions- und Akkumulationsphasen, die zu mächtigen Auensedimenten und Kolluvien führten. Das Kerbenreißen verdeutlicht den Einfluss des Menschen auf die Reliefgestaltung in den letzten 50 Jahren. Ähnliche Prozesse liefen in anderen Mittelgebirgen Süddeutschlands ab.

Abb. 9.18 Im Zuge der Reutbergwirtschaft wurde der Wald auch an steilen Hängen gerodet und gebrannt (sog. Rütibrennen), die Flächen anschließend als Weide oder Acker in einer Art Wechselwirtschaft genutzt. Die Bodenerosion stieg dadurch sprunghaft an (Foto: K. Abetz).

Die Umgestaltung der großen Flusslandschaften

Auch entlang der großen Flüsse Süddeutschlands stand zunächst die **Landgewinnung** im Vordergrund. Durch Deichbauten sollten die periodisch auftretenden Überflutungen der fruchtbaren Schwemmlandböden verhindert werden. Man schützte deswegen zunächst die etwas höher liegenden Bereiche der Altauen durch Dammbauten. Die Böden waren hier besonders fruchtbar, da der mittlere Grundwasserspiegel bereits einige Dezimeter unter der Geländeroberfläche lag und damit eine ackerbauliche Nutzung möglich war. Um Grünland zu gewinnen, wurden die Eindeichungen jedoch bald auch auf die Feuchtgebiete der aktuellen Aue ausgedehnt, was zu gravierenden Veränderungen des Wasserhaushaltes führte und die natürlichen Vegetationsgesellschaften veränderte. Nebenbei reduzierte man durch die Trockenlegung von Feuchtgebieten auch die Gefahr der durch Stechmücken übertragenen Krankheiten. Vor allem die Auen des südlichen Oberrheingrabens waren noch bis zu Beginn des 19. Jahrhunderts Verbreitungsgebiet der Malaria.

Mehr noch als ihre Nebenflüsse wurden Rhein, Main, Donau und Neckar in den letzten 200 Jahren als Verkehrswege interessant. In mehreren Bauphasen wurden weite Strecken dieser Flüsse kanalartig zu Schifffahrts-

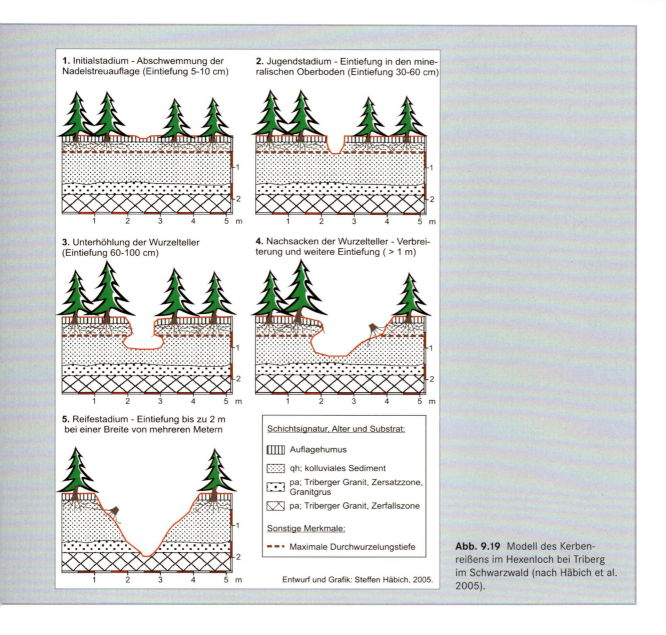

Abb. 9.19 Modell des Kerbenreißens im Hexenloch bei Triberg im Schwarzwald (nach Häbich et al. 2005).

straßen ausgebaut. Dadurch verkürzten sich die Laufstrecken und die Fließgeschwindigkeit nahm zu. Als Folge davon verstärkte sich die Tiefenerosion und der Grundwasserspiegel sank ab. Um hydroelektrische Energie zu gewinnen, wurden zahllose Stauwehre und Flusskraftwerke gebaut, die meisten am Oberrhein (Exkurs 48) und am Inn, den beiden wasserreichsten Flüssen Süddeutschlands. Aus geomorphologischer Sicht bedeutet der Vollausbau eines Flusses das Ende der natürlichen Auendynamik, die ganz wesentlich von Schwankungen der Wasserführung abhängt.

9.4 Eingriffe in Moor- und Seelandschaften

Die meisten **Moorlandschaften** Süddeutschlands befinden sich heute im Bereich der Flussniederungen und Moränengebiete des Alpenvorlandes. Mit über 220 000 Hektar Moorfläche gehört Bayern zu den moorreichsten Bundesländern. Hier liegen mit dem Donaumoos, dem Erdinger Moos und dem Dachauer Moos die größten und mächtigsten Torflager Süddeutschlands. Besonders reich an kleineren Seen und Mooren ist die Jungmoränenlandschaft des Alpenvorlandes. Die Häufung von

Abb. 9.20 Blick über den Schluchsee auf die höchsten Gipfel des Südschwarzwalds mit dem waldfreien Feldberg (rechts) und dem markanten Belchen (links). Unter der Nebeldecke im Hintergrund liegt der Rheingraben, dahinter sind die Vogesen zu erkennen. Der Höhenunterschied zwischen Schluchsee und Waldshut am Hochrhein beträgt 620 Meter auf einer Horizontaldistanz von knapp 30 Kilometern. Das Wasser des Schluchsees speist das älteste und größte Pumpspeicherwerk Deutschlands (Foto: Luftbildarchiv Albrecht Brugger im Landesmedienzentrum Baden-Württemberg).

Hochmooren und Seen im Schwarzwald ist auf hohe Niederschläge und die kaltzeitliche Überformung zurückzuführen. Insbesondere Wasser stauende Grundmoräne und Kare begünstigten hier die Moorbildung (Abschn. 8.3). Aber auch in den Höhenlagen von Bayerischem Wald, Fichtelgebirge und Rhön sind bedeutende Moorlandschaften anzutreffen.

Die menschlichen Eingriffe in See- und Moorlandschaften begannen bereits mit den jungsteinzeitlichen Pfahlbau- und Seeufersiedlungen und erreichten ihren Höhepunkt mit **Abtorfungen** und Versuchen zur Landgewinnung im Hochmittelalter. Durch künstliche Seespiegelabsenkungen wurde zwar gebietsweise die Ausbreitung von Mooren sogar begünstigt (schnelleres Zuwachsen, Verlandung), insgesamt haben jedoch die menschlichen Eingriffe, insbesondere durch Ablagerung von erodiertem Bodenmaterial in Phasen intensiver landwirtschaftlicher Nutzung (Abschn. 9.2), zu einem starken Rückgang der Anzahl von Mooren und Seen geführt.

Ein Beispiel für die Veränderung süddeutscher See- und Moorlandschaften durch den Menschen ist die künstliche Absenkung des Wasserspiegels (Seefällung) am Federsee (Abb. 9.23 und 9.24). Durch diese Maßnahme erhoffte sich die Bevölkerung gegen Ende des 18. Jahrhunderts fruchtbares Ackerland zu gewinnen. Der größte Teil der gewonnenen Flächen verblieb jedoch im Einflussbereich des Grundwassers und konnte lediglich als Feuchtwiese oder zur Streugewinnung genutzt werden.

Die Zunahme der Bevölkerung seit Mitte des 18. Jahrhunderts und die Übernutzung der Wälder durch Holzeinschlag sowie ungeregelte Waldweidenutzung erforderten die Erschließung neuer Energiereserven. Die bis zu 15 Meter mächtigen Torfschichten der Hochmoore lieferten früher große Mengen Brennmaterial für private Haushalte, aber auch für Industriebetriebe wie Glas- und Eisenhütten. Der ökologischen Zerstörung und Oberflächenveränderung durch Abtorfung entgingen in der Folgezeit nur einige abgelegene Hochmoore wie das Wildseemoor im nördlichen Schwarzwald (Abb. 8.15). Durch die Anlage von Entwässerungsgräben wurden häufig ganze Feuchtgebiete trockengelegt und ihre Ökosysteme flächenhaft zerstört. In Südbayern gab es Mitte

9.4 Eingriffe in Moor- und Seelandschaften

Exkurs 48

Der Oberrhein – Umbau einer Flusslandschaft

Schon die Römer nutzten den Rhein als Transportweg für Menschen und Güter, doch erst mit dem Aufkommen der Dampfschifffahrt Mitte des 19. Jahrhunderts begann der planmäßige Umbau des Rheins zur europäischen Wasserstraße. Unter Leitung des Ingenieurs Johann Gottfried Tulla wurde das Großprojekt zwischen 1817 und 1876 realisiert. Vor allem nördlich von Straßburg wurden zahlreiche Flussschlingen durchbrochen, die Flusslänge zwischen Basel und Bingen verkürzte sich insgesamt um 81 Kilometer. Die ausgebaute, von Hochwasserschutzdämmen flankierte Fahrrinne war mindestens zwei Meter tief und 80 bis 100 Meter breit. Im Jahr 1904 wurde auf dem Oberrhein erstmals Ruhrkohle bis nach Basel verschifft. Gleichzeitig wurden durch diesen Umbau landwirtschaftlich nutzbare Flächen gewonnen und der bis dahin unklare Grenzverlauf zu Frankreich mit dem befestigten Rheinbett fixiert.

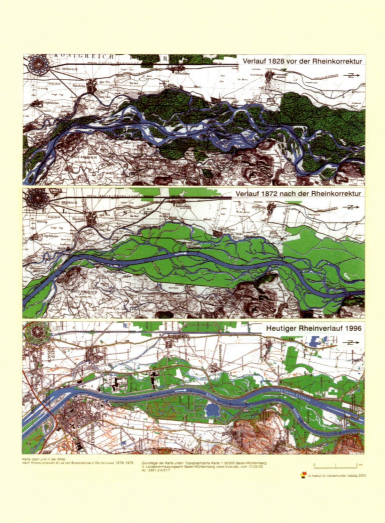

Abb. 9.21 Veränderungen des Rheinverlaufs bei Breisach zwischen 1828 und 1996. Der ursprüngliche Wildflusscharakter ging bereits durch die ersten Korrekturen verloren. Mit dem kanalartigen Ausbau (untere Karte) wurde die Auendynamik großflächig unterbunden und die ehemaligen Hochwasserrückhalteflächen weitgehend beseitigt (Quelle: Leibniz-Institut für Länderkunde 2003).

Fortsetzung

Fortsetzung

Eine Folge der erheblichen Laufverkürzung war die Zunahme der Tiefenerosion, deren Ausmaß auch Tulla unterschätzt hatte. Der Rhein schnitt sich streckenweise bis zu zehn Meter tief ein, was zu einer starken Absenkung des Grundwasserspiegels führte.

Der moderne Ausbau des Rheins für die Großschifffahrt erfolgte in mehreren Phasen von 1928 bis 1977. Dazu wurde zwischen Basel und Breisach der neun Meter tiefe Rheinseitenkanal mit vier Staustufen gebaut. Der Altrheinlauf verkümmerte zu einem schmalen Rinnsal, und bis 1960 starben auf diesem Flussabschnitt 46 Quadratkilometer Auwald ab. Es kam zu einschneidenden Veränderungen der hydrologischen Bedingungen, und neue Pflanzengesellschaften besiedelten die einstigen Feuchtwälder. Aufgrund der extremen Auswirkungen des Rhein-Seitenkanals verzichtete man auf dessen ursprünglich geplante Verlängerung bis Straßburg und entschied sich mit der „Schlingenlösung" (1961–1970) für eine gemäßigtere Variante (Abb. 9.22). Der Tulla'sche Rheinlauf blieb dabei größtenteils erhalten. Mit der Errichtung der großen Dämme und Schleusen bei Gambsheim und Iffezheim war 1977 der Vollausbau nördlich von Straßburg abgeschlossen.

Seit den 1970er Jahren kam es vor allem im nördlichen Oberrheingraben mehrfach zu schweren Überschwemmungen. Hauptursache ist der Wegfall von 820 Quadratkilometern Auen- bzw. Rückhalteflächen seit 1820. Aus diesem Grund vereinbarten Frankreich und Deutschland 1984 das Integrierte Rheinprogramm, dessen Ziel die Wiederherstellung des Hochwasserschutzes für ein 200-jährliches Ereignis ist. Die Umsetzung begann 1996, einige große Rückhaltebecken (Polder) sind bereits realisiert. Der Umbau des Rheins ging damit in eine neue Phase, bei der einige ehemalige Überschwemmungsflächen wieder reaktiviert wurden.

Abb. 9.22 Der Rhein bei Greffern südlich von Rastatt, Blickrichtung Norden. Der künstliche Flusslauf wird hier in breiten Schlingen geführt. Durch den Kiesabbau sind in der ehemaligen Aue viele Seen entstanden, die heute teilweise als Naherholungsgebiete genutzt werden. Die einstige Ausdehnung der natürlichen Aue des Rheins ist im Vordergrund an den geschwungenen Waldrändern ehemaliger Altarme zu erkennen. Die Aue wird durch das Hochgestade, eine hier etwa zehn Meter hohe Geländestufe, von der breiten Niederterrasse der Oberrheinebene getrennt (Abb. 8.11). Alle alten Siedlungen liegen in hochwassergeschützter Lage auf der intensiv landwirtschaftlich genutzten Niederterrasse. Dort befindet sich auch der Flugplatz Söllingen (hinten rechts). Der erst vor wenigen Jahren fertig gestellte Polder Söllingen-Greffern war zur Zeit der Flugaufnahme noch nicht realisiert (Foto: Luftbildarchiv Albrecht Brugger im Landesmedienzentrum Baden-Württemberg).

9.4 Eingriffe in Moor- und Seelandschaften

Abb. 9.23 Der Federsee inmitten der intensiv landwirtschaftlich genutzten Altmoränenlandschaft. Im Vordergrund die Stadt Bad Buchau, links die Kanzachrinne, über die der Wasserspiegel des Sees künstlich abgesenkt wurde. Am gegenüberliegenden Ufer zeichnet der schmale, von Bäumen bestandene Streifen das Kliff des spätglazialen Sees nach (vgl. Abb. 7.6). Die verlandeten Flächen zeigen unterschiedlichste Stadien der Moorbildung, wobei sich eine ringförmige Zonierung vom Zentrum zu den Rändern abzeichnet. Hochmoorflächen liegen eher am äußeren Rand und sind durch Baumwuchs gekennzeichnet, die Niedermoorflächen sind vor allem in der Umgebung des Restsees zu erkennen (Foto: O. Braasch 1996, Regierungspräsidium Stuttgart, Landesamt für Denkmalpflege).

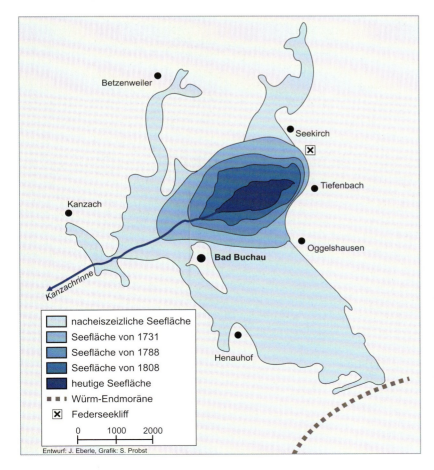

Abb. 9.24 Durch mehrere Seefällungen zwischen 1787 und 1809 verringerte sich die Fläche des Federsees in Oberschwaben von fast 11 km² auf heute nur noch 1,4 km². Der See ist inzwischen durchschnittlich weniger als ein Meter tief, nur im zentralen Teil werden Wassertiefen bis drei Meter erreicht. Die verlandeten Flächen werden heute überwiegend von Mooren eingenommen. Eingezeichnet ist die Lage des Profils am Federseekliff (Bild 2 in Abb. 7.6).

Abb. 9.25 Bild 1: Traditionelle Abtorfung eines Moores bei Weilheim in Oberbayern (Foto: W. D. Blümel). **Bild 2:** Das UNESCO-Biosphärenreservat Rotes Moor in der Rhön. Große Teile des Hochmoors wurden bis 1984 abgebaut. Im Bildmittelgrund sind Reste des Hochmoors erhalten, im Vordergrund eine abgetorfte und inzwischen wieder vernässte Fläche, die Niedermoorcharakter aufweist. **Bild 3:** Auf den abgetorften Flächen hat sich ein Karpatenbirkenwald entwickelt – eine botanische Rarität (Fotos: J. Eberle).

des 20. Jahrhunderts noch fast einhundert Torfwerke, in denen der Torf teilweise maschinell abgebaut wurde. Im Donaumoos, mit ursprünglich 180 km² das größte Moor Süddeutschlands, wurde dadurch fast die Hälfte der Fläche zerstört bzw. stark verändert. Durch die industrielle Moornutzung gingen somit wichtige nacheiszeitliche Feuchtbiotope und damit auch typische Landschaftselemente – einschließlich ihrer Funktion als Geoarchive – unwiederbringlich verloren (Abschn. 8.4, Exkurs 42).

Auch die Nutzung der Wasserkraft hat zur Vernichtung von Mooren geführt. So wurde 1930 durch den Aufstau des Schluchsees das größte Hochmoor des Schwarzwaldes komplett überflutet (Abb. 9.20). Andernorts zeugen oft nur noch kleine Restmoorflächen sowie Gräben und flache Senken von der Bedeutung ehemaliger Moorlandschaften. Viele abgetorfte Moorgebiete sind inzwischen bewaldet oder werden als Grünland genutzt. Die verbliebenen Restflächen stehen heute größtenteils unter strengem Schutz (Abb. 9.25).

9.5 Oberflächenveränderungen durch Gewinnung mineralischer Rohstoffe

Ein erster Abbau mineralischer Rohstoffe fand in Süddeutschland bereits vor 7000 Jahren statt. Bei Sulzburg im Südschwarzwald wurde Roteisenerz offenbar zur Herstellung ritueller Farbstoffe gewonnen – ein bislang einzigartiger Befund in Mitteleuropa. Die Erzgewinnung und -verhüttung begann vor etwa 2800 Jahren während der **Älteren Eisenzeit** (Hallstattzeit). Die keltischen Bauern entdeckten vermutlich zufällig, dass in Teilen ihres Siedlungsraumes oberirdisch erreichbare Erzvorkommen lagerten, die sich zur Herstellung von Gerätschaften eigneten. Bei diesen Erzen handelte es sich überwiegend um Relikte der kreidezeitlich-alttertiären Verwitterung (Bohnerzlehme, Eisenschwarten; Exkurs 8).

Abb. 9.26 Trichterförmige Hohlformen und Wälle der Erzknappenlöcher bei Prinzbach (westlich von Haslach im Kinzigtal) sind Zeugen einer mittelalterlichen Gewinnung von Rohstoffen im Mittleren Schwarzwald (Foto: R. Olschewski).

Auch oberflächennah ausstreichende Erzgänge, die vorwiegend in Kristallingesteinen auftreten, wurden schon in der frühen Eisenzeit genutzt. Im Jahr 2005 konnte im Nordschwarzwald eine großflächige Ansammlung keltischer Schmelzöfen nachgewiesen werden, die offensichtlich ein frühes Zentrum der Eisengewinnung in Südwestdeutschland belegen. Um solche Öfen zu betreiben, waren große Mengen Holzkohle notwendig, was wiederum gravierende und flächenhafte Eingriffe in die Wälder bedeutete.

Ebenfalls leicht zugänglich war das so genannte Raseneisenerz, das sich im Grundwasserschwankungsbereich feuchter Niederungen zu mehreren Dezimeter dicken Krusten akkumulieren konnte.

Nach den Römern und Alemannen kam es im **frühen Mittelalter** zu einer Intensivierung bergbaulicher Aktivitäten. Spuren des älteren Abbaus wurden überprägt. Klöster und weltliche Herrscher spielten bei der Entwicklung des Bergbaus und der Verhüttung meist eine Schlüsselrolle. Sie sorgten für technische Erneuerungen, finanzierten die Infrastruktur und hielten letztlich die Bergbaurechte. Ein Zentrum des mittelalterlichen Bergbaus entwickelte sich in Süddeutschland z. B. in der Umgebung des Zisterzienserklosters Königsbronn bei Aalen, wo bereits 1365 die Eisenverarbeitung urkundlich erwähnt wird.

Noch bedeutender war der bis heute anhaltende Bergbau im mittleren Schwarzwald oder die Erzgewinnung im Amberger Revier in der Oberpfalz. Hier wurden ab Mitte des 14. Jahrhunderts kreidezeitliche Erzvorkommen ausgebeutet. Der Abbau wurde bis 1977 betrieben, die Schließung der letzten Eisenhütte erfolgte erst im Jahr 2002. In vielen Abbaugebieten lassen sich mehrere historische Bergbauphasen nachweisen, die von längeren Zeiträumen ohne Aktivitäten unterbrochen wurden. Mancherorts stellen die Relikte des historischen Abbaus und der Metallgewinnung wegen Schwermetallkontaminationen noch heute eine Umweltbelastung dar.

Viele mittelalterliche Erzgruben liegen heute in wieder bewaldeten Gebieten. Überwiegend handelt es sich dabei um Bohnerzgruben, stellenweise wurden auch Eisenschwarten ergraben. An einigen besonders ergiebigen Standorten muss die Landschaft regelrecht durchwühlt gewesen sein (Abb. 9.26). Der Bergbau und die damit verbundene Waldrodung hatten eine verstärkte Bodenerosion zur Folge, die sich noch heute im Umfeld der Erzgruben belegen lässt.

Oberirdischer Abbau von Massenrohstoffen

Aufgrund der Vielfalt an Gesteinen und der wechselvollen Landschaftsgeschichte ist Süddeutschland reich an mineralischen Massenrohstoffen, die größtenteils oberirdisch abgebaut werden können. Dieser Abbau von Fest- und Lockergesteinen hat im Lauf der Zeit zu markanten Oberflächenveränderungen bis hin zum Abtrag ganzer Bergkuppen oder Flussterrassen geführt. Schon die Römer erkannten den Wert der unterschiedlichen Gesteine und verwendeten teilweise sehr gezielt bestimmte Baumaterialien. Die römischen Baumeister bevorzugten leicht bearbeitbare Sand- und Kalksteine, aber auch Lockersedimente wurden bereits zur Herstellung von Mörtel oder als Füllmaterial genutzt. Besonders wertvolle Bausteine wurden über längere Strecken transportiert, in der Regel versuchte man aber, möglichst in Baustellennähe liegende Rohstoffe zu erschließen. Durch die Intensivierung der Steinbruchnutzung im Mittelalter wurden frühere Abbauspuren zwar weitgehend beseitigt, die Reste römischer Gebäude bezeugen aber ein gutes

Fachwissen, um unterschiedlichste Bausteine verschiedenen Verwendungen zuzuführen.

Widerständige Granite, Gneise und Schiefer der Grundgebirgslandschaften werden bis heute vorwiegend als Werksteine oder Schotter genutzt. Weithin sichtbar sind beispielsweise die großen Porphyr-Steinbrüche am Westrand des Odenwaldes, wo auch schon in römischer Zeit ein **Werksteinabbau** belegt ist. Basalte und Phonolithe vom Vogelsberg, aus der Rhön, dem Hegau, dem Kaiserstuhl oder der Oberpfalz wurden in erster Linie zu Gleisschotter verarbeitet, Basaltsäulen wurden bevorzugt zur Küstenbefestigung verwendet. Einige Vulkankegel sind dadurch fast vollständig abgebaut worden. Kalk- oder Dolomitsteinbrüche der Zement- und Baustoffindustrie sind charakteristisch für die Muschelkalk- und Weißjuralandschaften. An einigen Schichtstufen und Talflanken prägen ausgedehnte Abbaunarben das Bild der Landschaft, denn hier können die begehrten Rohstoffe besonders leicht gewonnen werden (Abb. 9.27).

Lehm- und **Tongruben** waren im Alpenvorland, im Keuperbergland und in den Lösslandschaften weit verbreitet. Diese Rohstoffe wurden ebenfalls bereits von den Römern für die Herstellung von Keramik genutzt. Später stand die Ziegelproduktion im Vordergrund. Nur wenige dieser Gruben sind heute noch in Betrieb. Für die Porzellanherstellung sind die Kaolinvorkommen der Oberpfalz und im Rheinischen Schiefergebirge von Bedeutung. Sie sind Relikte der „feucht-tropischen" Landformung Süddeutschlands (Kap. 3, Abb. 3.4). Die Aufschüttung des über einhundert Meter hohen „Monte Kaolino" bei Hirschau in der Oberpfalz ist ein weithin sichtbares Zeugnis dieses Abbaus. Gips zu industriellen Zwecken wird heute nur noch in Unterfranken abgebaut, ursprünglich waren auch im württembergischen Keuperbergland zahlreiche Abbauflächen vorhanden. Oberhalb von Weinbergen finden sich häufig noch Mergelgruben, aus denen Material zur Düngung der Rebflächen entnommen wurde.

Abb. 9.27 Steinbrüche, Kies-, Mergel- und Sandgruben waren in Süddeutschland ursprünglich weit verbreitet. Sie wurden entweder verfüllt, überbaut oder dienen heute der Naherholung und dem Naturschutz. **Bild 1:** Ehemaliger Schilfsandsteinabbau (Mühlsteine) und heutiges Naturdenkmal am Pfaffenberg bei Rottenburg a. Neckar. **Bild 2:** Aufgegebener Basaltbruch (Gleisschotter) am Höwenegg bei Tuttlingen. **Bild 3:** Große Steinbrüche für die Schotter- und Zementgewinnung werden noch heute bevorzugt in den Kalksteingebieten von Muschelkalk und Weißjura betrieben, wie hier bei Bad Urach. **Bild 4:** Kiese der Würm-Kaltzeit werden bei Memmingen abgebaut (Fotos: J. Eberle, W. D. Blümel).

Besonders zahlreich sind **Sand-** und **Kiesgruben** im Bereich quartärer Lockersedimente. Die Baustoffindustrie bevorzugt die kaum verwitterten, unverfestigten Sedimente der letzten Kaltzeit. Aber auch in lockeren Riß-kaltzeitlichen Ablagerungen findet derzeit noch Sand- und Kiesabbau statt. Räumliche Schwerpunkte sind die Schotterfelder des Alpenvorlandes und die Oberrheinebene. Entlang von Main und Neckar wurden die mittel- und oberpleistozänen Flussablagerungen ursprünglich ebenfalls an vielen Stellen ausgebeutet. Im Gelände zeugen klar begrenzte Hohlformen von diesem Rohstoffabbau. Bis vor wenigen Jahrzehnten besaß fast jede größere Gemeinde einen Steinbruch oder eine Kiesgrube. Heute beschränkt sich der Rohstoffabbau auf wenige Großbetriebe (Abb. 9.27).

In einigen aufgegebenen Abbaugruben haben sich jedoch auch neue, teilweise wertvolle Lebensräume entwickelt, in denen vom Aussterben bedrohte Tier- und Pflanzenarten wieder eine Heimat gefunden haben. Der menschliche Eingriff in die Naturlandschaft hat hier nicht zu Verlusten, sondern zur Bereicherung der Lebensräume beigetragen. Baggerseen bilden häufig intensiv genutzte Naherholungsgebiete. In Franken hat sich mit dem „Fränkischen Seenland" bei Gunzenhausen sogar eine Landschaft gebildet, die ein besonderes touristisches Potenzial entfaltet hat.

Unterirdischer Abbau von Rohstoffen

Süddeutschland ist arm an wertvollen organischen Rohstoffen wie Erdöl, Erdgas und Kohle. Das einzige größere Steinkohlevorkommen befindet sich im Saarland, und geringe Mengen Erdöl und Erdgas werden im Alpenvorland und im Oberrheingraben gefördert. Pechkohle aus oligozänen Molassesedimenten wurde bis 1971 bei Peißenberg im südlichen Alpenvorland abgebaut.

Steinsalz wird heute vor allem aus dem mittleren Muschelkalk bei Heilbronn gewonnen. Da der Abbau dieser Rohstoffe größtenteils unter Tage geschieht, hat er kaum direkte Auswirkungen auf die Oberflächenformung. Die unterirdische Lösung von Salzen und Gips kann aus natürlichen oder bergbaulich bedingten Gründen zu Erdfällen oder großflächigen Absenkungen der Oberfläche führen. Durch den Einsturz unterirdischer Stollen sind verbreitet trichterförmige Hohlformen, so genannte Pingen, entstanden. Sichtbare Auswirkungen des Bergbaus sind auch Abraumhalden, die vor Stolleneingängen oder in der Umgebung von Minen deponiert wurden. Ein besonders markantes Beispiel sind die bis zu 120 Meter hohen Halden des hessischen Kalibergbaus, die beispielsweise südlich von Fulda weithin sichtbar das Landschaftsbild prägen.

Kleinere Halden vor stillgelegten Erzstollen sind inzwischen teilweise wieder überwachsen und kaum noch zu erkennen. Besonders oberirdische Anlagen zur Erzaufbereitung und Erzwäsche haben Spuren in der Landschaft hinterlassen. Die noch in Betrieb stehenden Bergwerke, wie der Baryt- und Fluoritabbau bei Oberwolfach im Mittleren Schwarzwald, sind heute sehr effizient arbeitende Gruben, die kaum mehr in der Kulturlandschaft in Erscheinung treten. Häufig fanden im Umfeld der Minen auch Veränderungen der Fließgewässer statt. Künstliche Wassergräben oder Wasserhebeeinrichtungen zur Trockenlegung der Stollen sind Beispiele solcher Regulierungsmaßnahmen. Besucherbergwerke sind inzwischen in fast allen ehemaligen Abbaugebieten entstanden und bieten Einblick in die Bergbaugeschichte Süddeutschlands.

9.6 Landschaftsveränderungen der Moderne

Gegenwärtig verändert sich die Oberfläche Süddeutschlands so schnell wie kaum jemals zuvor in der Erdgeschichte. Jeden Tag werden beispielsweise in Baden-Württemberg etwa 8,5 Hektar, das entspricht ungefähr der Fläche von zwölf Fußballfeldern, überbaut oder zu Freizeitflächen umgewandelt. Die agrarisch geprägte Kulturlandschaft ist vor allem im Umland der großen Siedlungszentren weitgehend verschwunden (Abb. 9.28). Aber auch in den ländlichen Regionen sind vielerorts großflächige Wohn- und Gewerbeflächen entstanden.

Seit dem Beginn der **Industrialisierung** im 19. Jahrhundert hat der Mensch die Landschaft aber nicht nur durch die Ausweitung seiner Siedlungs-, Wirtschafts- und Verkehrsflächen verändert. Auch für den ländlichen Raum lässt sich anhand von historischen Karten und Luftbildern ein drastischer Landschaftswandel während der letzten rund 200 Jahre aufzeigen. So hat der Rückgang bzw. die Aufgabe der landwirtschaftlichen Nutzung in einigen Teillandschaften Süddeutschlands zu einer starken Zunahme des Waldanteils geführt. Fachleute sprechen bereits von einer „Verwaldung" ehemals intensiv landwirtschaftlich genutzter Gebiete (Exkurs 49).

Die Veränderungen sind in städtischen und ländlichen Räumen verbreitet gegenläufig: Während die Versiegelung und der Freiflächenverbrauch in Städten und ihrem Umland rapide voranschreiten, sind viele ländliche Räume von zunehmender Extensivierung geprägt. Vor allem die landwirtschaftlich genutzte alte Kulturlandschaft verliert immer mehr an Bedeutung.

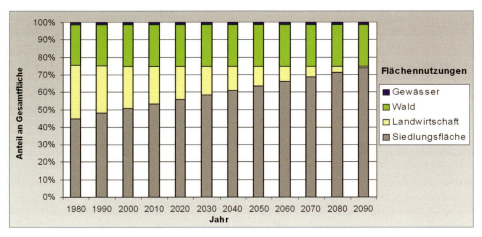

Abb. 9.28 Eine Prognose der Siedlungsflächenentwicklung in Stuttgart geht von einem jährlichen Zuwachs um 56 Hektar aus (Prognose auf Basis des Mittelwerts von 1990–99). Die Siedlungsfläche setzt sich dabei aus folgende Nutzungen zusammen: Erholung, Verkehr, Siedlungs- und Freiflächen, sonstige Nutzungen. Es wird deutlich, dass die Zunahme der Siedlungsfläche fast ausschließlich auf Kosten landwirtschaftlich genutzter Flächen erfolgt (nach Kübler 2003).

Exkurs 49

Kulturlandschaftswandel auf der Schwäbischen Alb

Eine Detailstudie für einen Randbereich der Schwäbischen Ostalb bei Lauterstein verdeutlicht die Landschaftsveränderungen in den letzten 200 Jahren (Abb. 9.29). Ohne anthropogene Eingriffe wäre dieser Naturraum, abgesehen von schroffen Felsköpfen und anderen Extremstandorten, von reinen Laubwäldern bedeckt. Spätestens in der Bronzezeit (2300–1200 v. Chr.) führte der Mensch jedoch auch hier erste Rodungen durch, um ebenere Lagen als Äcker und vor allem die zum Teil sehr steilen Hänge als Weiden nutzen zu können. Noch bis in das 19. Jahrhundert hinein waren die Familien weitgehend auf die Selbstversorgung angewiesen, so dass sie für ihren Lebensunterhalt auch schwer bearbeitbare, oft steinige und frostgefährdete Flächen mit einfachen Methoden bewirtschaften mussten. Mit der zunehmenden Nachfrage nach Wolle als Rohstoff für die Textilverarbeitung erlebte außerdem die Schäferei in der frühen Industrialisierungsphase einen großen Aufschwung.

Seit der zweiten Hälfte des 19. Jahrhunderts und in noch erheblicherem Umfang in den Jahrzehnten seit Ende des Zweiten Weltkriegs wurden aber sowohl der Anbau als auch die Beweidung auf solchen Grenzertragsböden vermehrt aufgegeben. Ursachen waren das wachsende Angebot an lukrativen Arbeitsplätzen in der Industriegesellschaft sowie die verbesserten Transportmittel und Handelswege, verbunden mit den enormen Ertragssteigerungen in der Landwirtschaft: Die Einführung von Kunstdüngern, Pflanzenschutzmitteln, modernen Maschinen und anderen Rationalisierungsmaßnahmen ermöglichte nun in agrarischen Gunsträumen eine immer größere Überschussproduktion, gegen die weniger geeignete Anbaugebiete wie der Albtrauf schon bald nicht mehr konkurrieren konnten. Ebenso unterlag die Schäferei dem globalen Wettbewerb.

In der Folge konnte der Wald weite Bereiche der Hänge und Hochflächen zurückerobern, was durch Aufforstungen

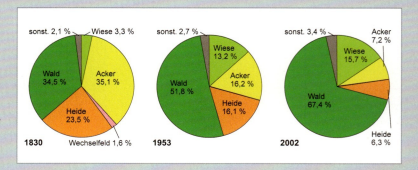

Abb. 9.29 Veränderung der Landnutzung in der Umgebung des Kalten Feldes am Rand der Schwäbischen Ostalb zwischen 1830 und 2002. Während hier zu Beginn des 19. Jahrhunderts Äcker und durch Schafbeweidung entstandene Heiden noch mehr als die Hälfte der Fläche einnahmen, dominieren heute Wiesen und vor allem Wälder (nach Mailänder et al. 2005).

9.7 Gibt es heute noch natürliche Formungsprozesse in Süddeutschland?

Wird die natürliche Geomorphodynamik der Landschaft durch menschliche Aktivitäten weitgehend unterbunden? Nach den Ausführungen der voran gegangenen Kapitel erscheint diese Frage nicht abwegig. Betrachtet man etwa das Abflussverhalten der mittleren und größeren Flüsse Süddeutschlands, so zeigen diese lediglich bei Hochwasserereignissen abschnittsweise noch ihre ursprüngliche Auendynamik. An einer Tatsache können aber alle menschlichen Aktivitäten nichts ändern: Süddeutschland ist ein Raum mit beachtlichen Höhenunterschieden und Wasserüberschüssen, die teilweise direkt an der Oberfläche, größtenteils aber zeitverzögert über das Boden- und Grundwasser abfließen. Folglich sind natürliche Verwitterungs- und Abtragungsprozesse, die Wasser als chemisches (Verwitterung, Lösung) oder physikalisches (Verwitterung, Abtragung und Transport) Medium benötigen, auch gegenwärtig an der Landformung beteiligt. Durch die zunehmende Versiegelung der Landschaft und den Umbau der Flusslandschaften hat sich der Anteil des oberflächlich abfließenden Wassers deutlich erhöht. Insbesondere vergrößerten sich die Abflussspitzen, so dass lokal eine Zunahme der Wassererosion zu beobachten ist. Inwieweit davon auch Veränderungen im Niederschlagsgang im Zuge der weltweiten Erwärmung beteiligt sind, ist noch eine offene Frage.

Rückschreitende Erosion und kleine Massenbewegungen

In kleineren Einzugsgebieten der stark bewaldeten Mittelgebirge von Schwarzwald, Fichtelgebirge, Bayerischem noch gefördert wurde (Abb. 9.30). Verwendung fanden dafür allerdings überwiegend hier nicht von Natur aus vorkommende Nadelbaumarten, in erster Linie die Fichte. Nadel- und Mischholzbestände machen daher heute mehr als die Hälfte des Waldes aus, dessen Gesamtareal sich im untersuchten Gebiet seit 1830 fast verdoppelt hat. Einige Äcker und Schafweiden sind außerdem in Mähwiesen zur Futtergewinnung umgewandelt worden – eine, ähnlich wie die Forstwirtschaft, arbeitsextensivere und bezüglich Klima- und Substratbedingungen weniger anspruchsvolle Nutzungsform.

Verbunden war dieser Kulturlandschaftswandel mit einer erheblichen Verbesserung der persönlichen Lebensumstände der ansässigen Bevölkerung und einer geringeren Ausbeutung der Naturraumressourcen. Als problematisch ist er jedoch hinsichtlich der Artenvielfalt und Biotoptypendiversität zu bewerten – insbesondere aufgrund des starken Rückgangs der durch Schafbeweidung entstandenen Kalkmagerrasen oder Heiden. Mit der Vergabe von Fördermitteln und der Ausweisung von Schutzgebieten versucht man daher seit einigen Jahren, seinem weiteren Fortschreiten entgegen zu wirken.

Abb. 9.30 Der Südhang des Eierbergs mit dem Tal der oberen Lauter und der Ortschaft Degenfeld im Vordergrund. Auf dem einst durch den Verbiss und Vertritt von Schafen extrem kahlen Steilanstieg der Schwäbischen Alb überwiegen heute Sukzessionswälder; nur wenige Heidereste blieben erhalten. Vor allem auf der Albhochfläche fanden außerdem Nadelholzaufforstungen statt. Ebenere Bereiche im Tal und auf natürlichen Hangterrassen werden meist nicht mehr wie früher als Äcker, sondern als Mähwiesen bewirtschaftet (Foto: S. Mailänder).

Abb. 9.31 Bild 1: Die Zerstörung einer alten Brücke belegt die aktuelle rückschreitende Erosion in einer Klinge des Keuperberglandes bei Schwäbisch Hall. Die Bezeichnung „Klinge" für kleine Kerbtäler leitet sich von den Geräuschen der Bäche bei Hochwasser ab. Dabei können bis zu Kubikmeter große Blöcke bewegt werden (Foto: R. Wolff). **Bild 2:** Wo solche Klingen in Siedlungsbereiche ausmünden, sind sie aus Gründen des Hochwasserschutzes verbaut worden (Teufelsklingenbach am Aichelberg bei Kirchheim am Neckar; Foto: J. Eberle).

Wald, Pfälzer Wald oder der Keuperwaldberge kann die rezente Wirksamkeit der Abtragung durch Wasser beobachtet werden. Viele der kleineren **Kerbtäler** weisen Merkmale aktiver Erosion auf: Es kommt dabei häufig zu Hangunterschneidung, und verbreitet werden kleine und mittlere Hangrutschungen ausgelöst. Besonders zahlreich sind solche Hangrutschungen im mesozoischen Deckgebirge, wo es durch die Wechsellagerung durchlässiger Sand- oder Kalksteine über dichten Ton- und Mergelgesteinen bevorzugt zu Quellaustritten kommt. Aber auch in den Grundgebirgslandschaften verursacht die rückschreitende Erosion steiler Kerbtäler immer wieder Rutschungen oder sogar Schlammströme (Muren). Die Folge ist eine intensivierte Abtragung periglazialer Hangschuttdecken. Diese Prozesse lassen sich in Südwestdeutschland vor allem in steilen, dem Rhein-System zufließenden Tälchen beobachten – der „Kampf um die Wasserscheide" zwischen Rhein- und Donau-System findet folglich auch heute statt. Entlang nicht begradigter Bäche sind an vielen Stellen frische Uferanbrüche zu beobachten. Sie zeigen, dass diese Gewässer vor allem bei Hochwasser eine beachtliche Seitenerosion leisten und größere Materialmengen mobilisieren können (Abb. 9.31).

Auch steilere Hänge im Bereich der Molasse des Alpenvorlandes sind sehr anfällig für Rutschungen. Die häufig sandigen und nur mäßig verfestigten Ablagerungen der Oberen Süßwassermolasse unterliegen vor allem an Prallhängen der Alpenvorlandsflüsse einer intensiven Abtragung. Hier finden bei jedem größeren Niederschlagsereignis Rutschungen statt, wodurch sich auch keine geschlossene Vegetationsdecke entwickeln kann (Abb. 8.7). Neben den Braunjura-Hängen der Schwäbisch-Fränkischen Alb gehören diese Bereiche zu den aktivsten Rutschhängen Süddeutschlands.

Manchmal führen auch Fehler bei Baumaßnahmen dazu, dass sich die Dynamik in Fluss-Einzugsgebieten verändert und im Einzelfall hohe Folgekosten entstehen. So wurden in den 1990er-Jahren beim Bau der neuen Autobahntrasse der A8 zwischen Stuttgart und Ulm am Aichelberg die Fahrbahnabwässer direkt in die angrenzenden, tonreichen Hänge des Braunjura eingeleitet. Dadurch konnten sich dort die Kerbtäler teilweise bis zu zehn Meter (!) einschneiden. Es kam zu Rutschungen, Murgängen und Hochwasserschäden in tiefer gelegenen Siedlungsgebieten. Bis heute mussten mehrere Millionen Euro für die Stabilisierung der Hänge und für Wildbachverbauungen aufgewendet werden.

In widerständigen und wasserdurchlässigen Festgesteinen sind Rutschungen seltener. Hier kommt es stattdessen an Felsmassiven verbreitet zu Steinschlägen, vereinzelt auch zu Felsstürzen. Diese Prozesse werden im Winterhalbjahr ganz wesentlich durch die Frostverwitterung begünstigt. Schutzverbauungen entlang von Verkehrswegen belegen, dass diese gravitativen Massenbewegungen nicht zu unterschätzen sind. Besonders kritisch sind steile Talhänge in Grundgebirgslandschaften sowie Felswände im Muschelkalk und Weißjura. So stellen die spektakulären „Hessigheimer Felsengärten" am mittleren Neckar eine ständige Bedrohung für Weinbauern und Verkehrsteilnehmer dar.

Große Massenbewegungen

Größere Massenbewegungen sind in Süddeutschland ebenfalls in regelmäßigen Abständen zu registrieren. Besonders anfällig für voluminöse Rutschungen sind die steilen Frontstufen der süddeutschen Schichtstufenlandschaften sowie Hänge scharf eingeschnittener Flusstäler. Neben dem Höhenunterschied spielt auch hier die Wechsellagerung unterschiedlich durchlässiger Sedimentgesteine eine entscheidende Rolle. Die bedeutendsten Rutschungen ereignen sich gegenwärtig am Trauf der Mittleren Schwäbischen Alb, der mächtigsten Schichtstufe Süddeutschlands. Über den Ton- und Mergelgesteinen des Braunen Juras kommt es ständig zu kleineren und im Abstand einiger Jahrzehnte immer wieder zu großen Massenbewegungen. Jüngstes spektakuläres Beispiel ist der **Bergrutsch von Mössingen**, der im April 1983 niederging (Exkurs 50).

Auch die Schichtstufe des Keupers ist vor allem bei Bauingenieuren wegen der rutsch-freudigen Knollenmergel und der Gipsauslaugung im Gipskeuper sehr gefürchtet. Zwar handelt es sich hier überwiegend um kleinere Rutschungen oder langsame Kriechbewegungen an Hängen, die jedoch erhebliche Schäden an Gebäuden und Straßen anrichten können. Häufig ist die Bebauung solcher Hänge gar nicht oder nur mit hohem technischem Aufwand möglich. Vereinzelt treten auch im Keuper große Massenbewegungen auf, zuletzt im April 2001 im Remstal östlich von Stuttgart (Abb. 9.32). Aus den Vulkanlandschaften der Rhön und des Hegau sind ebenfalls große Rutschungen bekannt. Sie ereignen sich dort vorwiegend an Positionen, wo widerständige Basalte oder Phonolithe über oder in rutschgefährdeten Sedimentgesteinen abgelagert wurden.

Weniger häufig sind große Massenbewegungen in den Buntsandsteinlandschaften (z. B. Pfälzer Wald, Spessart) sowie in Karstlandschaften fern der Schichtstufen. Auch in den Grundgebirgslandschaften des Schwarzwaldes, des Bayerischen Waldes und des Rheinischen Schiefergebirges ist die Gefahr großer Bergrutsche aufgrund der geologischen und hydrologischen Verhältnisse deutlich geringer.

Wasser als Lösungsmittel – Abtragung durch chemische Prozesse

Weit weniger spektakulär, aber dennoch wirksam geht die Abtragung durch chemische Lösung auch in der Gegenwart weiter. Sichtbares Ergebnis der Kohlensäureverwitterung sind Lösungsformen wie Höhlen und Dolinen in Karbonatgesteinen, aber auch Ausfällungen wie Kalksinter (z. B. Tropfsteine), poröse Kalktuffe oder geschichtete Travertine an Quellaustritten (Exkurs 51, Kapitel 7). Ein Teil der Hydrogenkarbonate gelangt über Bäche und Flüsse ins Meer.

Beim Austritt von karbonatreichem Wasser an der Oberfläche kommt es zu einer Druckabnahme und einem Anstieg der Temperatur, wodurch Kohlendioxid entweicht und Kalziumkarbonat an Wasserpflanzen ausfällt. Auf diese Weise findet in kurzer Zeit ein beachtlicher Transport von Karbonaten aus dem Gesteinsuntergrund und deren Ablagerung an der Oberfläche statt. Bekannte holozäne Kalktuffbildungen sind der

Abb. 9.32 Eine spektakuläre Großrutschung ereignete sich am 7. April 2001 bei Schorndorf im Remstal. Nach lang anhaltenden Niederschlägen kamen hier 70 000 Kubikmeter Keupergesteine auf einer Fläche von über drei Hektar ins Rutschen. Mehr als 45 Gartengrundstücke und 25 kleinere Gebäude wurden zerstört (Foto: J. Eberle).

Exkurs 50

Massenbewegungen am Trauf der Mittleren Schwäbischen Alb

In keinem anderen Gebiet Süddeutschlands ist eine derartige Häufung großer Massenbewegungen zu beobachten wie am Trauf der Mittleren Schwäbischen Alb. Der Bergrutsch von Mössingen ist nur das jüngste und spektakulärste Beispiel (Abb. 9.33 und 9.34). Durch Kartierungen wurden in den letzten Jahren zahlreiche Rutschgebiete genau erfasst. Neben den Ursachen interessierte dabei auch ihre zeitliche Stellung innerhalb des Spätglazials und Holozäns. Entscheidend sind die geologischen Verhältnisse mit mächtigen Ton- und Mergelgesteinen am Hangfuß und mit kluftreichen, wasserdurchlässigen Kalksteinen am Oberhang sowie das Steilrelief mit Höhenunterschieden von 200 bis 300 Metern auf kurzer Distanz. Man nennt daher die Schichtstufe der Mittleren Schwäbischen Alb nicht ohne Grund einen „Riesen auf tönernen Füßen". Auslöser der Rutschungen sind immer erhöhte Niederschläge oder die Schneeschmelze, die das Kluftsystem der Karstgesteine auffüllen und eine Wasserübersättigung der tonreichen Unterhänge zur Folge haben. Ergebnisse neuerer Forschungsarbeiten zu Massenbewegungen am Albtrauf haben dazu geführt, dass heute Baugebiete nicht mehr in gefährdeten Hangbereichen ausgewiesen werden, wie dies in der Vergangenheit vereinzelt geschehen ist.

Abb. 9.33 Das ganze Ausmaß des Mössinger Bergrutsches am Hirschkopf zeigt sich nur aus der Luft. Nach anhaltenden Niederschlägen ereignete sich hier am 12. April 1983 der größte Bergsturz Baden-Württembergs seit mehr als einhundert Jahren. Dabei wurden etwa sechs Millionen Kubikmeter Gestein mit einem Gewicht von rund zehn Millionen Tonnen mobilisiert und über 50 Hektar Wald zerstört. Einschließlich späterer Nachrutschungen wurde die Landschaft auf 80 Hektar komplett verändert. Das Rutschgebiet wird seit 1983 von Biologen und Geowissenschaftlern intensiv erforscht und steht heute unter Naturschutz (Foto: A. Dieter 1995).

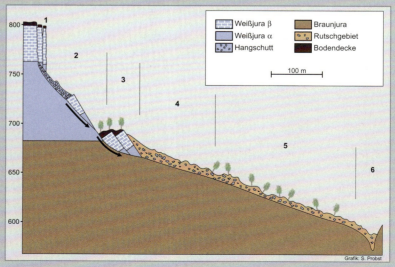

Abb. 9.34 Auslöser des Mössinger Bergrutsches vom 12. April 1983 war die Wasserübersättigung der tonreichen Braunjuragesteine am Hangfuß. Heute gliedert sich das Rutschgebiet in mehrere Zonen, die im Luftbild (Abb. 9.33) gut zu erkennen sind: Der senkrechten Abbruchkante im Weißjura ß (1) folgt eine steile Schutthalde (2). Auf der abgerutschten Hangleiste (3) blieb der Wald fast ungestört stehen. Es folgt das zentrale Rutschgebiet (4 und 5) mit der weitgehend zerstörten Vegetationsdecke. Die tiefe Kerbe des Buchbaches (6) wurde verschüttet (verändert nach Bibus 1986).

9.7 Gibt es heute noch natürliche Formungsprozesse in Süddeutschland?

Abb. 9.35 Bild 1: Die Kalktuffbildung der Erms bei Bad Urach hat mehrere Schwellen im Längsprofil des Tals erzeugt. Neuere Datierungen der Ablagerungen ergaben ein Maximum der Kalktuffbildung während des holozänen Klimaoptimums zwischen 8000 und 6000 J. v. h. An den natürlichen Schwellen wurden lange Zeit kleinere Wasserkraftwerke betrieben. **Bild 2:** Aufschluss mit blumenkohlförmiger Kalktuffbildung an der Erms bei Bad Urach (Fotos: J. Eberle).

Uracher Wasserfall (Schwäbische Alb) oder der „Wachsende Felsen" bei Landau an der Isar, bei dem es sich um eine 24 Meter lange und gut fünf Meter hohe steinerne Abflussrinne einer Quelle handelt. In einigen Tälern sind regelrechte Kalktuff- oder Travertinterrassen entstanden, wodurch lokal eine Aufhöhung des würmzeitlichen Talbodens um mehr als 30 Meter stattgefunden hat (Abb. 9.35).

Als Folge des Massenverlustes im Untergrund kommt es in Karstgebieten gegenwärtig immer wieder zum Einbruch von Karsthohlformen, die an der Oberfläche als Erdfälle in Erscheinung treten (Abb. 9.36). Auf diese Weise wurden viele Höhlen der Schwäbisch-Fränkischen Alb und der Muschelkalklandschaften überhaupt erst entdeckt. Auch die Lösung von Salzen (Mittlerer Muschelkalk) oder Anhydrit (Gipskeuper) verursacht bis heute Sackungen oder Einstürze an der Oberfläche.

Auch außerhalb der Kalksteingebiete findet in Form der Silikatverwitterung chemische Lösung statt. Durch die hydrolytische Verwitterung der Silikatminerale – vorwiegend Feldspäte und Glimmer – findet ein Stoffverlust statt, der sich aber nicht in charakteristischen Oberflächenformen, sondern in erster Linie in der Bodenentwicklung widerspiegelt und z. B. als gelöste Kieselsäure über das Flusssystem ausgetragen wird.

Exkurs 51

Kalktuff, Travertin, Kalksinter

Alle drei Begriffe stehen für Karbonatgesteine, die sich an kalten oder warmen Quellen durch Abgabe von Kohlendioxid abscheiden. Kalktuffe sind helle, poröse, schwammähnliche Bildungen, die sich sehr gut bearbeiten lassen. Sie bestehen größtenteils aus überkrusteten Pflanzenresten von Moosen und Algen. Travertin ist dichter und zeigt eine deutliche Bänderung, die meist durch Eisenoxide hervorgerufen wird (Exkurs 30). Noch weniger Poren weisen Kalksinter auf, die beispielsweise als Tropfsteine in Höhlen mit konzentrischen Wachstumsringen auftreten. Die Ausfällung dieser verschiedenen Karbonatgesteine findet nur unter warmzeitlichen Bedingungen statt. Unter kaltzeitlichen Permafrostbedingungen ist der Wasserdurchfluss und damit auch die Lösung im Untergrund weitgehend unterbunden.

Abb. 9.36 Erdfall in einer Karstwanne auf der Schwäbischen Ostalb bei Heidenheim. Durch Kalklösung im Untergrund sackt die pleistozäne Lehmfüllung nach – es entstehen Hohlformen an der Oberfläche. Die Aktualität des Prozesses wird durch frische Anrisse in der steilen Flanke des Erdfalls deutlich. Das linke Gebäude im Hintergrund ist bereits einsturzgefährdet und wird nicht mehr bewohnt (Foto: J. Eberle).

Literatur

Abetz, K. (1955): Bäuerliche Waldwirtschaft. Dargestellt an den Verhältnissen in Baden. – Hamburg/Berlin (Paul Parey), 348 S.

Baier, B. & Wolff, R. [Hrsg.] (1993): Hohlwege: Entstehung, Geschichte und Ökologie der Hohlwege im westlichen Kraichgau. – Veröff. f. Natursch. u. Landschaftspflege in Baden-Württemberg, **72**: 416 S.

Bibus, E. (1986): Die Rutschung am Hirschkopf bei Mössingen (Schwäbische Alb). – Geoökodynamik, **7**: 333–360.

Bibus, E., Eberle J., Kösel, M.; Rilling, K. & Terhorst, B. (1991): Jungquartäre Reliefformung und ihre Beziehung zur Bodenbildung und Bodenverbreitung im Stromberg und Zabergäu (Bl. Brackenheim). – Jh. geol. Landesamt Baden-Württemberg, **33**: 219–261.

Blümel, W. D. (2002): 20 000 Jahre Klimawandel und Kulturgeschichte – von der Eiszeit in die Gegenwart. – Wechselwirkungen. Jahrbuch aus Lehre und Forschung der Universität Stuttgart. – S. 2–19.

Blümel, W. D. (2006): Klimafluktuationen – Determinanten für die Kultur- und Siedlungsgeschichte? – Nova Acta Leopoldina N.F., **94, Nr. 346**: 13–36.

Bork, H. R., Bork, H., Dalchow, C., Faust, B., Piorr, H.-P. & Schatz, T. (1998): Landschaftsentwicklung in Mitteleuropa. – Gotha/Stuttgart (Klett-Perthes), 328 S.

Bork, H. R. (2006): Landschaften der Erde unter dem Einfluss des Menschen. – Darmstadt (Wissenschaftliche Buchgesellschaft), – 207 S.

Crutzen, P. I. & Störmer, E. F. (2000): The „Anthropocene". – IGBP Newsletter, **41**: 12 S.

Dieter, A. (2002): Mössinger Bergrutsch – 20 Jahre mit der Kamera unterwegs. – Tübingen (Tübinger Chronik), 125 S.

Ellminger, F., Gollnisch, H., Vogt, R. & Wehrli, M. (2000): Wandel von Landschaft und Siedlungsweise im Bodenseeraum. – Denkmalpflege in Bad.-Württ., **29. Jg., 1/2000**: 11–19.

Frenzel, B. (1983): Die Vegetationsgeschichte Süddeutschlands. – In: Müller-Beck [Hrsg.]: Urgeschichte in Baden-Württemberg. – Stuttgart (Theiss), S. 91–166.

Grosse-Brauckmann, G. (1990): Ablagerungen der Moore. – In: Göttlich, K. [Hrsg.]: Moor- und Torfkunde. – Stuttgart (Schweizerbart), S. 175–236.

Häbich, S., Mäckel, R. & Zollinger, G. (2005): Holozäne Landschaftsgeschichte im europäischen Hauptwasserscheidengebiet des Mittleren Schwarzwaldes. – Ber. z. dt. Landeskunde, **79/4**: 483–499.

Hönscheidt, S. (2002): Holozäne Bodenbildung, Bodenabtrag und Akkumulation am Beispiel bandkeramischer Siedlungsreste bei Vaihingen/Enz (nordwestlich von Stuttgart). Untersuchungen zur holozänen Landschaftsgeschichte im nordwestlichen Baden-Württemberg. – Stuttgarter Geographische Studien, **132**: 290 S.

Kapff, D. (2006): Keltische Hüttenwerke im Nordschwarzwald entdeckt. – Schwäbische Heimat, **2006/1**: 48–56.

Kestel, G. (2002): Der Donauausbau zwischen Straubing und Vilshofen im Spannungsfeld zwischen Naturschutz und Wirtschaftlichkeitserwägungen. – In: Ratusny, A. [Hrsg.]: Flusslandschaften an Inn und Donau. – Passauer Kontaktstudium Erdkunde, **6**: 63–77.

Kreja, R. & Terhorst, B. (2005): GIS-gestützte Ermittlung rutschungsgefährdeter Gebiete am Schönberger Kapf bei Öschingen (Schwäbische Alb). – Die Erde, **136**: 395–412.

Krause, R. (2004): Der Ipf. Frühkeltischer Fürstensitz und Zentrum keltischer Besiedlung am Nördlinger Ries. – Archäologische Informationen aus Baden-Württemberg, **47**: 72 S.

Krause, R. & Pfeffer, K.-H. [Hrsg.] (2004): Studien zum Ökosystem einer keltisch-römischen Siedlungskammer am Nördlinger Ries. – Tübinger Geographische Studien **130**: 481 S.

Kübler, A. (2005): Kommunale Bodenschutzkonzepte – Bewertung, Monitoring und Management von Bodenressourcen, vorgestellt am Beispiel Stuttgart.– Stuttgarter Geogr. Studien, **135**: 158 S.

Lang, A. (1996): Die Infrarot-Stimulierte-Lumineszenz als Datierungsmethode für holozäne Lössderivate: ein Beitrag zur Chronometrie kolluvialer, alluvialer und limnischer Sedimente in Südwestdeutschland. – Heidelberg (Selbstverl. des Geographischen Inst. d. Univ. Heidelberg), 137 S.

Mäckel, R. & Zollinger, G. (1989): Fluvial action and valley development in the Central and Southern Black forest during the Late Quaternary. In: Catena Suppl. Bd. **15**: 243–252.

Maier, U. & Vogt, R. (2007): Pedologisch-moorkundliche Untersuchungen zur Landschafts- und Besiedlungsgeschichte des Federseegebiets. – Stuttgarter Geogr. Studien 138, 301 S.

Mailänder, S., Eberle, J. & Blümel, W. D. (2005): Kulturlandschaftswandel auf der östlichen Schwäbischen Alb seit Beginn des 19. Jahrhunderts: Ausmaß, Ursachen und Auswirkungen. – Die Erde, **135**: 175–204.

Markl, G. & Lorenz, S. [Hrsg.] (2004): Silber – Kupfer – Kobalt. Bergbau im Schwarzwald. – Filderstadt (Markstein), 215 S.

Metz, R. (1977): Mineralogisch-landeskundliche Wanderungen im Nordschwarzwald. – 2. Aufl., Lahr (Schauenburg), 632 S.

Metz, R. (1980): Geologische Landeskunde des Hotzenwaldes. – Lahr (Schauenburg), 1117 S.

Müller, J. (2005): Landschaftselemente aus Menschenhand. – Heidelberg (Spektrum), 272 S.

Müller-Beck, H. [Hrsg.] (1983): Urgeschichte in Baden-Württemberg. – Stuttgart (Theiss), 545 S.

Paret, O. (1961): Württemberg in vor- und frühgeschichtlicher Zeit. – Stuttgart (Kohlhammer), 135 S.

Planck, D. [Hrsg.] (1997): Vom Vogelherd zum Weissenhof – Kulturdenkmäler in Baden-Württemberg. – Stuttgart (Theiss), 272 S.

Ruddiman, W. F. (2003): The anthropogenic Greenhouse era began thousands of years ago. – Climatic Change, **61**: 261–263.

Ruddiman, W. F. (2006): Verhinderte der Mensch eine Eiszeit? – Spektrum d. Wiss., **2006/2**: 44–51.

Schirmer, W. (1983): Die Talentwicklung an Main und Regnitz seit dem Hochwürm. – Geol. Jb., **A71**: 11–43.

Schlichterle, H. (1996): Ans Wasser gebaut – Pfahlbauten und Pfahlbauforschung. – In: Planck, D. [Hrsg.]: Vom Vogelherd zum Weissenhof – Kulturdenkmäler in Württemberg. – Stuttgart (Theiss), 272 S.

Smettan, H. (1995): Pollendiagramme als Belege anthropogener Landschaftsveränderungen im prähistorischen Baden-Württemberg. – In: Biel, J. [Hrsg.]: Anthropogene Landschaftsveränderungen im prähistorischen Südwestdeutschland. – Archäologische Informationen aus Baden-Württemberg **H. 30**: 9–14.

Stobbe, A. & Kalis, A. J. (2002): Wandel einer Landschaft. Ergebnisse von Pollenuntersuchungen in der östlichen Wetterau. – In: Hessische Kultur GmbH [Hrsg.]: Das Rästel der Kelten vom Glauberg. – Stuttgart (Theiss), S. 121–130.

Terhorst, B. (1997): Formenschatz, Alter und Ursachenkomplexe von Massenverlagerungen an der schwäbischen Jurastufe unter besonderer Berücksichtigung von Boden- und Deckschichtenentwicklung. – Tübinger Geowissenschaftliche Arbeiten, **D2**: 212 S.

Tulla, J. G. (1825): Über die Rektifikation des Rheins vor seinen Austritt aus der Schweiz bis zu seinem Eintritt in das Großherzogtum Hessen. – Karlsruhe (Müller), 60 S.

Vogt, R. (1995): Archäologische und bodenkundliche Beobachtungen zu Bodenerosion und Akkumulation in Hornstaad am Bodensee. – In: Anthropogene Landschaftsveränderungen im prähistorischen Südwestdeutschland. Arch. Informationen aus Bad.-Württ., **30**: 44–48.

Wetzstein, G. (2002): Die Hydrographie von Inn und Donau in Ostbayern und Oberösterreich unter besonderer Berücksichtigung der jüngeren Hochwasserereignisse. – In: Ratusny, A. [Hrsg.]: Flusslandschaften an Inn und Donau. – Passauer Kontaktstudium Erdkunde, **6**: 55–61.

Wilmanns, O. (2001): Exkursionsführer Schwarzwald – eine Einführung in Landschaft und Vegetation. – Stuttgart (Ulmer), 304 S.

Zöller, L. & Wagner, G. A.(2002): 4.5.2 Datierungsmethoden. – Handbuch d. Bodenkunde, 13. Erg.-Lief. **5/02**: 1–25 (Ecomed).

10 Ausblick

Über einhundert Millionen Jahre gestalteten natürliche Formungsprozesse die Landschaft Süddeutschlands. Die große Vielfalt der Landformen auf kleinstem Raum ist weltweit einmalig und nur durch die beschriebene komplexe klimatische und tektonische Entwicklung zu erklären. Hinzu kommen zufällige Ereignisse wie der Einschlag großer Meteoriten.

Die Zeitreise durch Süddeutschland endet mit der Feststellung, dass der Mensch in den letzten 7000 Jahren massiv in die natürlichen Prozesse und Stoffkreisläufe eingegriffen hat. In kürzester Zeit ist es *homo sapiens* gelungen, die ursprüngliche Naturlandschaft großräumig zu verändern. Die fast geschlossene natürliche Waldlandschaft wurde in eine facettenreiche und oftmals reizvolle Kulturlandschaft verwandelt. Ein kleinräumiges, biologisch hochwertiges Mosaik aus Wäldern, agrarischen Nutzflächen und Siedlungsräumen bestimmte noch bis vor wenigen Jahrzehnten das Bild Süddeutschlands.

Mit dem Beginn der großflächigen Flurbereinigung, der Ausweitung von Industrie- und Wohngebieten sowie der netzartigen Zerschneidung der Landschaft durch Verkehrswege wurde aus dieser alten Kulturlandschaft teilweise eine monotone Wirtschaftslandschaft. Der beschleunigten Ausweitung von Verdichtungsräumen steht die Aufgabe peripherer und unwirtschaftlicher Kulturlandschaften gegenüber, die – sich selbst überlassen – wieder zu naturnahen Landschaften werden. „Wildnis und Wahnsinn" auf engem Raum haben durchaus ihren Reiz. Dennoch sollte nicht übersehen werden, dass mit dem Verlust einer vielfältigen Kulturlandschaft auch ein Verlust von Biodiversität, Geschichte, vor allem aber auch von Identität und Wissen einhergeht. Eine moderne, global agierende Industrie- und Dienstleistungsgesellschaft darf solche Verluste nicht zulassen. Daher kann der Wert von Projekten zum Erhalt oder auch der Reaktivierung von Kulturlandschaften nicht hoch genug eingeschätzt werden. Was wäre die Schwäbisch-Fränkische Alb ohne ihre Heiden oder der Nordschwarzwald ohne die offenen Flächen der Grinden? Gleichzeitig müssen aber auch die wenigen verbliebenen Reste naturnaher Landschaften erhalten bleiben. Flüsse ohne intakte Auenlandschaften und großflächig zerstörte Moorlandschaften zeugen vom rücksichtslosen Umgang des Menschen mit diesen nur scheinbar wertlosen Ökosystemen. Die zunehmenden Hochwasserprobleme der letzten Jahrzehnte zeigen eindringlich, welche kostspieligen Folgen die Zerstörung der natürlichen Rückhalteräume haben kann. Auch die bedenkenlose Vernichtung leistungsfähiger Böden ist kurzsichtig und verbraucht Ressourcen, die zumindest in menschlich überschaubaren Zeiträumen nicht nachwachsen. Da Einsicht häufig durch ökonomische Zwänge erreicht wird, bleibt die Hoffnung, dass die Verantwortlichen noch rechtzeitig die notwendigen Korrekturen vornehmen. Zumindest bezüglich der Flusslandschaften gibt die Entwicklung der letzten Jahre Anlass zu etwas Optimismus.

Abb. 10.1 Kulturlandschaft der Gegenwart (Hegau; Foto: J. Eberle)

Auch in Zukunft wird der Wandel der Kulturlandschaften weitergehen. Diesen Prozess aufzuhalten, ist nicht möglich und sicher auch nicht wünschenswert. Der künftig notwendige Wertediskurs muss aber auch die Räume einschließen, die keine unmittelbaren ökonomischen Vorteile erkennen lassen. Ein aktuelles Projekt des Bundesamtes für Bauwesen und Raumordnung zum Thema „Future Landscapes – Perspektiven der Kulturlandschaft" liefert dazu ebenso wichtige Denkanstöße wie angedachte Förderprogramme des Bundesministeriums für Bildung und Forschung und der Deutschen Forschungsgemeinschaft zur Zukunft des Ländlichen Raums. Der Geographie als angewandter Raumwissenschaft mit ihren integrativen, fächerübergreifenden und auf modernen Methoden basierenden Forschungsansätzen kommt dabei auch künftig eine Schlüsselrolle in der Raumentwicklung zu. Sie steht jedoch nicht allein, sondern ist als planerisch-angewandte Disziplin auf die Zusammenarbeit mit den verschiedensten Nachbarwissenschaften und Institutionen angewiesen.

Kultur- und Naturlandschaften sind letztlich Ressourcen und dokumentieren sich nur zum Teil unmittelbar sichtbar an der Erdoberfläche. Ihre ökologischen und damit auch wirtschaftlich relevanten Funktionen sind in der vergleichsweise flachgründigen, komplex strukturierten dreidimensionalen Reliefsphäre vereint (Pedosphäre, Biosphäre usw.). Deren äußerst verwundbare Strukturen und Eigenschaften sind im tieferen Sinn des Begriffs „Nachhaltigkeit" zu konservieren oder funktionsorientiert umzugestalten. Dies ist in Anbetracht möglicher, nur schwer vorhersehbarer Entwicklungen durch die globale Erwärmung und weltweite Umweltveränderungen umso bedeutsamer. Schließlich werden die klimatischen Veränderungen sich sehr stark auch in einer veränderten Geomorphodynamik äußern – von solchen Prozessen ist in diesem Buch viel geschrieben worden. Die Erfahrungen von Geographen können entscheidend dazu beitragen, die möglichen Schwachstellen und Gefährdungspotentiale in unserem Landschaftssystem zu erkennen, wirksame Maßnahmen vorzuschlagen und somit die Verletzbarkeit der Gesellschaft zu mindern.

Sachwortverzeichnis

A

Aare-Donau 68
Abluation 114
Abtorfung 166
Abtragung, flächenhaft 154
Abtragung, linienhaft 158
Acer tricuspidatum 47
Ackerterrasse 159
Agassiz, Louis 79
Albedo 25
Albstein 49
Alicornops simorrense 55
Alleröd-Interstadial 133
Alpenrhein 91
Alpines Konglomerat 49
Altaue 164
Altmoränenlandschaft 98
Alttertiär 25
Anthropozän 150
Anzapfung 74
Archivlandschaft 3
Artemisia 83, 133
Arvernensis-Schotter 70
Atlantikum 145
Auelehm 150
Aueterrasse 146
Aufschüttungsebene 126
Auftauschicht 114

B

Bad Cannstatter Travertin 109
Bandkeramiker 149, 153
Basislage 119
Basisrumpffläche, oligozäne 42
Basiston 29
Beckenlandschaften 118
Bentonit 61
Bergrutsch 177
Beuroner Sandstein 23
Beweidung 174
Biber-Komplex 80
Bifurkation 68
Binnenkolonisation 157
Blockhalde 116
Blockmeer 94
Bodenerosion 154
Bohnerze 31
Bohnerzformation 22, 31
Bölling 130
Bölling-Interstadial 133
Boreal 145
Breitterrassen 70, 71
Brückner, Eduard 79, 100
Buntsandsteinzeit 9

C

Caspers, Carl von 56
Chao, Edward T.C. 56
Charpentier, Johann von 79
Crutzen, Paul 150
Cyperaceae 135

D

Deckenschotter 88
Deckentuff 50
Deckgebirge 12
Deckschichten, periglaziale 118
Deflationswanne 121, 142
Delle 120
Dendrochronologie 132
Dinotheriensande 67
Donau-Kaltzeit 87
Doppelwall-Riß 100
Dreischichtprofil 119
Drumlin 112
Dryas 133
Dryas, jüngere 111
Düne 142

E

Eberl, Barthel 80
Eem 108
Eem-Warmzeit 108
Ehinger Schichten 38
Eintiefungsphase 70
Eisengewinnung 171
Eisenzeit 154
Eiskappe 103
Eiskeilstruktur 122
Eismächtigkeit 98
Eiszeitforschung 79
Eiszerfallslandschaft 136
Elephas antiquus 85
Endmoränenwall 102
Erdfall 179
Erdgas 173
Erdöl 173
Erosionskessel 54
Erratica 79
Erze, Amberger 21
Erzgewinnung 170
eustatisch 8
Extensivierung 173
Exzentrizität 80

F

Faltenmolasse 34
Fanger 62
Faunenschnitt 16
Feldberg-Donau 72, 125
Ferrallit 59
Firnmulde 102
Fischschiefer 32
Flächenalb 31
Flächenbildung 41
Flächenstockwerke 43
Flächensystem 43
Fließerden 117
Flößerei 162
Flugsanddecke 120
Flugsandfeld 142
Flurbereinigung 158
Flussschlingen 106
Flussterrasse 87, 139
Foraminiferen 25
Foraminiferenmergel 32
Frankenbacher Schotter 104
Frostmusterformen 117
Frühglazial 87, 110
Furkationszone 138
Fußfläche 65
Fußflächenlandschaft 64

G

Gauss-Matuyama-Grenze 79
Gebirgsfußfläche 62
Geoarchäologie 151
Geoarchiv 3
Geologische Orgeln 89
Gesteinszersatzzone 18

Glacis 65
glazial 4, 113
Glaziale Serie 79, 113
Glaziallandschaft 115
glazifluvial 4, 113
Goethit 31
Goldshöfer Sande 93
Golfstrom 45
Gondwana 11
Grabenbruchlandschaft 28
Graupensande 48
Graupensandrinne 48
Großterrasse 161
Günz-Komplex 86
Gyraulus 55

H

Hallstattzeit 170
Hämatit 31, 59
Hangentwicklung 140
Hangschuttdecken 115
Hangunterschneidung 176
Hauptlage 119, 142
Heidelberger Becken 86
Helicidenmergel 49
Hochflutsediment 110, 146
Hochflutsedimente 138
Hochgestade 139
Hochglazial 110
Hochmoor 145
Hochterrasse 104
Höhenschotter 70
Hohlweg 158
Homo erectus 127
Homo heidelbergensis 83
Hoßkirch-Komplex 106
Höwenegg 47
Humboldt, Alexander von 1
Humuszone 123
Hydrobia trochulus 54

I

Iberische Phase 61
Iller-Mindel-Lechplatte 88
Interglazial 108
Interstadial 79
isostatisch 8

J

Jüngere Dryas 111
Jüngere Juranagelfluh 49
Jüngere Tundrenzeit 111
Jungmoränenlandschaft 112
Jungtertiär 45
Juranagelfluh, ältere 39
Juranagelfluh, jüngere 63
Jurazeit 11

K

Kalium-Argon-Methode 53
Kalksinter 109, 179
Kalktuff 179
Kalziumhydrogenkarbonat 75
Kaolinisierung 18, 59
Kaolinit 59
Kar 102
Karbonatplattform 20
Karstdrainage 142
Karstentwicklung 75
Karstformen 21
Karstwasserspiegel 74, 104
Karvergletscherung 102
Keramik 172
Kerbenreißen 164
Kerbtal 176
Keuperzeit 10
Kinzig-Murg-Rinne 141
Kleine Eiszeit 157
Kliff 48
Klifflinie 48, 60
Klinge 176
Kohlensäureverwitterung 177
Kohlenstoff-Isotope 111
Kolk 144
Kolluvium 150, 155
Konglomerat-Gesteine 37
Konglomerate 37
konsequente Entwässerung 38
Kontinentkollison 12
Kreide-Tertiär-Grenze 16
Kreidezeit 15
Kryoturbation 117
Kulturlandschaftswandel 175
Kuppenalb 31, 58
Küstenkonglomerat 37

L

Laacher See-Eruption 119
Lagg 145
Lake Agassiz 143
Landschaft 2
Landschaftsentwicklung 2
Laurasia 10
Laurussia 5, 6
Libby, Willard Frank 111
Lithosphäre 5
Löss 118, 122
Löss-Stratigraphie 123
Lössgebiete 120
Lösshohlweg 160
Lösslandschaft 123
Lösslehm 122
Lössprofil 123
Lumineszenz-Datierung 156

M

Mäander 138
Mäanderzone 138
Maarsee 28
Makrorestanalyse 152
Malva sylvestris 84
Mammut 84
Mammutsteppe 84
Massenrohstoff 171
Meeresmolasse, obere 47
Meeresmolasse, untere 37
Meeresspiegelschwankungen 8
Mesozoikum 15
Messel-Formation 28
Messelophis ermannorum 28
Messinian Event 46
Miozän 45
Mittelgebirgsschwelle 12
Mittellage 119
Mittelmiozän 46
Mittelpleistozän 81, 97
Mittleres Kieslager 104
Molasse 33
Molassebecken 32, 33, 37
Moldanubikum 5
Moorbildung 146
Moorentwicklung 144
Moorlandschaft 165
Muschelkalkzeit 10

N

Nagelfluh 39, 88
Nassboden 123
Neandertaler 127
Neolithische Revolution 149
Nichtbaumpollen 151

Niedermoor 114, 144
Niederterrasse 124
Niederterrassenbildung 124
Niederterrassenschotter 124
Nördlinger Ries-Meteorit 53

O

Obere Süßwassermolasse 60
Oberes Kieslager 124
Oberkreide 15, 16
Obermiozän 59, 67
Oberpleistozän 81, 97
Oberrheingraben 28
Ochsenbergschotter 40
Öhninger Schichten 47
Old-Red-Kontinent 5
Oligozän 37

P

Paleozän 25, 26
pan gaia 8
pan thalassa 8
Pangaea 8
Para-Tethys 26
Paratethys 45
Pediment 65
Penck, Albrecht 79, 100, 113
periglazial 4, 114
Permafrost 93
Petrovarianz 2
Pfahlbausiedlung 153
Phonolith 50
Pinge 173
Pinus sylvestris 132
Pleistozän 79
Pliozän 45, 59, 67
Polder 168
Pollenanalyse 84
Pollendiagramm 84
Pollenkorn 84
Präboreal 145
Präzession 80
Purbeck-Fazies 18

Q

Queen-Maud-Stadium 45
Quelltuff 109

R

Radiokohlenstoffmethode 111
Randecker Maar 51
Randengrobkalk 49
Raseneisenerz 171
Rebflurbereinigung 159
Rebterrasse 159
Reliefbildung 3
Reliefgeneration 3, 4
Resteis 135
Restschotter 69
Rezat-Altmühl-See 56
Rheingletscher 100
Rheingletschergebiet 100, 112
Rheinprogramm, integriertes 168
Rheinseitenkanal 168
Rheno-Hercynikum 5
Riedel 120
Ries-See 54
Riesereignis 56
Rodungsphase, hochmittelalterliche 157
Roteisenerz 170
Rotlehm 58
Rotliegendes 7
Rückgasse 160
Ruddiman, William 150
Rumpffläche 4, 17
Rumpfstufenlandschaft 42
Rundhöcker 102
Rütibrennen 164
Rutschdynamik 140

S

Salix caprea 84
Samerberg 108
Sandauswehung 142
Saprolit 18
Sauerstoff-Isotopenverhältnis 26
Sauerwasserkalk 109
Schachtelrelief 108
Schaefer, Ingo 80
Schalksberg 85
Scheuenpflug, Lorenz 89
Schichtfluten 39, 62
Schichtstufen 64
Schichtstufengenese 67
Schimper, Karl 79
Schneckensand 55
Schneegrenze 102
Schutzfelsschicht 22
Schwallungen 162
Schwemmkegel 136, 137

Schwemmlöss 120
Schwermineralspektrum 23, 73
Sedimentfalle 4
Seeablagerung 51
Seefällung 166
Seekreide 146
Shoemaker, Eugene M. 56
Silvanakalk 35
Solifluktion 114, 115
Solifluktionsformen 116
Spätglazial 87, 110, 131, 134
Stäblein, Gerhard 62
Stadial 79
Steinsalz 173
Stufenbildung 64
Stufenentwicklung 67
Stufenrain 158
subalpine Molasse 34
Suevit 56
Sumpfzypresse 83
Sundgauschotter 70

T

Talbildung 104
Terrassenbildung 107
Terrassierung 159
Tethys 6, 8
Thalictrum 83
Torfbildung 146
Torfwachstum 137
Toteislöcher 112
Travertin 109
Treffelhausener Schotter 41
Trias, mittlere 10
Trockental 75, 104, 126
Troll, Carl 113, 138
Tuffbrekzie 51
Tulla, Johann Gottfried 167
Tundrenzeit, älteste 133
Tundrenzeit, jüngere 111, 142
Turmkarst 21

U

Übertiefung 98
Uhlenberg 89
Ulmer Schichten 38
Unterkreide 15, 16
Unterpleistozän 81, 86
Ur-Brenz 93
Ur-Mittelmeer 15
Urach-Kirchheimer Vulkan 51

V

Variszische Gebirgsbildung 5
Vereisungszentrum 102
Verkarstung 22, 75
Verschüttung 98
Verwaldung 173
Vilbeler Schotter 37
Vindelizische Schwelle 10
Vorbergzone 60
Vorlandgletscher 98
Vorlandmolasse 34
Vorstoßschotter 101
Vulkanismus 50

W

Wagner, Georg 1, 2
Waldrandstufe 159
Waldschutzkonzept 162
Waldweide 158
Warmzeitboden 123
Warven 131
Wegener, Alfred 5
Werksteinabbau 172
Wiederbewaldung 136
Wiesenwässerung 164
Wildflusslandschaft 161
Würm-Kaltzeit 110
Wüstung 157

Z

Zechstein-Zeit 8
Ziegelproduktion 172
Zungen-Riß 100
Zungenbecken 112
Zungenbeckensee 136
Zweischichtprofil 119

Notizen

Notizen

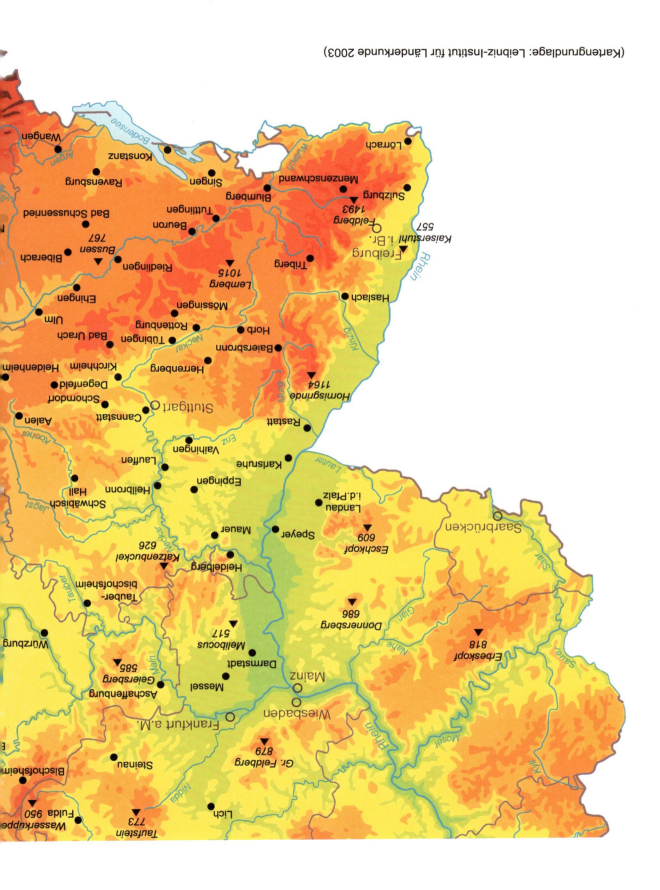

Notizen

Notizen